직업군인론

남기봉 · 신상우 · 천종웅 공 편

The Theory of Career Soldier

직업군인론

남기봉 · 신상우 · 천종웅

2008년 8월 25일 초판 인쇄
2008년 8월 28일 초판 발행
2018년 8월 17일 개정판 인쇄
2018년 8월 21일 개정판 발행
2019년 3월 21일 개정판 2쇄 발행

발행인 ‖ 박진영
발행처 ‖ 도서출판 진영사
인천광역시 부평구 주부토로 236 인천테크노밸리 U1 지식산업센터 B동 1507호
Tel. 032)505-4207
Fax. 032)505-4206
e-mail 0183734207@hanmail.net

ISBN 978-89-6541-370-7 93390

머리말

군인이란 직업은 인류 역사와 함께한 가장 오래된 직업 중에 하나입니다. 그리고 언제라도 자신의 목숨을 국가를 위해 내어 줄 수 있는 숭고한 직업입니다. 이 책으로 공부하게 될 군사학과에 재학 중인 대학생들은 이미 인류 역사상 가장 오래되고 숭고한 군 간부라는 직업을 선택하고 준비하는 국가의 소중한 사람들입니다.

이 책은 이러한 군 간부가 되기 위해 준비하고 있는 대학생들을 위해 만든 책으로, 제1장에서는 대학생으로서 대학을 졸업 후 일반 직업인으로서 필요한 일반적인 직업론을, 제2장에서는 장차 전문화된 군 간부로서 갖추어야할 군인 직업관 정립에 초점을 맞춘 군인 직업론으로 편성하여 집필하였습니다.

군 간부는 평상시 전쟁에 대비하여 부하들을 훈련시켜야 하며 전쟁에서 는 위험한 상황에서 솔선수범을 통해 부하들을 이끌어야 합니다. 따라서 일반 직업인과는 다른 측면에서의 군 간부의 특성을 이 책에 담으려고 노력하였고 이러한 내용은 군을 사랑하고 장차 군 간부를 희망하는 많은 학생들에게 도움이 될 것이며 앞으로 군 간부로서의 생활에 좋은 참고가 될 것으로 확신합니다.

이 책이 완성될 수 있도록 도움을 주신 모든 분들과 집필에 참여한 교수님들께 감사드리며, 군 간부가 되길 희망하는 학생들에게는 좋은 지침서가 되길 기원합니다.

2018. 7월

양지골에서

목 차

제1장 직업론

제1절 직업의 탄생 ······ 15

제2절 직업의 본질 ······ 18

1. 직업의 어의(語義) ······ 18
2. 직업이란? ······ 19
3. 직업 인정 기준 ······ 20
4. 직업의 의미 ······ 21
   가. 직업은 생계유지의 기본수단이다 / 22
   나. 직업을 통해 사회적 기여가 가능하다 / 23
   다. 직장은 자신의 능력을 발휘하는 자기실현의 장이기도 하다 / 23
   라. 직장은 인생에서 사실상 가장 많은 시간을 보내는 곳이다 / 24
   마. 직장은 여러 사람으로 구성된 인적 조직구조를 갖는다 / 24
5. 직업의 필요성 ······ 25
   가. 자아실현 수단으로서의 필요성 / 25
   나. 사회적 공헌 수단으로의 필요성 / 27

제3절 미래 직업인의 직업 선택 ······ 29

1. 산업구조의 변화에 따른 취업구조 변화전망 ······ 29
2. 직업선택위한 인식전환 ······ 31

가. 평생직장에서 평생직업으로 인식전환 요구 / 31
나. 자신의 직업정보를 알고 하는 선택 필요 / 31
다. 자기에 대한 정보와 이해 요구 / 32
라. 직업관련 정보의 수집 및 활용 / 32

3. 직업선택의 원칙 ···· 32
가. 자신의 능력과 적성을 고려하여 직업을 선택해야한다 / 33
나. 보수를 고려하여 직업을 선택해야한다 / 33
다. 자신이 선택해야 할 직업에 대한 자신감을 고려하여 직업을 선택해야 한다 / 33

4. 직업선택의 과정 ···· 34
가. 긴즈버그(E.Ginzberg)의 『직업선택에 관한 연구』 / 35
나. 밀러(D.C.Miller)와 폼(W.H.Form)의 『산업사회학』 / 35
다. '수퍼(Super)'의 『자아개념 이론』 / 36
라. 홀랜드(Holland)의 『성격유형이론』 / 36
마. 긴스버그(Ginzberg)의 직업 선택의 과정 / 37

5. 원하는 직업을 얻기 위해 준비해야할 사항 ···· 38
가. 긍정적인 태도와 소망 갖기 / 38
나. 비전을 갖자 / 40
다. 시간관리 / 40
라. 자수성가한 사람들의 사례 활용 / 43

제4절 직업관 ···· 50

1. 개 요 ···· 50

2. 직업관의 개념 ···· 50

3. 직업관의 변천 ···· 51
가. 시대적 변화에 따른 직업관 / 51
나. 사회적 변화에 따른 직업관 / 53
다. 조상들의 직업(노동)관 / 55
라. 서구의 직업관 / 56

4. 직업관 분류 ···· 58
가. 직업의 의미를 토대로 한 직업관 / 58
나. 추구하는 목적에 따른 직업관 / 58

제5절 직업윤리 ··· 61

1. 직업윤리의 개념과 정의 ··· 61
2. 직업윤리의 근본 원리 ··· 63
3. 직업윤리의 이론적 기초 ··· 65
   가. 직업윤리의 성격 / 65
   나. 직업윤리와 윤리적 상대주의 / 67
4. 글로벌 시대와 직업윤리 ··· 70
5. 새로운 직업 환경과 직업윤리 ··· 72
6. 직업윤리와 콜버그의 도덕성발달 이론 ··· 74
7. 바람직한 직업윤리 ··· 77
8. 각 분야별 직업윤리 ··· 79
   가. 정치와 직업윤리 / 79
   나. 경제와 직업윤리 / 80
   다. 교육과 직업윤리 / 82

제6절 직업분류 ··· 84

1. 직업분류 개념 ··· 84
2. 우리나라의 직업 분류 현황 ··· 85
   가. 연 혁 / 85
   나. 제7차 개정 주요 내용 / 86
3. 직무와 직업의 정의 ··· 90
4. 직업분류 목적 ··· 91
5. 분류기준 ··· 92
6. 직업 대분류와 직능수준 ··· 94
7. 분류원칙 ··· 96
   가. 직업분류의 일반원칙 / 96
   나. 포괄적인 업무에 대한 직업분류 원칙 / 97
   다. 다수 직업 종사자의 분류원칙 / 98

8. 특정직종의 분류요령 99
가. 행정 관리 및 입법적 기능 수행업무 종사자 / 99
나. 자영업주 및 고용주의 직종 / 99
다. 감독 직종 / 100
라. 연구 및 개발 직종 / 100
마. 군인 직종 / 101
바. 기능원과 기계 조작원의 직무능력 관계 / 101
사. 직능수준과 아동 돌봄 관련 직종 분류 / 102
아. 직능수준과 음식 조리 및 준비 관련 직종 분류 / 102
9. 분류 체계 및 부호 103
10. 직업분류의 대분류 항목 내용 요약 104
가. 대분류 1: 관리자(Managers) / 104
나. 대분류 2: 전문가(Professionals) 및 관련 종사자 / 104
다. 대분류 3: 사무 종사자(Clerks) / 105
라. 대분류 4: 서비스 종사자(Service Workers) / 105
마. 대분류 5: 판매 종사자(Sale Workers) / 105
바. 대분류 6: 농림어업 숙련 종사자(Skilled Agricultural, Forestry and Fishery Workers) / 106
사. 대분류 7: 기능원 및 관련 기능종사자(Craft and Related Trades Workers) / 106
아. 대분류 8: 장치, 기계조작 및 조립 종사자(Plant , Machine Operators and Assemblers) / 106
자. 대분류 9: 단순노무 종사자(Elementary Occupations) / 107
차. 대분류 A: 군인(Armed Forces) / 107
11. 군인의 직업분류 108

제2장 직업군인론

제1절 군대와 직업군인 113
1. 군대의 탄생과 역사 113

2. 직업군인의 개념과 역사 ……115
3. 전문 직업군의 성립 과정 ……116
4. 군대의 구성형태 ……117
가. 지원병 / 118
나. 징집병 / 119
다. 용병 형태 / 119
라. 기타 외인부대 / 122
5. 군대의 역할과 기능 ……124
가. 고전적인 군대의 역할 / 124
나. 변화하는 군대의 역할 / 126
다. 군대 · 군제(軍制)의 다양화 / 127

제2절 군조직의 특성 ……128

1. 조직 구성면 ……129
가. 조직 목적의 절대성 / 129
나. 권위주의적 위계조직 / 129
다. 조직의 집단성 / 130
라. 조직의 강제적, 규범적 성격 / 130
마. 조직의 지속성 / 132
2. 조직기능면 ……132
가. 국가 보위기능 / 132
나. 조직구성원에 대한 교육기능 / 135

제3절 직업군인의 특수성 ……136

1. "합법적 무력관리 집단"의 구성원 ……136
2. 유사시 목숨까지 담보하는 강한 책임감 ……137
3. 명령의 절대성과 엄격한 위계질서의 요구 ……137
4. 사회적 책임성 ……139
5. 전문성 ……139

제4절 군 전문직업주의 ······ 140

1. 군 전문직업주의 개념 ······ 140

2. 군의 전문성과 자율성 ······ 141

가. 군 외부로부터의 도전 / 141

나. 군 내부로부터의 도전 / 145

다. 도전의 극복과 발전 방향 / 154

3. 진정한 의미의 군 전문직업주의의 확립 방안 ······ 157

제5절 군사 전문직업윤리 ······ 159

1. 군대윤리 용어 배경 ······ 159

2. 군대윤리의 개념과 성격 ······ 160

3. 타 직업윤리와 구별되는 군대 윤리의 특징 ······ 162

4. 전쟁과 윤리 ······ 165

가. 전쟁도덕으로서의 윤리 / 165

나. 전쟁의 도덕(Morality of war) / 168

다. 전쟁에 있어서의 도덕(전시도덕) / 171

5. 군 간부의 직업윤리 확립의 중요성 ······ 175

6. 군대 윤리 교육의 필요성 ······ 176

제6절 직업군인의 3대 가치관과 덕목 ······ 179

1. 가치관 개념 이해 ······ 179

2. 직업군의 3대 가치관 ······ 180

가. 국가관 / 180

나. 직업관 / 181

다. 사생관 / 182

3. 직업군인의 덕목 ······ 183

가. 군인의 의무 / 183

나. 덕목 / 185

부 록

[부록 1] 한국표준직업분류 ········ 199

[부록 2] 군대윤리 요약 ········ 271

제1장 내일을 여는 문 ········ 271
1. 변화는 생존이다 / 271
2. 우리군의 어제와 오늘 / 272
3. 정신개혁 / 275

제2장 진충보국의 국가관 ········ 277
1. 국가를 어떻게 볼 것인가 / 277
2. 대한민국이라는 이름의 배 / 280
3. 국가를 위한 가치덕목 / 280

제3장 멸공봉사의 직업관 ········ 282
1. 무엇을 하며 살 것인가 / 282
2. 내가 선택한 직업군인 / 283
3. 부대를 위한 가치덕목 / 285

제4장 직업군인의 사생관 ········ 287
1. 어떤 삶을 살 것인가 / 287
2. 어둠을 밝히는 등불이 되어 / 288
3. 개인의 가치덕목 / 289

제5장 새로운 희망을 꿈꾸며 ········ 291

■ 참고문헌 / 293

제1장

직업론

제1절 직업의 탄생

제2절 직업의 본질

제3절 미래 직업인의 직업 선택

제4절 직업관

제5절 직업윤리

제6절 직업분류

제1절 직업의 탄생

모든 시대에 걸쳐서 의식주의 해결은 인류가 당면한 최대의 문제였다. 정착보다는 이동을 주로 하면서 수렵과 채취에 의식주를 의존했던 석기시대에는 모든 사람이 수렵 · 채취업이라는 한 가지 직업에 종사하였다. 이후, 주로 식량작물 등의 경작으로 생산방식이 바뀌면서 인류는 한곳에 정착하여 집단생활을 시작하였고 이때부터 '직업의 분화'가 시작되었다.

생산이 증가하면서 교환의 필요성이 커져갔고, 처음에는 생산자와 소비자간 직거래로 이루어졌는데 이때에는 생산과 소비가 같은 장소에서 발생해야하는 제약이 있었다. 이러한 제약을 생산자로부터 구매하여 소비자에게 판매하는 중간거래자가 해소시켰는데 이는 상업종사자라는 신종직업이 출현하였음을 의미한다.

물물교환은 거래비용을 대폭 감소시킬 수 있는 화폐를 매개로 하는 교환으로 바뀌어갔다. 화폐의 도입은 대금업자나 환전업자와 같은 화폐를 중심으로 서비스를 제공하는 직업이 탄생하는 계기가 되었다. 또한, 기계의 발명으로 시작된 산업혁명은 이동수단의 발전과 함께 농업의 보조 산업이었던 제조업을 핵심적인 위치로 올리면서 전반적인 생산력을 비약적으로 향상시켰다. 대량생산된 제품의 운반과 사람들의 빈번한 이동에 따라 운송 관련 직종이 탄생하였다.

한편, 생산방식의 대량·복합화는 생산 조직의 분화와 계층화를 가져왔고 각 단계에 따른 관리직종이 파생되었다. 고기능 제품의 출현과 우회생산의 증가는 복잡한 생산과정과 고숙련·고기능을 요구하였고 이에 따른 교육·훈련의 확대는 한 직업 내에서 직무의 질과 내용을 더욱 다양화시켜 직업의 분화를 가속화시켰다. 일부직종에서는 종사자의 자격관리 필요성이 대두되어 공인된 자격증에 따른 직업의 분화도 발생하였다.

이와 같은 과장을 거쳐 현대사회에서 직업의 종류는 매우 다양하다. 사람들이 각자 생활에 필요한 물자의 생산자이자 동시에 소비자인 자급자족 시절에서는 고유한 의미의 직업은 존재하지 않는다. 인간생활에 필요한 여러 가지 일들이 여러 사람들 또는 여러 집단들에 의해서 분담적·전문적으로 행해지고, 그들이 각각의 일의 성과를 서로 교환함으로써 생활하며 전체 사회의 영위에 한몫을 할 때 현대적 의미의 직업이 성립한다. 따라서 고유한 의미의 직업은 사회가 자급자족의 단계를 거쳐 상업·공업 등 여러 가지 산업으로 분화됨으로써 나타난 것이다.

이와 같이 직업이 우리에게 중요한 삶의 과정이라고 한다면 우리는 직업을 결코 소홀히 생각해서는 안 될 것이다. 그럼에도 불구하고 많은 사람들은 직업을 깊은 생각 없이 선택하기도 하고, 그럭저럭 남들 하는 대로 적당히 해 나아가면 된다는 식으로 직업 활동을 하는 경우가 많다. 그러나 우리가 스스로의 직업에 대해 소홀하게 살아간다는 것은 결국 우리의 인생 자체를 소홀히 살아간다는 것과 같은 말이 되는 것이다. 만일 우리가 자신의 인생을 소중하게 생각하고, 나와 내 가족, 그리고 이웃이 함께 엮어나가는 공동체 생활을 뜻 있고 보람 있게 살아가고자 한다면, 우리는 자신의 직업이 가지는 의미와 중요성, 그리고 직업을 통해 무엇을 어떻게 성취해 나아갈 것인가에 대해서도 깊은 생각을 해야 할 것이다.

제2절 직업의 본질

1. 직업의 어의(語義)

직업이라는 한자어는 職(직)과 業(업)의 合成語(합성어)이다. 먼저 職(직)은 국가의 관료로서 서민을 다스려 지도하는 公務(공무)를 말하고, 두 번째로 職分(직분)이나 職務(직무)의 織(직)은 집단적 존재로서 개인이 완수해야하는 사회적인 역할이다. 세 번째의 직(職)은 하늘에 의해 예정된 일, 즉 天職(천직)이라고 보는 것이다. 이에대해 직업의 業(업)은 家業(가업), 企業(기업)의 業(업)으로서 생계유지나 살림살이를 의미하는 生業(생업)의 의미인 것이다.[1)]

따라서 직업이란 말은 "천직으로서 직(職)의 의미와 생업으로서의 업(業)의 의미를 동시에 갖고 있다"고 할 수 있다.

또한 직업이라는 의미를 가진 외국어 단어를 역시 2가지의 의미 범주로 구분된다. 職(직)에 해당하는 라틴어 Vocatio, 영어 Vocation, 독일어

---

1) 홍종률, "사회윤리", 형설, 2004, p.192.

Beruf와 Berufung는 하늘이 인간에게 부여한 소명의식을 포함하고 있는 천직(Calling)[2]의 의미가 강하다. 業(업)에 라틴어 Opus, 영어의 Occupation[3]과 Business, Job, 독일어 Geschäft는 행위에 대한 경제적 보상의 색체가 강하다. 즉 직업은 생계성, 사회성, 봉사성의 특징을 지닌 지속적인 활동으로 보고 있다. 이와 같이 외국어의 경우 직업이라는 말이 인간행위의 가치성에 따라 그 쓰임새가 명확하게 다른 반면 우리말에는 이두가지 범주의 의미를 포괄하고 있다.[4]

2. 직업이란?[5]

사람이 어떤 가치를 창조하기 위해서 하는 정신적, 육체적 활동을 일

---

2) vocation, calling(소명): 어떤 특별한 목적을 위해 부름을 받는 것을 이르는 말. 주로 그리스도교에서 죄많은 세상에서 살던 자가 하느님의 부름을 받고 구원에 이르는 것을 말한다. 구약성서에서 하느님으로부터 선택받은 이스라엘 백성이나 하느님의 사자로서의 예언자의 소명 등이 그 예이다. 특히 가톨릭교회에서는 하느님의 부름을 받고 수도자 또는 사제가 되는 것을 뜻한다. 그러니 소명을 받고 수도자나 성직자가 되어 하느님과 이웃을 섬기는 일뿐만 아니라, 신앙 안에서 어떤 직업에 종사하면서 사는 그리스도인은 모두가 특별한 소명을 받았다고 주장한 종교개혁자에 의해, 이 말이 새로운 의미로 쓰이게 됨으로써, 프로테스탄트에서는 새로운 소명관 즉 직업관이 형성되었다. 〈두산세계대백과 99 CD〉

3) "Occupation"이 갖는 현대적 의미는 생활을 위한 생업의 측면과 사회적 참여라는 직분의 측면을 동시에 갖고 있는 것이다 그리고 이때의 직분이란 각개인의 독자적인 소질과 주어진 상황등에 따라서 사회적 공동체 안에서 각자 자기에게 가장 적합한 임무를 분담함으로써 전체의 사명에 공헌해야하는 의무를 뜻하는 것이다(군대윤리, 국방부, 2004, p.139).

4) 김기홍외 2명, "한국인의 직업윤리에 관한 연구(기본연구서 99-12)", 한국직업능력개발원, 1999, p.14.

5) 사전적 의미
   가. 브리태니커 백과사전: 생계를 위하여 사회성원이 각자의 역량을 발휘하여 일정한 일에 지속적으로 종사하는 사회활동
   나. 국어사전: 생계를 유지하기 위하여 자신의 적성과 능력에 따라 일정한 기간 동안 계속하여 종사하는 일

이라 한다. 우리 모두는 일을 통해서 성취와 생산 또는 봉사 등의 확실한 목표를 달성할 수 있다. 또한 우리는 일을 통해서 생계를 유지할 뿐만 아니라, 인간 본연의 가치를 실현하게 되고 가정과 사회에 봉사할 수도 있다.

인간의 일은 동물의 일과는 다르게 어떤 목적 혹은 가치를 실현하고자 하는 의도에서 수행된다. 우리가 수행하는 일 가운데 생계를 위한 수입을 목적으로 참여하는 것을 직업이라 한다. 즉, 직업이란 경제적 소득을 얻거나 사회적 가치를 이루기 위해 참여하는 계속적인 활동이라 할 수 있다.

3. 직업 인정 기준

직업은 사회에서 생활하는 사람들이 재능과 능력에 따라 직업에 종사하며, 정신적 · 육체적 에너지의 소모에 따른 대가로서 경제적 급부를 받아 생활을 지속해 나가는 활동양식을 말하며 불로소득이나 취미와는 구별된다. 따라서 직업은 자발적으로 수행하지만 경제적 보상을 받지 않는 자원봉사와 구별되며, 또한 보상을 받지만 노동력을 공급하는 행위가 강제력을 띠는 강제노동과 구별된다. 또한, 직업은 경제적 보상을 위해 자발적으로 일하지만 지속적으로 일하는 것이 아니라 임시적으로 일하는 것인 아르바이트와도 구별된다. 그렇다고 직업이 봉사적인 활동을 포함하고 있지 않다는 의미는 아니며, 또한 임시적인 일도 직업으로 분류되기도 한다.

현재 우리나라에서 직업이라는 말을 사용할 때에는 다음과 같은 기준에 따른다.

첫째, 직업은 경제적 보상을 받는 일이다. 주부의 가사활동이나, 신자들의 종교 활동이나 자원봉사자의 사회 활동은 직업적 활동이라 할 수 없다.

둘째, 직업은 계속적으로 수행하는 일이다. 병역의무기간에 활동하는 군경(軍警)은 직업인이라고 볼 수 없다. 물론 장기적으로 근무하는 군경은 직업으로서의 군경이다.

셋째, 반사회적이고 불법적이고, 반도덕적인 활동은 직업 활동이라고 볼 수 없다. 거지, 밀수, 고리대금업, 매춘은 직업 활동 이라고 인정하기 어렵다.

넷째, 직업은 성인이하는 일이다. 적어도 우리나라 근로기준법에 의하면 14이하의 아동들의 활동을 직업 활동 이라고 인정하지 않는다.

다섯째, 직업은 각자의 자유의사에 의한 노동이어야 한다. 노예노동이나 강제노동은 직업노동이라고 볼 수 없다.

여섯째, 직업은 피와 땀의 결과로서 이루어지는 소득활동 이어야 한다. 은행이자나 임대료, 연금 등에 의한 수입은 직업에 의한 수입이라고 볼 수 없다.[6)]

4. 직업의 의미

전통사회에서의 직업은 직업의식의 형성이 되지 못하였기 때문에 천민이나 상민들이 하는 일로 치부되었다. 지배층 계급이 학문이나 벼슬길에 나아가는 활동은 직업이란 말로 개념화되지 않았으며, 일을 하고 직업을 갖는 것은 생계를 위하여 노동을 제공하는 낮은 계급에 속한 사

6) 홍종률, 상계서, pp.193~194 발췌.

람들의 활동으로 인식되었다. 이러한 역사적 배경 때문에 일과 직업에 대한 인식은 부정적이었다.

특히, 일이란 육체노동을 전제로 하는 활동을 의미하였고, 직업 또한 육체노동을 전제로 하였다. 그러나 산업혁명 이후 근대적 의미에서의 직업은 육체노동과 정신노동을 포함하는 모든 일을 포괄한다.

직업을 '경제적으로 보상받는 성인들의 일상적인 생산 활동'이라고 정의한다고 해서 직업의 개념이 아주 정확하게 규정되었다고 할 수는 없다. 우리는 직업의 개념을 완벽하게 정의할 수는 없는 것이지만 대체로 성인들이 경제적 소득과 관련해서 수행하고 있는 일상적인 생산활동이라고 말함으로써 직업의 개념을 이해할 수 있을 것이라고 보는 것이다.

그런데 이와 같은 직업은 거의 모든 개인에게 있어서 매우 중요한 위치를 차지하는 활동인 것이다. 물론 예외적인 경우도 없지 않겠지만 대부분의 사람들은 미성년기를 장래의 직업적 활동을 위한 준비 활동으로 보내고, 성인이 되고 난 후에는 은퇴할 때까지 직업적 활동을 계속하는가 하면, 은퇴한 후에도 자신의 직업과 관련해서 연금을 받으며 살아가게 된다고 할 수 있다면 사람들은 평생을 직업과의 관계를 떠나지 않고 살아가고 있는 것이다. 이렇게 본다면 직업은 우리들에게 가장 중요한 삶의 한 과정이자 삶의 한 현장이라고 할 수 있다.

이러한 직업이 우리의 인생에서 차지하는 의미를 살펴보기로 한다.

가. 직업은 생계유지의 기본수단이다.

사람은 직장을 구하여 일을 함으로써 일정한 수입을 얻고 경제생활을 유지할 수 있다. 직업 없이는 생계의 유지가 매우 어렵다. 또한, 경제활동은 또한 인간의 욕구를 채워주는 하나의 방법이다. 경제활동을 통해 얻어지는 소득으로 자신의 삶을 윤택하게 할 수 있다.

즉, 직업은 생활에 필요한 경제적 소득을 얻는 생계의 근거가 된다. '일하지 않는 자는 먹지도 말라'는 백장대사의 말이 있듯이, 생존에 필요한 의식주의 조건을 마련하기 위한 생산적 활동이 직업인 것이다. 이렇듯, 직장은 자신과 가족의 생계를 위한 경제적 소득을 얻는 매우 중요한 것이다.

나. 직업을 통해 사회적 기여가 가능하다.

현대 사회에 있어서 직업 없이는 사회생활이 거의 불가능하며, 가능하다고 하더라도 극히 제한적일 수밖에 없다. 인간은 사회적 활동을 통하여 욕구를 실현한다. 직업은 현대 사회에 있어 사회 활동의 가장 중요한 수단으로 인식된다. 직업은 또한 사회봉사의 수단이다. 현대사회는 직업을 통해 서로의 필요를 충족시켜 주는 분업적 의존사회를 형성하고 있다. 모든 직업은 사회가 필요로 하기 때문에 존재하며, 존재하는 모든 직업은 소명을 가지고 봉사할 만한 가치가 있다

다. 직장은 자신의 능력을 발휘하는 자기실현의 장이기도 하다.

사람은 직업을 통하여 자기의 능력을 발휘하고 일하는 보람과 생의 보람을 느끼며 자아실현을 할 수 있다. 현대 사회에 있어서 직업은 자아실현의 수단으로서 더욱 중요하게 인식되어가고 있다. 사회 경제적 수준이 향상되면서 직업선택의 경향도 경제적, 물질적 보상보다는 정신적 만족에 더 큰 비중을 두는 방향으로 변화하고 있다. 자기가 하고 싶은 일을 통하여 자신의 목적을 성취하고 자기 발전을 경험하는 것은 누구나 원하는 보람된 일이며 생존과 생활에 필요한 경제적 소득을 얻는

곳으로서의 소극적 의미를 넘어서, 자신의 개성과 능력을 발휘하여 자신이 추구하는 목표와 가치를 실현하는 곳이다. 직장은 인생에 있어서 자기실현이라는 적극적 의미를 지니는 곳이다.

라. 직장은 인생에서 사실상 가장 많은 시간을 보내는 곳이다.

정규교육을 마치게 되는 10대 후반 또는 대학졸업자의 경우에는 20대 중반부터 직장에서 많은 시간을 보내게 된다. 직장을 갖게 되면, 하루에 8시간 내외 그리고 정년퇴직까지 30-40년을 직장에서 보내게 된다. 따라서 직장에서 하는 업무에서 만족을 찾지 못하고 직장에서의 인간관계가 불만족스럽다면, 인생의 많은 시간을 불만스럽게 보내는 것이 된다. 이런 점에서 직장에서의 업무와 인간관계의 만족도는 인생의 만족도를 결정하는 중요한 역할을 한다.

마. 직장은 여러 사람으로 구성된 인적 조직구조를 갖는다.

따라서 모든 직장은 나름대로의 조직과 운영방침을 가지고 있으며 피고용자는 그러한 운용방침에 적응해야 한다. 아울러 효율적인 업무수행을 위해서는 직장 내 또는 관련기관의 직원들과 원활한 인간관계가 필수적이다.

'Freud'는 인생에서 중요한 가치를 일과 사랑이라고 하였다. 이런 관점에서 볼 때, 직장은 일차적으로 일을 통한 경제적 소득을 얻고 자기 잠재능력을 발휘하는 곳이다. 뿐만 아니라 인생의 가장 많은 시간을 지내게 되는 직장에서 여러 직장동료와 동료애를 경험하게 되는 곳이다. 즉 직장은 일과 사랑의 조화를 통해 삶의 의미를 찾는 곳이다

5. 직업의 필요성

인간의 삶에 있어서 직업 활동은 왜 필요한가? 직업을 가지는 이유와 의미는 무엇인가?

이러한 질문에 대해 일반적으로 "생계유지를 위하여 아니면 돈이 필요하니까"라고 대답한다. 인간은 직업 활동을 통해서 생존에 필요한 재화를 획득하고 물질적, 정신적, 재화적 풍요를 누리며 삶의 보람과 긍지를 갖게 된다. 즉, 직업은 현대 사회에서 개인에게 있어서 필수적인 것이며, 생활을 윤택하게 해주는 삶의 기본이 되는 아주 소중한 것이다.

그러나, 모든 직업이 모든 사람들에게 똑같이 즐거운 것이고 바람직한 것일 수 없다. 적성과 직업적 요구조건들의 불일치, 직업에서 오는 좌절감, 동료나 상사와의 불만족스러운 관계로 인해 야기되는 불안감과 거부감은 직업에서 얻을 수 있는 가치들을 파괴시키거나 희석시킬 수 있다. 그러므로 흥미 있고 자아표현의 기회가 풍부하고 창조성을 충분히 발휘할 수 있는 직업이 만족도가 높다고 할 수 있는데 자기 자신에 대한 개념, 안전과 자기 확신감, 수용감, 가치감, 바람직한 신분의 부여는 빈번히 자신의 직업이나 어디에서 일하고 있느냐와 밀접한 관계를 가진다.

이러한 관점에서 직업의 중요성을 살펴보기로 하자

가. 자아실현 수단으로서의 필요성

직업은 개인의 자아를 실현하는 장(場)이 될 수 있다. 직업은 단순히 경제적인 만족을 가져다주는 것으로서만 의미가 있는 것이 아니다. 직업은 오랜 기간의 자신의 삶과 함께 하는 것이고, 또 그것을 통해 타인과 관계를 맺는 것이기 때문에 일하고 대가를 받는 단순한 의미를 넘어서는 것이다.

우리는 직업을 통하여 자신의 숨어 있던 능력이나 발휘하고 싶은 재능을 발견하고 대가를 반은 만큼 사회에 공헌할 수 있는 것이다. 실제로 직업은 그 자체가 목적이 되고 보람이 될 경우도 많다. 어떤 사람들은 아무런 경제적 소득을 바라지 않으면서 일하는 것 자체를 즐기거나, 그것을 보람 있게 생각하면서 직업에 종사한다. 이런 경우에 직업은 당사자들에게 매우 소중한 경험이며 일 자체에서 오는 보람이 큰 의미를 갖는다. 이처럼 일하는 것 자체가 개인에게 보람이 되는 경우에 자아실현의 장(場)으로서 기능하게 된다. 직업이 진정으로 자신에게 의미 있는 것이려면 경제적인 만족 이외에도 우리가 일을 통해 성취감을 느낄 수 있고 성취감은 우리에게 큰 보람을 느끼게 할 수 있는 것이어야 한다.

자아실현의 과정은 또한 창조의 과정이라고 할 수 있다. 우리는 직업에 종사하면서 항상 전부터 해 오던 방식, 또는 남들이 모두 하고 있는 방법으로만 일을 해나가지는 않는다. 때로는 자신의 새로운 방식을 고안해 내어 독창적으로 일을 해야 하고, 그러한 방식으로 성공했을 때에는 커다란 창조의 기쁨과 보람을 맛보게 된다. 그러므로 우리가 일을 한다는 것은 많은 경우 창의성을 요구하며 창의적인 문제해결은 혁신을 낳는다. 따라서 이와 같은 창조적인 자아실현이야말로 우리에게 큰 보람을 줄 수 있는데 직업은 우리에게 그러한 창의성을 발휘할 기회가 되는 것이다. 이처럼 직업은 개인의 삶에 있어서 삶의 의미를 더욱 충실하게 해 줄 뿐만 아니라 성실한 노력과 창조적 활동을 통하여 스스로의 발전 외에 국가사회에 있어서도 커다란 발전의 기틀이 되는 것이다.

나. 사회적 공헌 수단으로의 필요성

우리가 직업을 갖는 이유는 개인적인 생계의 수단을 위한 것이거나 자아실현을 위한 것이다. 그러나 인간은 기본적으로 사회적인 동물이기 때문에 우리가 속한 사회적인 배경을 떠나서는 개인의 목적이나 지향의식을 설명하기 어렵다. 즉, 개인이 그의 필요에 의해 갖게 되는 직업이란 특정한 사회 구성체가 필요로 하기 때문에 존재할 수 있는 것이며, 사회 구성체의 의도, 목적, 요구가 있기 때문에 그 사회 구성체의 구성원으로 하여금 그것을 향수(享受)하게 하는 것이라는 것이다. 이렇게 볼 때 직업을 통한 개인의 목적이나 필요의 충족은 사회 구성체의 목적 성취 결과이지 원인은 아니다. 개인이 갖는 직업이 사회적이라는 것은 바로 이 의미이다. 즉 직업은 사회 구성체의 목적이나 필요에 따라 만들어지는 것이지만 그럼으로써 개인의 삶의 목적이나 요구와 대립하는 것이 아니라 개인의 삶 속에 스며들어 개인의 자아실현을 도우면서 동시에 사회발전에 기여 한다는 것이다.

사실 개인이 선택하는 직업은 특정한 개인이 무(無)에서부터 창조 할 수 있는 것이 아니라 특정한 사회 속에서 사회 구성체의 목적과 요구에 의해 주어진 것을 개인이 선택하는 것이다. 그런 의미에서 우리의 직업 선택의 자유는 주어진 것을 선택하는 자유이다. 우리는 우리의 적성과 관심과 능력에 따라 직업을 선택할 수 있다. 그러나 우리 사회가 필요로 하지도 않고 우리 사회 구성체의 목적에 맞지 않는 것은 직업으로서 선택될 수 없다. 직업선택과 관련하여 우리가 갖는 것은 소위 직업관이라고 할 수 있다.

우리는 더 나아가서 가족 이기주의적인 발상에서만 직업을 영위하지는 않으며, 그 가정이 속한 광범위한 사회적인 환경 속에서 자신의 직업관을 형성하고 있다. 다시 말해서 직업은 인간의 개인적인 차원에서의 필요에 의해서만 존재하는 것이 아니라 사회적인 필요에 의해서 성립된 것이다.

결국 우리의 직업은 일견 자신의 생활을 위한 것 같아 보이지만 그것은 사회적인 공동체의 삶과 무관한 것이 될 수 없다. 그러므로 사회적인 고려를 무시한 채 나의 필요와 나 개인의 이익만을 생각하고 직업을 선택하고 일을 한다는 것은 불합리한 것이다.

한 걸음 더 나아가서 우리가 직업을 선택하고 일을 해나가는 것에서 비롯되는 책임과 의무는 개인적인 것만이 아니라 사회적인 성격을 갖는다.

이러한 의미에서 직업관과 직업윤리는 사회적으로 주어지는 것이고 그것을 우리 개개인은 좀 더 폭넓은 사회적인 시각에서 숙지할 필요가 있는 것이다.

제3절 미래 직업인의 직업 선택

1. 산업구조[1]의 변화에 따른 취업구조 변화전망

최근 우리나라의 산업별 국내총생산을 통한 산업구조를 보면, 농림어업의 비중은 미미해지며, 제조업의 경우 지속적인 성장을 유지하지만 그 구성비는 현재보다 감소하고, 서비스업의 비중은 지속적으로 증가할 것으로 전망된다. 한편 제조업 내에서도 성장의 중심축이 경공업에서 중공업으로 이동해 왔고, 향후 고기술, 고부가가치, 지식 집약적 산업의 비중이 증가할 것으로 전망된다.

산업구조의 변화와 함께 취업구조 역시 농림어업의 비중이 현저하게 저하되고, 제조업의 취업비중은 서서히 감소하며, 서비스업의 취업비중은 지속적으로 증가할 것으로 전망된다. 이에 따라 제조업도 과거와 같

1) 산업구조(industrial structure): 국민경제를 구성하는 각종 산업간의 구성비율과 구조·관계를 나타내는 것.

은 고용 흡수력을 발휘하기는 어려울 것으로 보이며, 제조업 내에서도 산업구조가 서비스화, 지식집약화됨에 따라 제조업의 취업자 비중이 낮아질 것이다.

한국은행에서 2017년 발표한 자료에 따르면 취업자의 16%를 차지하는 제조업의 경우 최근 10년간 일자리 수는 12%증가하는데 그친 반면과 공공행정직, 건설업에서 취업자가 증가하였으나 숙박 및 음식점업, 교육서비스업, 전문과학 및 기술서비스업의 취업자 수가 감소한 것으로 나타났다.

미래의 산업구조는 기술 · 지식 집약적 산업으로 산업 및 취업구조가 변화함에 따라 취업자들의 질적 변화도 수반되어야 한다. 개개인이 보유하는 직업능력이 지식기술사회에 대응하지 못할 경우 노동력의 국제경쟁력 저하뿐만 아니라, 직업능력이 낮은 미숙련 근로자들이 실업위기를 맞게 될 것이다.

직종별 취업구조의 전반적인 추세를 보면, 전문기술직, 행정관리직, 서비스관련직 등이 큰 폭으로 증가하고, 사무관련직, 판매직 등도 증가할 것으로 전망된다. 반면 농림어업직은 대폭 감소할 전망이며, 생산직 역시 비중이 크게 줄어들 전망이다.

직업세계는 정보통신 및 첨단과학기술을 선도하는 직종의 확대와 기존의 직종으로부터 지식 및 정보, 기술의 심화로 직종의 분화 또는 다양화가 가속화 될 것이다. 이에 따라 직종의 생성 소멸의 주기가 빨라질 것으로 예상된다.

전통적인 산업으로부터 새로운 수요를 창출하는 첨단 산업으로의 전환과 이동이 계속되면서 새로운 고용이 창출되기도 하지만, 실업도 계속해서 발생하게 될 것이다. 신기술이 개발되어도 기계화, 자동화가 촉진되고 지식 집약적 기술이 개발됨으로써 고용창출효과는 낮아지는 반면, 전통산업과 한계기술의 기업이 잇따라 도산 또는 제3국에 이전되고 이에 따라 발생한 실업자들의 재취업과 그 준비기간이 길어지거나 어려워짐으로써 만성적 고실업의 발생가능성이 높아지게 되었기 때문이다.

유럽 선진국들이 그간 겪어왔던 만성적으로 높은 실업률이 우리나라에도 나타나게 된 것이다.

2. 직업선택위한 인식전환

상기 산업구조 변화에 따른 취업구조의 변화와 관련하여 직업선택을 위한 몇 가지 인식전환이 필요하다.

가. 평생직장에서 평생직업으로 인식전환 요구

이제 평생토록 하나의 직업에서, 더 좁게는 하나의 조직에서 일할 수 있는 기회는 점차 사라지고 있으며 개인의 직업생활은 자신의 연령에 따라 역시 다양하게 변화할 수 있게 되었다. 따라서 끊임없이 자신의 직업과 경력을 기획하고 개발하여 가는 평생 경력 개발이 요구된다.

나. 자신의 직업정보를 알고 하는 선택 필요

다양한 직업에 대해 정확한 정보를 알수록, 변화하는 직업정보를 빠르게 획득 할수록, 자신이 원하는 직업을 선택할 가능성이 커진다. 일반적으로 개인이 직업을 선택할 때, 자신의 적성과 흥미에 적합한 직업들을 선택하는 것이 가장 합리적이고 바람직하지만, 현실적으로 볼 때 적성과 흥미 외에도 많은 요인이 직업선택 행위에 영향을 미치게 된다.

그러므로 직업에 대해 잘 알수록, 자신에 대해 잘 알수록, 자신이 원하는 방향으로 직업을 선택할 가능성이 높아진다. 즉 알고 하는 선택이 가능해 진다는 것이다.

다. 자기에 대한 정보와 이해 요구

진로와 직업 생활을 설계하기 위해서는 자신의 삶에 대한 가치관, 적성, 직업선호도, 신체적 · 경제적 · 인지적 조건 등 다양한 변수를 고려해야 한다. 이 때 직업가치관검사, 적성검사, 직업흥미검사, 진로 성숙도 검사 등을 통해 보다 자신을 이해 할 수 있게 될 것이다.

라. 직업관련 정보의 수집 및 활용

직업에 대한 정보는 연구자들이나 언론매체 등에 의해 제공되는 책자, 인터넷 외에도 다양한 직업체험, 인턴십 등의 적극적인 활용을 통해 교육과 직업 간의 간격을 좁히기 위한 각별한 노력을 해야 한다.

3. 직업선택의 원칙

인간생활에서 친구, 인생관, 가치관 등의 선택은 매우 중요하다. 그 중에서도 평생 동안 삶의 안정과 풍요를 누릴 수 있는 직업의 선택이야말로 더욱더 중요하다고 하겠다. 또한 직업의 선택은 특정 직업이 자신의 흥미와 적성에 얼마나 적합한가에 대한 판단에서부터 출발 하여야 하며 얼마나 개인의 자아를 충족시켜 주는가를 잘 이해하고 탐색하며 준비하여야 한다. 이러한 맥락에서 직업선택의 원칙을 살펴보자.

가. 자신의 능력과 적성을 고려하여 직업을 선택해야 한다.

직업이란 생계를 유지하기 위하여 자신의 능력과 적성에 따라 지속적으로 한 가지 일에 종사하는 사회 활동을 말한다. 그런데 직업을 선택할 때 자신의 능력과 적성을 최대한 활용하지 못하는 직업을 선택하는 사람들이 많이 있다. 부모님의 강요, 사회의 시각 등이 직업선택에 반영되어, 자신의 능력과는 다른 직업을 가지는 경우가 많다. 이렇게 되면 일의 능률이 떨어지고, 자신의 능력을 최대한 발휘할 수 없게 된다. 결국 직업을 선택할 때는 능력과 적성을 고려해야 한다.

나. 보수를 고려하여 직업을 선택해야 한다.

아무리 자신의 능력과 적성에 맞는 직업이라고 하여도, 보수가 적으면 사회생활이나 가정생활을 하는데 큰 어려움이 생긴다. 요즘에는 과거와는 달리 육체적인 노동보다는 정신적인 노동이 보수를 더 많이 받고 있는 추세다. 예를 들어 힘을 쓰는 일에 능력과 적성이 있다고 해서 건설노동을 한다면 보수가 적고, 여러 가지 사회생활이나 가정생활을 하는데 돈이 모자라게 된다. 결국 컴퓨터나 인터넷 등을 중심으로 하는 현대 사회에서는 이런 것들을 중요시 여기고, 또 이런 것과 관련된 직업에 종사하면 보수도 많다. 따라서 직업을 선택할 때는 보수를 고려해야 한다.

다. 자신이 선택해야 할 직업에 대한 자신감을 고려하여 직업을 선택해야 한다.

어떤 일을 하던 자신감은 그 일에 큰 영향을 미친다. 마치 번지점프를 하려고 해도 자신감이 없어서 뛰어내리지 못하는 것과 같은 것이다. 직업을 선택하여 일을 할 때도 그 직업에 대한 자신감이 없다면 일을 잘 처리 할 수 없게 되고, 자신의 직업에 대한 만족감이 떨어지게 된다. 그러나 자신감이 있다면 어떤 일을 하더라도 그 일의 능률이 오르게 된다. 그러므로 직업을 선택할 때는 자신감을 고려해야한다.

지금까지 본 것과 같이 직업을 선택 할 때는 능력과 적성, 보수, 직업에 대한 자신감 등을 고려해야 한다. 점차 직업이 다양화, 전문화, 세분화되는 현시점에서 직업의 중요성이 더 커지고 있고, 직업을 선택할 때 고려해야 할 점도 점차 늘어나고 있다.

또한, 이러한 점을 고려하여 직업을 선택하였다고 하여도, 그 직업에 최선의 노력을 하는 것만큼 중요한 것은 없다. 결국 직업은 능력과 적성, 보수, 직업에 대한 자신감에 따라 좋은 직업을 얻게 된다. 그리고 직업에 종사한 후 얼마나 노력하는가에 따라 자신의 직업의 가치가 변한다. 앞으로 자신의 직업을 잘 선택하여 미래에 조금이라도 더 좋은 직업을 얻기 위해 노력해야 한다.

그러나 현실상황을 무시하고 자기에게 맞는 직업만을 고집하는 경우 평생 직업을 찾지 못할 수도 있다. 취업에는 시기가 있고, 경쟁의 능력을 갖추는 데는 개인적인 한계가 따르기 때문이다. 원칙을 고려하되 지나치게 엄밀하게 적용하지 말고 자신 및 직업의 다양성과 변화가능성에 대해서 폭넓은 고려를 할 필요가 있을 것이다.

4. 직업선택의 과정

한사람의 인생과정에서 직업을 갖는다는 것은 참으로 중요하다. 그 많은 직업 중에서 각 개인에게 주어지는 직업적 운명의 의미가 크다는 것이다. 왜 당신은 그러한 직업인이 되었고, 왜 나는 이런 직업인이 되었는지를 생각해보면 신기하게 느껴진다. 직업과 인간과의 만남과정에서 볼 때 직업이 인간에게 주어지는 것인지? 인간이 직업을 선택하는 것인지? 내가 이 직업에 몸담게 한 것은 무슨 까닭일까?

이러한 직업선택은 학자별로 많은 연구가 있었다.

가. 긴즈버그(E.Ginzberg)의 『직업선택에 관한 연구』

첫째, 대부분의 사람들이 직업선택에 관한 결정을 우발적으로 한다고 해서 우발이론을,

둘째, 직업선택이 개인행위에 있어서 무의식의 힘을 이해하는 것에 의해서만 이해될 수 있다는 충동이론을,

셋째, 적성검사와 상담을 통한 직업선택이론을 비교한바 있다.

주요내용은 직업선택은 하나의 발달과정에서 단순한 결정이 아니고 몇 년에 걸쳐 행해지는 일련의 결정이라는 결론을 내렸다. 사람은 결코 일순간에 최종 결정에 도달하지 않으며 그것은 몇 년이나 걸리는 연속되는 결정을 거쳐 도달된다는 것이다.[2)]

나. 밀러(D.C.Miller)와 폼(W.H.Form)의 『산업사회학』

비직업적 생활에서 직업적 생활로 옮기는 과정에서 직업선택의 시기를 ① 준비기 ② 시도기 ③ 시행기로 나누어 설명하였다.

---

2) E. Ginzberg, S. W. Ginzberg, S. Axelrad and J. L. Herma (1951) *Occupational Choice: An Approachtoa General Theory*. New York: Columbia University Press, 1951 (cited in Super, 1981).

다. '수퍼(Super)'의 『자아개념 이론』

첫째, 직업 선택은 자아개념의 발달과 밀접한 관련이 있으며, 둘째, 청소년기가 직업선택에 중요한 시기이지만, 직업선택은 평생을 통해 이루어지는 과정이며 이는 6단계로 구분 가능하다고 주장하였다.

① 성장(growth)단계 (14세까지); 자신의 흥미, 놀이, 활동을 통해 직업의 의미나 특성 파악

② 탐구(exploration)단계 (15~25세); 자기평가, 직업탐구 등을 통해 한 가지 직업 선택

③ 확립(establishment)단계 (26~45세); 자신이 선택한 직업분야에서 어느 정도 안정을 이루고, 경험도 축적되며, 발전 이루어지는 단계

④ 유지(maintenance)단계 (46~65세); 직업분야에서 높은 지위 획득 (전문가, 고참) 단계

⑤ 쇠퇴기 (66세 이상); 은퇴 후 직업 외에 자신이 만족할 수 있는 새로운 역할 찾는 단계로 구분하였다.

라. 홀랜드(Holland)의 『성격유형이론』

개인의 행동이 인성과 환경 사이의 상호작용에서 비롯되므로 직업 선택시 인성적 특성이 고려되어야 성공확률 높으며 자신의 성격에 적합한 직업 선택이 중요하다고 주장하며, 개인적 특성과 직업적 특성을 조화시킨 6가지 성격 · 직업 유형[3] 분류하고 6가지 중 어느 한 유형에 꼭 들

---

3) Holland의 성격유형
① 현실적(Realistic) 유형
② 탐구적(Investigative) 유형
③ 사회적(Social) 유형

어맞기는 어려우며 몇 가지 유형이 혼합될 수도 있다고 하였다.

마. 긴스버그(Ginzberg)의 직업 선택의 과정

직업선택의 과정을 개인의 성숙과 관련하여 세기간으로 나눈 관점도 음미할 가치가 있다. 그는 공상기, 잠정기, 실제기로 나눈다.[4)]

첫째, 공상기(The fantasy period)로서 아동기에서 부터 사춘기까지의 기간에 일어나는 공상적인 직업선택으로 자신의 능력이나 현실의 기호나 한계를 평가하지 않고 무엇이든 자신이 되고 싶은 대로 될 것으로 믿는 단계.

둘째, 시행기(The tentative period)는 청년초기의 직업선택으로 상당히 현실적 상황에 접근하는 시기로 장래의 직업결정에 문제가 되는 요소가 있다는 것을 인식하고 이 기간 중에는 주로 주관적이지만 관심, 능력, 가치 등이 강조되며,

셋째, 현실기(The realistic period)로서 명확한 목적의식을 갖고 현실적으로 직업을 선택하는 시기로 바라는 것과 적합한 기회와의 타협안을 내어야 된다는 것을 알게 되는 단계이다. 이때 직업을 결정해야 하는 임박함으로 인하여 많은 경우에 이상으로서 직업은 사라지고 현실적인 직업을 선택하게 된다. 이 과정에서 신중한 선택을 하지 못하는 경우가 많다. 그래서 자신이 선택한 직업에 실망하여 새로운 직업이나 직장에 대한 바람을 가진 채로 생활하는 경우가 생기게 된다.

따라서 직업을 선택하기 전에 자기의 적성과 직장, 직무를 합리적이

---

④ 예술적(Artistic) 유형
⑤ 관습적(Conventional) 유형
⑥ 기업가적(Enterprising) 유형

4) D. 던커레이, 직업과 사회, 백영균역, 교학사, 1963, pp.20~22.

고 세밀하게 분석하는 것이 필요할 것이다. 이렇게 함으로써 직업 선택의 오류가능성을 줄일 수 있다. 이것은 직업 활동 자체에서 의미를 찾지 못하고 무력감에 빠져 마지못해 일하고 있는 사람들의 수를 줄일 수 있는 대책이 될 것이다.

5. 원하는 직업을 얻기 위해 준비해야할 사항

가. 긍정적인 태도와 소망 갖기[5)]

당신은 물이 반쯤 있는 컵을 보고 물이 반이나 찼다고 말하는 타입인가, 아니면 반이나 비었다고 말하는 타입인가? 이런 질문이 성공과 관계가 없다고 생각할지 모르나 실제로 이 질문에 대한 답으로 당신이 목표지점까지 오르는 길이 순탄한지 아닌지를 알 수 있다.

비관적인 성향의 직원이 긍정적인 성향의 직원보다 덜 인정받는 게 현실이다. 회사는 직원의 비관적인 성향이 회사에 성공하는데 걸림돌이 될 수 있다고 말하지 않는다. 민주주의 국가에서 당신이 어떤 성향으로 근무하는지는 당신의 권리이기 때문이다. 하지만 긍정적인 사고로 성공의 이미지를 주는 사람을 승진시키는 것은 회사의 권리이다.

비관주의자들은 자신의 세계관에 자부심을 갖는 경향이 있다. 그들은 세상을 온통 장밋빛으로 보는 낙관주의자들의 순진함을 경멸한다. 그러나 이런 비관주의자들이 보지 못하는 것은, 고용주들의 눈에는 그들의 비관적인 태도가 패배주의처럼 비친다는 것이다. 비관주의자들이 회사의 높은 자리에까지 오르는 경우는 거의 없다. 비관주의자들은 의심하

---

5) 신시아 샤피로(공혜진 옮김), "회사가 당신에게 알려주지 않는 50가지 비밀", 서돌, 2007, p.235.

고, 비판하며, 눈에 찰 때까지 칭찬을 보류한다. 회사를 위한 어떤 아이디어나 열정에도 들뜬 모습을 보이지 않는다. 그들은 현 상황의 가능성보다는 제한적인 현실에 더 집착한다. 따라서 비관적인 태도는 회사의 가능성을 가로막는 장애요인으로 비칠 수 있다.

성취의 세계는 낙천주의자들의 것이다.

고용주는 낙천주의자들이 성공을 이끌어내고 근무 의욕을 고취시킨다고 생각하기 때문에 회사를 그들에게 맡기면 원하는 목표에 도달할 수 있을 것이라고 기대한다. 하지만 비관주의자들에게 회사를 맡기면 현재 상태에서 조금도 나아지지 않을 것이라고 생각한다. 낙천주의자들은 주변 상황을 보다 긍정적으로 바라보고 가능성을 찾으려 하기 때문에 훨씬 성공적으로 비친다. 이게 영업부 출신의 직원이 다른 직원들보다 빠르게 승진하는 이유다. 그들은 무슨 일이 있어도 긍정적인 시각을 유지하도록 교육받기 때문에 팔을 걷어붙이고 상황을 개선하려고 노력한다. 이런 지속적인 낙천주의 덕에 그들에겐 카리스마와 성공의 기운, 리더의 자질이 느껴진다.

모래에 머리를 처박고, 마치 아무 문제도 없다는 듯이 억지 미소를 지으라는 것이 아니다. 문제는 항상 불거질 가능성이 있다 그런 문제들은 가능한 한 빨리 머리를 맞대고 해결해야 한다. 모든 직원들이 리더를 쳐다보며 행동지침을 기다리기 때문에 망설일 수도 없다. 이때 리더가 해결할 수 있다고 이야기하면, 팀원들은 그의 말을 믿는다. 반면에 상황을 비관적으로 보면, 팀원들도 두려움에 빠지고 의욕을 잃는다.

항상 상황의 부정적인 면보다 긍정적인 면을 보려고 노력하면 어떤 문제건 덜 위협적으로 느껴진다. 긍정적인 태도는 문제의 심각성에 압도되는 대신에 창의적으로 해결할 수 있는 방법을 이끌어 낸다. 당신이 직원들에게 할 수 있다는 믿음을 준다면, 정말로 할 수 있게 된다. 이것이야말로 리더가 지녀야 할 가장 중요한 자질이다.

혁신을 저해하는 가장 빠른 방법은 새로운 아이디어를 듣자마자 "불가능한 일이야." 하고 말하는 것이다. 역사가 우리에게 가르쳐 준 것이 있다면, 그것은 일을 성취한 사람들이 몽상가들이며 이상주의자들이고 낙천주의자들 이었다는 것이다. 피라미드를 짓거나, 미지의 세계로 항해를 떠나거나, 독재정치를 뒤엎거나, 마이크로칩을 발명하는 등의 일들을 해낸 사람들은 이상주의자들이었다. 당신이 CEO라면 어떤 사람에게 더 끌리겠는가.

나. 비전을 갖자.

미래의 비전을 품은 사람은 어떤 악조건도 극복한다.

미래에 대한 비전을 품은 사람만이 온갖 악조건을 견뎌내고 마지막까지 자신을 지켜 나갈 수 있는 힘을 갖는다. 살아서 이루어야 할 사명을 깨닫고 자신의 남은 삶에서 이룩하여야할 비전을 지닌 사람은 온갖 시련과 장애도 극복한다. 또한 미래에 대한 사명감과 비전에 대하여 강력한 확신을 지닌 사람들은 예나 지금이나 직면하는 온갖 시련과 장애를 극복하여 나갈 수 있다. 남다른 비전을 품은 사람은 자신이 부딪히는 어떤 시련도 장애도 스스로 극복하여 나갈 수 있는 내면의 힘을 지니게 된다.

다. 시간관리

미국의 경제학자 '피터 드러커 (Peter Ferdinand Drucker)[6]'가 시간 관리를 위해 제안하는 세 가지 구체적인 원칙을 인용하면,

---

6) 1909.11.19 오스트리아 출생, 2005.11.11 사망, 경제학자, 대학교수: 1971년 드러커 경영대학원 사회과학부 석좌 교수, 1950~1971년 뉴욕 대학 경영학부 교수로 재직.

첫째는 시간을 기록하라는 것이다.

기억만으로는 결코 충분하지 않다. 드러커는 기억력이 좋다고 자랑하는 지식노동자들에게 그들이 자신의 시간을 어떻게 사용하는지 물어봤다. 그리고 실제로 사용한 시간을 몇 주일 또는 몇 달 동안 기록해두라고 요청했다. 그런데 나중에 그 사람이 생각하고 있는 사용 시간과 실제 사용하고 기록한 시간을 비교해보면, 일치하는 일이 거의 없었다.

어느 기업의 회장은 자신이 시간을 크게 세 부분으로 나누어 사용한다고 확신하고 있었다. 자신의 시간 중 3분의 1은 회사 간부들과, 3분의 1은 중요한 고객을 만나는 데, 나머지 3분의 1은 지역사회 활동을 위해 사용한다고 생각하고 있었다. 그러나 6주 동안 실제 사용 시간을 기록하게 한 뒤 비교해봤더니, 이 세 가지 활동에는 시간이 거의 사용되지 않았다. 실제로는 대부분의 시간을, 이미 지시한 과업에 관해 아래 사람들을 독촉하는 데 사용한 것으로 나타났다. 세 가지 일에 대한 시간 배분은 "그래야 한다"고 생각하고 있을 뿐, 실행에 옮기지는 못하고 있었다는 결론이다. 시간을 기록해야 하는 것은 이런 이유 때문이다. 그래서 시간 운용표를 만드는 것은 중요하다. 자신이 수행하고 있는 몇 가지 주요 과업을 적어놓고, 각각에 대한 매일 실제 사용 시간을 기록하라. 엑셀 파일에 기록해두면 더욱 관리하기 좋을 것이다. 그리고 일주일 간격이든 한 달 간격이든, 주기적으로 시간 사용분을 체크하고 자신이 어느 방향으로 가고 있는지를 짚어보는 것이 필요하다.

두 번째는 기록된 시간을 들여다보면서 시간을 관리하기 시작해야 한다는 것이다.

실제 시간을 기록해보면, 필요 없어 보이는 일에 사용된 시간이 눈에 띄게 마련이다. 때로는 그렇게 사용된 시간이 가용 시간의 대부분인 경우도 있다. 그때 체계적 시간 관리를 위한 자기진단 질문이 필요하다.

질문을 던져보고, 그 대답에 따라 그 시간의 사용을 중지할 것인지 이어갈 것인지를 결정하면서 시간을 관리하는 것이다. 우선 "이 일을 시작하지 않았다면 어떤 일이 일어났을까?"라고 스스로 묻는다. '별일 없어'라는 대답이라면 그 일은 중지하라. 그리고 "다른 사람이 최소한 나만큼 잘할 수 있었던 일은 어떤 것인가?"라고 스스로 묻는다. 그런 일이 있다면 다른 사람에게 위임하고, 자기 자신이 해야만 하는 일에 집중하라.

마지막으로 주변사람들에게 "내가 하는 일 가운데 당신의 목표 달성에 아무런 도움도 되지 않으면서 당신의 시간만 낭비하게 하는 일은 없는가?"라고 물어본다. 솔직한 대답을 두려워하지 마라. 그런 일이 있다면 즉시 중지하거나 효율화한다. 시간을 절약하다가 뭔가 중요한 일을 놓치는 게 있을까 불안해하지 말라. 이런 불안이야말로 당신의 일을 망친다.

미국 대통령의 경우, 취임 초 지나치게 많은 초대에 응한다. 그러다 어느 순간 대부분의 초대가 직무 수행에 도움이 안 된다는 사실을 깨닫고 초대 일정을 대폭 줄인다. 어느 순간 신문이나 텔레비전에 "대통령이 대중과의 접촉을 기피한다"는 기사가 나온다. 그리고 다시 사회 활동을 시작한다. 그런 과정에서 균형을 찾게 된다. 시간 관리야말로 말단 사원부터 미국 대통령까지 비슷한 고민을 하고 있는 이슈인 것이다.

세 번째 원칙은 시간을 통합하라는 것이다.

중요한 것은 관리해서 마련한 시간을 어떻게 사용하느냐 하는 것이다. 마련된 시간은 최대한 통합해서, 한 가지 일에 한꺼번에 집중할 수 있는 시간을 확보하는 데 사용해야 한다. 그래야 시간 관리의 보람이 극대화된다.

이 모든 방법을 잊더라도, 시간이야말로 정말 중요한 자산이라는 사실만은 기억하자. 다들 돈이나 부동산은 중요한 자산이라고 생각하지만, 정작 한번 흘러가면 다시는 오지 않는 시간에 대해서는 덜 심각하게 생각한다. 재테크를 하는 사람은 많아도 '시간테크'를 하는 사람은 거의 없다는 것을 명심하자.

라. 자수성가한 사람들의 사례 활용

자수성가해서 성공한 사람들은 공통적으로 어떤 특성들을 가지고 있을까?

미국의 베스트셀러 저자이자 경영 관련 연간 25만 번 이상의 강연을 하는 브레인 트레시 (Brian Tracy)[7]는 「백만장자를 만드는 21가지 비밀」이라는 책에서 이러한 사람들에 대해 21 가지 성공 비법을 소개하고 있다.

다음의 21가지 원칙들은 자수성가한 부자들에 대해 지난 15년 간의 교육과 연구를 통해 얻어진 것이다. 그들이 금전적으로 성공한 가장 큰 요소는 바로 돈이 아니라 그들이 돈을 벌고 지킬 수 있도록 만든 그들의 개인적 자질이었다.

이러한 자수성가한 사람들은 사실상 처음에 시작은 보잘 것 없었다.

그들은 또한 파산과 파산 유사 경험을 자주 반복했다. 그들은 평균적으로 3.2번의 파산을 경험하였다. 이들은 스스로 올바른 기회을 찾고 성공하기 전에 공통적으로 실패한 경험들을 가지고 있다.

다음의 21가지 성공 원칙을 따른 다면 당신도 분명히 성공할 것이다.

(1) 꿈을 크게 가져라

스스로 꿈을 크게 갖고 당신이 살기를 원하는 삶을 상상하라. 그리고

---

7) 브라이언 트레이시(Brian Tracy) 1944년 캐나다 출생, 경영컨설턴트, 컬럼비아퍼시픽대학졸, 경력 1981년부터 24개국 200만명에게 세이즈 & 성공 워크숍과 세미나 강연, "내 인생을 바꾼 스무살 여행" 작가.

그러한 삶을 살기 위해 얼마만큼의 재산이 있어야 하는지 생각해보라. 이러한 장기적 미래 비전을 세우는 것은 당신이 좀 더 긍정적이고 동기부여가 되고 확신에 찰 수 있도록 도와준다.

(2) 확실한 방향성을 개발하라

항상 당신의 목표에 대해 생각하고 그것에 다가가려 노력하라. 당신의 삶에서 하고자 원하는 것을 결정하고 이를 구체적인 목표로 적으라. 그리고 그것에 대해 마감시한을 정하고 그것을 달성하기 위해 필요한 모든 것들을 리스트로 만들라. 그런 다음, 그 리스트를 행동 계획으로 옮겨라 직접 실천하는 것이다.

(3) 스스로를 고용하라

당신은 당신 삶에 일어나는 일들에 대해 책임이 있다. 따라서 당신이 주인공인 것이다. 당신이 누군가를 위해 일한다고 생각하는 것은 실수이다. 당신 스스로를 고용하라. 그리고 독립적이고 스스로 책임지며 스스로 시작하는 기업가라고 생각하라.

(4) 당신이 하기를 원하는 것을 하라

당신이 진정으로 하기를 원하고 재능이 있는 것을 찾으라. 그리고 자신을 철저하게 그 일에 던져라. 당신이 좋아하는 일을 한다면, 그것은 더 이상 일로 느껴지지 않을 것이다.

(5) 최고를 추구하라

당신이 무엇을 하든, 최고가 되려고 노력하라. 당신 분야에서 상위

10%가 되도록 목표를 세우라. 모든 성공한 사람들은 매우 경쟁력 있는 사람들이기 때문에 당신도 충분히 경쟁력 있는 사람이 되어야 한다.

(6) 더 오래 더 열심히 일하라

모든 자수성가한 사람들은 열심히 일했기 때문에 당신도 열심히 일해야 한다. 열심히 일한다는 것은 더 빨리 일을 시작하고 더 늦게 까지 일하고 더 집중해서 일하는 것을 의미한다.

여기서 가장 중요한 것은 근무 시간 동안 계속해서 일하고 시간을 낭비하지 않는 것이다.

(7) 평생 동안 배움을 계속하라

당신 분야에서 지속적으로 배우고 향상하도록 하라. 자신의 지능을 근육으로 생각하고 쓰면 쓸수록 개발된다고 생각하라. 육체적 근육처럼 당신의 정신적 근육들도 일하고 또한 늘리도록(stretch) 하라. 평생 학습을 위해 중요한 3가지 요소는 바로 ① 하루에 한 시간이나 30분 동안 자기 분야에 대해 독서를 하는 것이고, ② 출퇴근시에 오디오 프로그램 등을 통해 학습을 하는 것이고 ③ 될 수 있으면 많이 당신 분야의 교육과 세미나에 참석하는 것이다.

(8) 미래를 위해 투자하라

될 수 있으면 소득의 많은 부분을 저축하고 소득 중 적어도 10%는 투자를 하도록 하라.

검소하도록 하고 돈에 대해 신중히 생각하라. 모든 비용에 대해 검토를 하고 될 수 있으면 지출에 대해 미루도록 해라. 미룰수록 싸게 사고 그리고 낭비를 줄일 수 있다.

(9) 당신 사업에 대해 철저히 배우라

일을 더 잘할 수 있는 방법에 대해 배워서 그 분야에서 전문가가 되라. 전문가가 됨으로써 최고에 오를 수 있다. 그 분야의 최신 잡지나 도서를 항상 곁에 두라.

(10) 고객 서비스에 헌신하라

고객 서비스는 매우 중요하고 모든 자수성가한 사람들은 고객을 서비스하는데 헌신적이었다.

이들은 고객에 대해 항상 생각하고 이들에게 서비스하기 위한 새롭고 더 나은 방법을 찾기 위해 항상 노력하였다.

(11) 절대적으로 정직하라

앞서 간다는 것은 당신의 성품에 대한 평판을 요구한다. 왜냐하면, 모든 성공적인 비즈니스는 신뢰에 기초하기 때문이다. 올바른 성품을 갖기 위해서는 자신에 대해 정직하고, 다소 더 많은 비용이 들더라도 항상 올바른 일을 하는 것이다.

(12) 우선순위에 집중하라

정기적으로 우선순위화하고 이를 달성하기 위해 집중하는 것을 배움으로써 당신은 당신이 원하는 것을 성취할 수 있다. 우선순위화의 비법은 당신이 목표를 위해 해야만 하는 것들을 모두 리스트화하고 이들에 대해 더 높은 가치를 주는 활동들에 대해 기록하고 우선순위화하는 것이다.

(13) 신속함에 대해서 평판을 얻으라

오늘날 사람들은 신속함을 원하고 기다리는 것에 익숙하지 않다. 따라서, 신속함과 민첩한 행동에 대한 평판을 얻는 것이 중요하다. 당신 상사나 고객을 위해 무엇을 할 때, 빠른 일 처리를 통해 그들을 놀라게 할 필요가 있다.

(14) 정산에서 정상으로 오르도록 하라

인생은 오르고 내리고 굴곡이 있기 마련이다. 장기적인 관점을 세우고 항상 2년 이상의 계획을 세우도록 하라. 그래야, 당신이 도중에 내리막길을 만나더라도 자신감을 가질 수 있게 된다.

(15) 항상 스스로 규율을 정하라

스스로 해야 할 때 해야 하는 것에 대해 규율을 정함으로써 당신을 성공을 담보할 수 있다. 당신은 스스로 제어하고 방향성을 가질 필요가 있으며 또한 장기적인 성공을 달성하기 위해서 단기적인 만족을 지연시킬 필요가 있다.

(16) 당신의 창의력을 펼치라

창의력을 자극하기 위한 3가지 요소는 강렬한 목표와 문제에 대한 압박, 그리고 해법에 대한 집중이다. 당신이 당신의 목표 달성과 문제해결에 더 집중할수록 당신은 더 현명해 질 것이다.

(17) 올바른 사람들과 교제하라

당신이 더 많은 사람들을 알수록 당신은 더욱 성공하게 되고 그리고 더 빨리 나아갈 수 있게 된다.

당신이 교제하는 그룹들은 특히 중요해서 당신이 태도나 가치관, 행동, 그리고 신념들을 그들과 닮아가게 된다.

(18) 당신의 건강을 돌보라

당신이 전문적으로 일을 더 잘할 수 있기 위해서는 좋은 건강 상태를 유지하는 것 이 필요하다. 항상 적정 체중을 유지하고 적당한 식습관을 갖고 규칙적으로 운동을 하도록 하라.

(19) 단호하고 행동 중심적이 되라

자수성가한 사람들은 조심스럽게 생각하고 빠르게 의사결정을 한다. 당신도 역시 그러해야 한다. 단호하고 행동 중심적이 됨으로써 당신은 더 많은 일들을 하게 되고 당신의 삶에 더 추진력을 붙일 수 있게 된다.

(20) 실패를 선택으로 두지 말라

실패가 아닌 실패에 대한 공포심이 성공으로 가는 가장 큰 장애물이다. 실패는 당신을 더 강하게 하지만, 실패에 대한 공포는 당신을 마비시킨다.

(21) 인내심을 가져라

무슨 일이 있어도 포기하지 말라. 어려움과 실망에도 불구하고 인내하

라. 위기는 반복되기 마련이다. 당신이 긍정적이고 효과적으로 반응함으로써, 당신은 더 강해지고 어려움에 더 잘 대응할 수 있게 될 것이다.

이러한 21가지 원칙들을 지속적이고 꾸준하게 준수함으로써 당신은 성공할 것이다.

어느 것도 당신을 막지는 못할 것이다.

제4절 직업관

1. 개 요

인간 개개인은 직업을 통하여 사회와 연관을 가지며, 맡은 일을 훌륭히 수행함으로써 사회에 공헌을 하게 된다. 이러한 직업 생활에 있어서 바람직한 직업관을 갖는다는 것은, 직업적 역량 배양과 함께 매우 중요한 일이다. 현대사회에 있어서 우리가 지향해야 할 바람직한 직업관은 무엇이며, 우리에게 어떤 의미를 주는지에 대해 알아보기로 하자.

2. 직업관[1)]의 개념

직업관이란 "개인이 소속 혹은 종사하는 직업에 대해 어떠한 가치를 부여 하는가 하는 직업을 보는 기본관점", 또는 "개인이나 사회가 작업에 대해 가지고 있는 가치관이나 태도"를 뜻하며, 이를 직업의식이라고

1) 직업관이라는 말과 유사하게 사용되고 있는 개념으로 직업윤리, 직업의식과 근로 윤리가 있다.

도 한다. 똑같은 직업이라 하더라도 직업을 보는 시각이 다를 수 있으며, 그 직업에서 느끼는 만족감도 다를 수 있다. 직업관에 따라 그 직장의 구성원으로서의 역할 내지 직업적 행동 양식이 달라지게 된다.

우리는 직업을 단순한 삶의 수단이 아니라 인생을 윤택하게 하는 과정으로 승화 시켜야 할 필요가 있다 그때라야 자기의 일을 통해 사회에 봉사한다는 지속적인 만족감을 찾고 삶의 질을 높이며 풍성하게 만들 수가 있기 때문이다. 그리고 그렇게 하기위해서는 성실과 책임, 성원 상호간의 이해와 협력을 지향하는 올바른 직업관[2])을 가져야하는 것이다.

3. 직업관의 변천

사람의 직업적 행동이나 활동은 자기의 직업에 대해 어떤 가치관이나 태도를 가지고 일을 하느냐에 따라 크게 달라진다. 확고한 직업의식을 지니고 업무에 종사하면 자신이 하는 일들이 의미있게 느껴지므로 일을 통해서 삶의 보람을 찾게 되고, 사회적으로도 조화로운 인간관계를 맺게 되는 것이다. 직업관은 특정한 개인이나 사회를 지배하는 가치 체계가 직업에 직접 반영되어 나타나는 것이다. 따라서 시대적 변화에 따라 또는 사회적 상황이 변화함에 따라 직업관도 변한다.

가. 시대적 변화에 따른 직업관

(1) 고대 사회의 직업관

계급이나 신분상 차이가 뚜렷하지 않고 공동 생산과 공동 분배를 하

2) M. Luther, "직업은 이웃을 위한 봉사이고 나아가 신에 대한 봉사의 구체적인 실현이다": 직업소명설

던 씨족 공동체 사회에서는, 모든 직업이 동등한 대우와 평가를 받아 사실상 직업의 귀천이 존재하지 않았다고 볼 수 있다. 그러나 생산력의 발달로 인하여 잉여 가치가 늘어나고 지배자와 피지배자가 나타나게 되었던 고대 노예제 사회에서는, 신분 세습과 함께 직업상의 불평등이 심화되었다. 즉, 가문이나 혈통에 따라 개인의 직업이 결정되었으므로, 신분의 차별은 곧 직업의 차별로 이어졌다. 이러한 노예제 사회에서는 소수의 지배 계급만이 사유 재산을 축적하고 권력을 유지하였으며, 다수의 생산직 노동자들은 권력자에 대한 일방적인 봉사와 희생만을 강요당할 뿐 노동에 대한 정당한 대가를 받지 못했다. 이 시기는 직업이 분화되지 않은 상태여서 뚜렷한 직업관이 정립되어 있지는 않았으나, 정치나 학문 등 정신노동을 하는 사람들이 육체노동을 하는 사람들보다 사회적으로 높은 지위를 차지하였다.

(2) 중세 사회의 직업관

봉건제가 경제 및 사회 활동의 주축이 되는 중세 사회의 직업 생활의 특징은, 신분제의 확립과 상·공업자의 생업으로서의 직업적 자립이었다. 신분제는 고대 노예제 국가에서 생겨났으나, 그 본래의 모습을 보인 것은 중세 봉건 사회부터였다. 신분에 따라 사회 계층이 결정되고 직업이 세습되었다. 특히, 중세에 독립적인 직업인으로 등장한 상인이나 수공업자도 초기에는 신분 계층의 일종이었다. 그러나 시대의 변화와 함께 상공업자는 귀족이나 영주들과의 전통적인 노예 관계에서 벗어나, 신흥 세력으로 개인적인 이윤을 추구하는 집단이 되었다. 이로써 신분의 하나로 여겨지던 상공업자는 영리를 추구하는 생업적 직업인으로 성격을 달리하게 되었다. 중세 사회에서도 고대 사회에서와 마찬가지로 육체적인 노동을 힘들고 고통스러운 것으로 여기는 부정적 직업관을 가지고 있었다, 그러나 중세 후기에 이르러 육체 노동 계층인 상공업자가 신분적인 직업인에서 생업적인 직업인으로 인정되는 등 고대 사회와는 달리 직업관이 조금씩 변화되었다.

(3) 현대 사회의 직업관

상업적 자본의 형성과 근대적 기술의 발달로 인하여 봉건적인 신분제가 무너지고, 시민의 자유와 권리가 보장되는 근대 시민 사회가 형성되면서 자유로운 직업 선택이 졌다 특히, 르네상스와 종교 개혁은, 직업과 노동에 대한 종래의 부정적이고 소극적이던 사람들의 가치관을, 직업의 선택은 신의 소명이라는 긍정적이고 적극적인 가치관으로 바꾸어 놓았다. 즉, 직업을 더 이상 인간의 원죄에 대한 신의 벌이나 인간을 구속하는 멍에로 여기지 않고, 인간에게 행복과 재산을 가져다주는 신의 축복으로 여기게 되었다. 과거에는 제도나 신분에 의하여 직업이 세습되거나 결정되던 것이, 이제는 개인의 능력에 따라 자유롭게 선택할 수 있게 되었다. 그뿐 아니라, 개인은 자신의 능력에 따라 자영하는 업종도 선택할 수 있게 되었다. 결국 모든 사람이 직업을 통하여 생계유지와 사회적 관계를 형성하는 동시에 자아를 실현하는 직업 사회가 도래하게 되었다.

나. 사회적 변화에 따른 직업관

동서양을 막론하고 전통적인 폐쇄사회는 전체주의적 직업관이 지배한 사회였다. 개인의 독립과 자각이 실현되기 이전의 유기적[3] 사회에서

---

3) 유기체처럼 많은 부분이 모여 하나의 전체를 이루고, 그 각 부분 사이에 긴밀한 통일이 있어 부분과 전체가 필연적 관계를 갖는 것(민중국어사전).

존재할 수 있었던 직업관이 바로 전체주의적 직업관이었기 때문이다. 폐쇄 사회는 하나의 유기체에 그대로 비유될 수 있을 것이다. 말하자면 사회 전체는 하나의 생명체이며, 사회를 구성하고 있는 개인 하나 하나는 생명체를 구성하는 세포에 해당된다. 이 때, 하나의 세포가 자신에게 부과된 역할을 충분히 수행할 때만 그 생명체가 유지된다고 생각된다. 이러한 폐쇄 사회의 특징 중의 하나는 온갖 종류의 변화를 억제하고자 하는 것이다. 그러므로 계층 간의 이동이나 변화는 인정될 수 없다. 따라서 직업의 세습이 정당화된 것이다.

그러나 근대 시민 사회의 형성과 더불어 개인의 자각과 독립이 신장됨에 따라 직업관에 있어서도 변화가 일어났다.

직업을 사회 전체에 대한 개인의 맹목적인 봉사와 희생이라는 측면에서가 아니라 개인의 개성을 발휘하고 자아를 실현시키는 과정으로 보게 된 것이다. 이리하여 자유로운 직업의 선택이 개인의 기본 권리로서 주장되기 시작했으며 자아실현적 직업관이 지배적이게 되었다.

그렇지만 다른 한편으로는 산업화가 가속됨으로써 기계화와 분업화가 추진되었고, 대다수의 일의 내용이 단편적인 작업의 반복으로 이루어지기 때문에 직업을 자아실현의 과정으로 이해하기 어려워졌다. 여기서 인간 소외와 함께 개인의 이기적 욕구를 충족시키는 수단으로 해석하는 이기적이고 물질적 만족이라는 직업관이 강하게 대두되었다.

우리나라의 경우는 근대사회로의 이행이 서구보다 늦었고, 근대 사회의 발전의 역사가 짧은 관계로, 아직 근대적인 자아실현적 직업관이 철저히 형성되었다고 하기가 어려운 실정이다. 전통 사회의 붕괴와 함께 폐쇄적 직업관은 사라졌다고 하더라도, 이기주의적 직업관은 우리의 오랜 전통인 가족주의와 함께 아직도 지배적이다. 기업은 망해도 기업가는 잘 산다는 오늘날의 기업 풍토에서 이를 확인하는 것은 어렵지 않다.

다. 조상들의 직업(노동)관

조선시대의 성리학에서는 업(業)을 높이 평가하지 않았다. 사농(士農) 계층에 비해 상층(商層)을 천시함으로써 양반층은 직접적으로 업에 종사하기 싫어했으며, 일을 피지배층의 업무로 하였으니 비록 "農은 天下之大本"[4]이라는 존귀설이 창조되었지만 군자(君子)는 지도자로서 신체의 노(勞)를 피하고 자신의 재복(財福)을 중요시하지 않으며 도덕 생활에 전념하는 것으로 생각했다. 사회 계층의 서열에서 農을 士 다음으로 정했지만, 다만 商工과는 달리 잘못을 남을 돌리지 않고 양심에 충실한다는 데서 農의 위치를 올려놓았을 뿐이며, 실제로는 모든 노동은 천시받았다.

노동의 합리화는 18C 실학자 성호 이익(李瀷)[5]에게서 찾을 수 있는 생활원리이다. 성리학의 사회관은 업을 높이 평가하지 않았으나 그는 다른 실학자들과 더불어 노동 사상을 폈다.

또한, 반계 유형원(柳馨遠)[6]은 자연과 노동의 관계가 "대개 산림산택(山林川澤)[7]에서 생산되는 것은 모두 천지가 물질을 생산하여 인간을 양육하기 위한 물건이지만 또한 사람의 노동이 아니면 이루어지지 않는다."고 말한 바와 같이, 반계가 주장하는 바는 자연이 인간의 힘에 의해

---

4) 농천하지대본(農天下之大本) : 농사는 천하 사람들이 먹고 사는 양식을 짓는 것이라서 큰 근본이다(漢書).

5) 1681(숙종 7)~1763(영조 39). 조선 후기의 실학자. 본관은 여주(驪州). 자는 자신(自新), 호는 성호(星湖).

6) 1622(광해군 14) 서울~1673(현종 14) 전북 부안, 조선후기 실학의 개척자, 종래의 정통주자학을 뛰어넘는 새로운 사상을 바탕으로 국가체제의 전면적 개혁을 통해 국가를 재조(再造)하려 했다. 그의 사상은 조선후기 실학발전의 토대가 되었다. 본관은 문화(文化). 자는 덕부(德夫), 호는 반계(磻溪).

7) 산(山)과 나무(林)와 내(川)와 연못(澤)을 일컫는 말.

서 생산적으로나 비생산적으로 된다는 것이다. 대지(大地)는 모든 인간에게 공동으로 주어졌지만 개인이 이에 加한 노동만큼 그것은 재산이 되고 인간이 노동을 통해서 모든 인간에게 주어진 자연을 자기의 것으로 삼고 그것을 재화로 하여 자기 보존을 할 수 있다는 주장이다.

성호 이익(李瀷)도 노동 없이 재(財)의 획득은 없다고 본다. 사람이 스스로 흘리는 땀의 노력 없이 그가 추구하는 가치를 얻을 수 없다는 일종의 노동 가치설을 이익에서 찾아볼 수 있다.[8)]

라. 서구의 직업관

금욕적 프로테스탄티즘(protestantism)[9)]의 이념, 즉 신(神)의 은총을 위해 끊임없이 노동하며, 노동은 신에 대한 봉사로서 파악하며, 게으름과 태만은 모든 악의 원천으로 보아 항상 근면하며, 쾌락이나 자기만의 이익 추구를 철저히 배제하고 박애주의적 목적으로 이윤을 기꺼이 사용하는 태도를 베버(M. Weber)[10)]는 『금욕적 직업윤리』라고 불렀다. 이러한 금욕적 직업윤리는 근대적 시민 사회의 윤리이며 합리적이고 자주적인 윤리이다.

특히, 우리나라와 같이 부와 기술의 축적을 통해 자본주의를 급속하게 발전시켜야만 하는 현실에서 가장 절실히 요구되는 직업윤리라고 할 수 있다.

이것은 원래 칼뱅(J. Calvin)[11)]적 프로테스탄티즘을 기초로 한 윤리이

---

8) 한국철학사상연구, 한국정신문화연구원, 1982, pp.22~257 발췌

9) 개신교(改新敎): 16세기초 북유럽에서 중세 로마 가톨릭 교의(敎義)와 제의(祭儀)에 대한 반동으로 태동한 교파로서 로마 가톨릭교, 동방정교회와 더불어 그리스도교 3대 교파의 하나가 되었다. 유럽에서 일어난 일련의 종교전쟁을 거친 이후, 특히 19세기에 이르러 전세계에 다양한 형태로 급속하게 퍼져나갔다(엠파스 백과).

10) 1864~1920, 독일의 사회과학자.

므로 기독교 전통이 없거나 약한 나라에서는 그대로 적용되기 어려운 면이 있다. 직업적 헌신의 구심점인 신(神)이라는 초월적 대상이 없기 때문이다. 그러나 동양 사회인 일본의 산업화 과정에서 나타난 기업 윤리는 서구와 같은 종교적 배경이 없었는데도 금욕적 직업윤리의 정신을 본받은 것이었다. 기업 내의 전체 사원은 모두 평등하다는 생각과 신용과 정직성에 높은 가치를 부여하여 이를 기업이 실천함으로써 대중들로 하여금 기업은 본질적으로 사회에 유익한 것이라는 인식을 심어 주었고, 이러한 인식과 지지를 통해 기업이 더욱 발전될 수 있었던 것이다.[12)]

특히, 칼뱅적 프로테스탄티즘의 내용을 베버가 연구한 바대로 요약하면,

첫째, 칼뱅주의의 '예정설(豫定說)'은 인간은 최초에 신의 뜻에 따라 구원 또는 영벌(永罰)의 운명이 결정되어 있다.

둘째, 신자들이 자신도 선택된자들 가운데 들어 있는가의 확인의 문제이다.

셋째, 이에 대한 일반 신도들의 해답은 기독교적 소명(召命)에 따른 직업 활동으로 경쟁에서 이기고 경제적으로 성공한 사람이 바로 하느님에 의해 선택된 자가 되는 현세적 징후라고 생각하였다.

넷째, 칼뱅주의 윤리관에는 근면, 검소, 성실 등 '세속적 금욕주의'를 강조하였다. 따라서 이윤을 저축하고 생산 활동에 재투자하여 부를 축적함으로써 구원받을 수 있다는 확신이 더욱 굳어졌다. 이것이 서구인의 직업의식과 자본주의 정신의 합리화 원인이 되었다.[13)]

---

11) 1509~1564, 프랑스의 신학자, 종교개혁가, 인간의 구원여부는 신이 미리 정해 놓았다는 "예정조화설"의 주창자이며, 신의 구원을 예정한 사람은 그 증거로 성실·근면하다고 함으로써 세속적 금용주의(칼뱅이즘)을 표방하였음.

12) 한국정신문화연구원, 직업과 윤리, 1985, pp.60~65 발췌.

13) 김경동, 현대의 사회학, 박영사, 1980, pp.550~551.

4. 직업관 분류

직업을 바르게 선택하고 직업생활을 성공적으로 이끌려면 직업에 대한 바른 인식과 태도를 지녀야 한다. 직업관은 사람에 따라서 다양하지만, 직업의 의미를 토대로 세 가지 유형으로 분류해 볼 수 있다.

가. 직업의 의미를 토대로 한 직업관

① 보수지향적 직업관은 직업을 통해서 무엇보다도 많은 보수를 얻으려는 직업관이다.

② 기여 지향적 직업관은 직업을 통해서 사회에 기여하려는 직업관이다.

③ 자아실현 지향적 직업관은 직업을 통해서 자신의 자질과 능력을 발휘함으로써 자아실현을 이루려 하는 직업관

나. 추구하는 목적에 따른 직업관[14)]

(1) 생존 수단으로서의 직업관

이것은 오직 의식주만을 해결하기 위한 것으로써, 직업을 입에 풀칠하는 수단으로 밖에 보지 않는다. 만일 사회구성원 대다수가 이런 직업관을 가지고 있다면 그 사회는 곧 낙후되고 말 것이며 직업은 고통스럽고 지겨운 고역밖에 되지 않는다.

14) 군대윤리, 국방부, 2004, pp.141~143.

(2) 물질적 행복의 수단으로서의 직업관

이 직업관은 직업을 의식주의 해결 수단으로 생각한다는 점에서 생존 수단으로서의 직업관과 같으나 될 수 있으면 물질을 좀 더 많이 가지고 물질적으로 넉넉하고 여유있게 살기를 추구한다는 점에서 생존 수단으로서의 직업관과 구별 된다. 얼핏 생각할 때 물질적으로 여유있고 편리한 삶의 여유를 바라는 것은 나쁠 것이 없으며, 오늘날 산업사회의 유지와 발전을 위해서 필요하기까지 하다.

그렇지만 직업에 종사하는 이유의 전부가 물질적 유복을 누리는 데만 있다면 이러한 직업관도 심각한 문제가 있다 심리적 · 정신적 욕구와 달리 물질적 욕구는 재화의 희소성 때문에 다른 사람과 공유할 수 없기 때문이다. 따라서 저마다 물질적 욕구만을 추구할 때 사회에는 과열 경쟁이 만연하고 승자독식이 횡행하는 것이다 일찍이 로마는 물질만능주의와 퇴폐향락주의에 빠져 망했음을 잊어서는 안 될 것이다 .

(3) 성공 수단으로서의 직업관

직업을 이른바 성공의 수단으로 생각하는 관점이다. 우리나라에서와 같이 신분지향적 삶이 지배적인 사회에서는 직업이 출세의 수단으로 여겨져 왔다. 그래서 입신양명이 동경의 대상이 되었고 이것이 부모들이 자녀교육을 위해 헌신적이게 하는 결정적 동기가 되어왔다. 그렇지만 여기에는 또 승진 · 출세를 위한 부정한 게임의 함정이 있다. 성공을 우상화하여 그것에 의해서만 삶을 규정할 때, 승진과 성공을 위해 부정한 게임까지 서슴없이 자행하게 되기 때문이다.

(4) 자기발전 수단으로서의 직업관

자기발전 수단으로서의 직업관이 가지고 있는 특징은 일종의 장인(匠人)정신이다. 장인정신을 가지고 자기가 직업에 종사하는 사람은 단지 먹고 살기 위해서 또는 물질적으로 좀 더 여유를 즐기기 위해서 혹은 지위가 높아져서 지배하고 살기위해서 직업에 종사하는 사람들이 경험하지 못하는 헌신과 보람과 긍지를 체험하게 된다. 자기의 직업에 관련된 기술이나 기능을 완전한데 까지 발전시키려고 몰두하는 사람은 힘들고 고통스럽지만 보람과 긍지와 기쁨을 누릴 수 있는 것이다.

(5) 소명으로서의 직업관

소명으로서의 직업관은 사명으로서의 직업관이라고도 할 수 있다. 이 직업관은 하늘이 부여한 책임이나 사명으로 이해한다. 그렇기 때문에 이러한 직업관에서 직업은 신으로부터의 위임이요, 하늘이 주는 천명이다 이러한 소명으로서의 직업관은 직업이 가지는 의미를 신앙적인 차원으로까지 끌어올린 것으로 직업에 대해 보다 강하고 높은 헌신적 투신을 할 수 있게 한다. 그리고 이러한 헌신적 투신은 고통과 고난을 이겨낼 수 있음은 물론이요, 심지어는 죽음까지도 초월할 수 있는 사명감을 갖게 하는 것이다.

직업에서 어떤 목적을 추구하느냐에 따라 직업에서의 행불행이 결정되고, 직업에 대한 열정의 정도가 좌우되며, 직책수행에서 그의 능률과 발전이 결정된다. 그리고 직업을 단순히 생존수단이나 물질적 행복의 수단, 성공수단으로만 파악했을 때, 우리는 그 속에서 보람이나 긍지를 도저히 찾을 수 없음을 인식하여야한다.

즉 우리는 직업을 통해 자기발전을 추구하고 사명을 수행해야하는 것이다.

제5절 직업윤리[1]

1. 직업윤리의 개념과 정의

직업윤리라는 말은 직업과 윤리라는 독립된 단어의 합성어로서, 개념적 해석 · 정의 · 적용에 있어 어려움이 있는 것이 사실이며 직업과 윤리의 연계차원에서 직업윤리가 무엇인가라는 포괄적 의미를 찾는다는 것은 용이한 일이 아니다.

오늘날 윤리(ethics)라는 말과 거의 동일하게 사용되고 있는 도덕(moral)은 라틴어의 mores에서 유래한 것으로 본래 습관, 사회적 습관 또는 사회적 합의를 의미한다.[2] 이 개념은 사회 안에서 인간이 삶의 유지를 위해서 지속적인 행위과정에서 지켜야할 상호적 관계의 도리나 사회적으로 기대되는 내 · 외적인 행위규준을 의미한다고 볼 수 있다.

---

1) 한국국민윤리학회편, 『현대사회와 직업윤리』. 형성출판사, 2001.
2) 심의보, 직업윤리, 백산출판사, 1997.

또한, 어떠한 직업인이 직업을 수행하는 과정에서 가지고 있는 내·외적인 행위규준이 그 시대가 요구하는 일반적인 사회적 기대에 부합될 경우 이러한 행동 규준은 행위의 가치로서 상호적으로 인정 될 수 있다. 또한 그것은 동시대의 동일 직업인들이 직업 활동을 함에 있어 지켜야만하거나 기대 요구되는 도덕적 전형으로 될 수 있다.

직업윤리의 개념은 "사회 안에서 인간이 삶의 유지를 위해 지속적인 행위 과정에서 지켜야할 상호적 관계의 도리나 사회적으로 기대되는 내·외적인 행위규준을 의미"한다고 할 수 있으며[3].

직업윤리란 "사람들의 직업적 활동에 있어서 최적이라 생각되는 일정 유형의 도덕적 관계를 규정하는 행동의 규약"으로 정의할 수 있다.[4]

그러므로 직업윤리와 유사하게 사용되고 있는 개념으로 '직업관'과 '직업의식'이 있다. 직업관은 직업세계의 전체적 이해를 주체적 주관적으로 자각하여 자기 자신이 직업의 절대성을 실천적으로 이해하는 하나의 가치관을 의미한다. 따라서 직업에 종사하는 사람의 특유의 의식, 태도, 가치관, 도덕관 등에 따라 직업관이 달라진다. 이에 반해 직업의식은 직업현상에 대한 현실적 체험과 일체의 현상을 가리키는 것으로 인간이 깨어 있을 때 직업을 통하여 경험하는 주관적이며 직접적인 감각, 지각, 감정, 정서 등 감각기관에 기초하는 의식을 의미한다. 따라서 직업의식은 인간이 직업내용에 포함되어 있는 일정한 구조와 법칙에 따라 합목적적으로 변혁한다는 것을 의미한다[5].

3) 김기홍외 2명, 상계서, p.18.

4) 박장호외 1명, 윤리학사전, 서울: 백의, 1996.

5) 배영기, 현대 산업사회 직업윤리에 관한 연구, 「직업교육연구」, 1990.

2. 직업윤리의 근본 원리

직업윤리의 근본원리는 우리 모두가 제각기 자기의 능력에 따라 맡은 바 직분을 성실하게 수행하는 것이다. 플라톤은 군인이 군입답고 목수가 목수다울 때 덕이 생겨난다고 하였다. 다시 말해서 그는 사람들이 각자 자신의 맡은 바 직분에 따라 최선을 다하여 일하는 것을 덕으로 파악한 것이다. 또한, 베버의 금욕적 직업윤리[6]는 합리적이고 자주적인 근대적 시민 사회의 윤리라고 할 수 있다. 우리나라와 같이 자본과 기술의 축적을 통해 자본주의를 급속히 발전시켜야 하는 현실에서 이는 가장 절실히 요청되는 직업윤리라 할 수 있다.

일본이 산업화 과정에서 이러한 직업윤리를 받아들여 성공했던 것처럼 우리도 금욕적인 직업윤리를 우리의 전통과 현실에 맞게 변형시켜 적용하는 것이 우리의 올바른 직업윤리를 정립하는 근본 원리라 하겠다. 그러므로 우리는 모든 직업이 사회 발전에 이바지하고 있다는 측면에서 직업에 의의와 가치를 부여해야 할 것이며, 모든 사람들은 소명의식과 사명감, 자부심을 가지고 자기 직업에 임해야 할 것이다.

이러한 차원에서 직업윤리의 근본 원리를 요약하면 다음과 같다.

첫째, 직업적인 양심과 정직이다. 모든 직업인은 자기를 믿고 자신에게 일을 맡긴 사람들을 속이는 일이 없어야 한다. 직업적인 양심에 있어서 무엇보다 중요한 일은 성실성이며, 일에 애정을 가지고 전심전력하고 일에 책임감과 명예심을 가지고 있는 사람이며 정직하다.

---

6) 신(神)의 은총을 위해 끊임없이 노동하며, 노동은 신에 대한 봉사로서 파악하며, 게으름과 태만은 모든 악의 원천으로 보아 항상 근면하며, 쾌락이나 자기만의 이익 추구를 철저히 배제하고 박애주의적 목적으로 이윤을 기꺼이 사용하는 태도.

둘째, 연대 의식과 다른 사람에 대한 배려이다. 우리는 끊임없는 경쟁 속에 살고 있지만 인간은 본래 상부상조하면서 살도록 되어 있는 존재로 긴 안목에서 보면 한 쪽의 이익은 다른 쪽에도 이익을 가져다주며, 사회 문제의 대부분은 근본적으로는 투철한 연대 의식을 통해서 해결이 가능하다.

셋째, 전문적인 지식과 기술의 연마 및 장인 정신이다. 자기가 종사하는 직업이나 직능이 요구하는 지식과 기술의 끊임없는 연마는 모든 직업인에게 필수적이다. 또한, 현대적 의미에서 자신의 일을 통해 자신의 삶의 길을 완성해 나가는 직업 정신이라 할 수 있는 장인 정신은 자신의 참된 삶의 길을 찾으려는 고귀한 정신으로 해석될 수 있다.

넷째, 직장과 가정에서의 원만한 인간관계이다. 직장에서의 공식적 · 비공식적 인간관계에서 공과 사를 구별할 줄 알아야 하고, 아울러 둘을 잘 조화시켜 성공적인 직장 생활을 해 나가야 한다. 또한, 앞으로 가정과 직장이 통합될 가능성도 많은 점을 감안할 때 직장에서의 직무 충실과 함께 자신의 가족도 안정되고 풍요로운 삶을 누리게 된다는 직업윤리 의식을 가져야 한다.

마지막으로, 인간애를 들 수 있다. 인간애는 모든 인간이 지녀야 할 최고의 덕으로서 윤리의 근본이라고 할 수 있다. 인간애를 떠나서는 직업윤리의 근본 원리를 논하는 것은 의미가 없다고 하겠다. 따라서, 사랑의 실천은 인간이 어떤 직업을 성실히 수행하는데 있어서 최선의 덕목이라고 할 수 있다.

3. 직업윤리의 이론적 기초

가. 직업윤리의 성격

직업윤리는 일반적으로 두 가지로 구분될 수 있다. 즉 어떠한 직업에서도 보편적으로 요구되는 일반적인 직업윤리와, 특정한 직업 영역과 직능에 따른 직무를 수행할 때 요구되는 전문직 윤리 등으로 나눌 수 있다. 모든 직업에는 직업의 성격과 직능에 따라 요구시 되는 윤리가 있기 마련이다. 사이버 공간에서 요구되는 인터넷 윤리가 있는가 하면, 탈렌트나 언론인과 같은 공인으로서의 윤리가 있다. 또한 공무원에게는 청렴결백과 봉사정신의 윤리가 강조되며, 학자나 성직자 그리고 법조인에게는 보다 높은 윤리적 행위가 사회로부터 기대되는 것이다.

이러한 이원적 구분 외에도 직업윤리는 기능적 내용의 의미에 따라서 '금욕적 윤리'와 '유기적 윤리'로 구분해 볼 수 있다. 유기적 특성의 직업윤리에 의하면, 전체 사회를 하나의 유기체로 간주하고 개인은 유기체를 구성하고 있는 하나의 세포에 비유한다. 말하자면, 개인은 직접적으로 자신이 속한 집단의 존속에 공헌함으로써 전체사회의 안녕과 질서에 기여해야 하는 의무를 지니고 있다. 이러한 의무와 역할 부여에 따라 개개인은 직업에 대해 전념과 헌신이 요구된다. 그렇기 때문에 직업수행의 방법에 있어서 개인의 창의력과 능력의 발휘보다는 상사에의 복종이 중요시되며, 한번 선택한 직장을 바꾸는 것은 충성심과 지구력 부족으로 장려 사항이 결코 아니다.[7)]

금욕적 특성의 직업윤리는 근검과 절약을 통한 직업인의 금욕적 헌신

---

7) 성기중, 1987.

이야말로 자기를 실현하는 길로 본다. 그래서 근검을 통하여 획득한 부를 새로운 일에 재투자하는 것을 중시했다. 그러므로 속세적인 성공은 곧 신의 놀라운 은총의 표식이다. 직업생활을 통한 성공은 신의 영광을 드러내는 일이며 따라서 자신이 구원받았다는 암시가 되기 때문에 프로테스탄트들은 신명을 다해 일과 직업에 헌신하게 된다는 것이다. 이를 통해 세속의 직업생활에 대한 도덕적 자격을 부여했으며, 더 나아가 돈과 부에 대한 축적, 혹은 소유 자체를 목적으로 삼는 것이 윤리적으로 용인되는 자본주의 생활방식의 토대를 이루는 독자적인 윤리, 즉 자본주의적인 에토스(ethos)를 마련하게 된다.

'막스베버'는 그의 저서 「프로테스탄트 윤리와 자본주의정신」에서 유기적 직업윤리의 전형이 동양적 · 유교적 직업윤리이며, 금욕적 직업윤리는 서구의 자본주의적인 합리적 직업윤리에 해당한다고 보았다[8]

동 · 서양을 막론하고 직업윤리는 모든 직업인들이 자신의 직업 활동을 수행함에 있어서 지켜야 할 행위규범이다. 다른 모든 인간의 활동과 동일하게 직업 활동도 다른 사람과의 상호작용을 통해 수행되는 사회적 행위이기 때문에, 다른 사람들과의 인간관계에서 사회적으로 유형화되고 그들에 의해 바람직한 것으로 기대되는 행위규범을 지켜나가지 않으면 안된다. 이처럼 직업윤리는 모든 인간관계를 질서와 조화로 이끄는 상호적 규범이다. 따라서 우리가 갖고 있는 직업윤리는 비록 지식기반사회로 시대가 변했다 해도 결코 변해서는 안되는 직업 일반의 윤리, 즉 어떠한 직업에서도 공통적으로 요구되는 일에 대한 태도나 자세와 같은 근로윤리(근면, 성실, 정직)와 사회적 차원에서 공동체윤리(봉사, 책임, 협동)는 지속적으로 전승되어야 마땅하다.

---

8) 안관수, 막스베버의 관점에서 본 노자와 새로운 사회적인 힘, 독일 도르트대학 박사학위논문. 1994.

직업윤리에서 무엇보다도 강조해야 할 점은 직업윤리는 실천윤리라는 점이다. 대부분의 사람들은 일상적인 직업활동에서 늘 윤리적인 물음과 갈등에 직면하게 된다. 회사의 이익 창출을 위해서 경영주로부터 주가 조작이나 탈세 업무를 권유받았을 때 고용인들은 윤리적인 갈등에 부딪히게 된다. 하지만 이러한 윤리적 갈등에 직면하게 될 때 사람들이 어떤 기준과 신념에 따라서 자신의 행위를 선택해야 할지는 결코 쉬운 문제가 아니다.

나. 직업윤리와 윤리적 상대주의

어떤 사회에서는 인육을 먹는 행위(cannibalism)가 종족 번식을 위해서 필요하다고 보거나 남성다움을 키워 줄 수 있는 것이기 때문에 좋다고 생각한다. 어떤 에스키모족은 더 이상 사냥을 같이 떠날 수 없는 노부모를 눈 위에 버리는 것이 타당한 것으로 믿고 있는 반면, 어떤 지역에서는 한때 자식들이 노부모를 목 졸라 죽이는 의식을 치르는 곳도 있다. 인류학자 베네딕트(R. Benedict)는 북 서부 인디언 족들이 이미 죽은 자기 종족의 일원을 위하여 선량한 사람을 죽이는 것을 정당하다고 믿는 사례를 기록하고 있다. 이것은 보복의 문제가 아니라 사투의 방법이다. 육친(肉親)[9]이 사별한 대신에 그들은 두 번째 살인을 통해서 위안을 느끼는 것이다.[10]

우리는 흔히 "한 사람에게 올바른 것이 반드시 다른 사람에게 올바른 것은 아니다." 라든지 "어떤 상황에서 올바른 것이 다른 상황에서는 올바르지 않다."라는 말을 종종 한다. 이것이 사실이라면 우리는 일반적으

9) 부·모·형·제·처·자의 총칭으로 같이 혈족관계가 있는 사람.

10) Benedict, R. (1934). Anthropology and the Abnormal. Journal of General Psychology 10.

로 어떤 도덕적인 평가도 할 수 없는 것처럼 보인다.

윤리학적 상대주의란 윤리학적 가치와 신념이 다양한 개개인이나 그들을 지지해주는 사회와 관련이 있는가에 대한 견해를 말한다. 윤리학적 상대주의에 의하면 어떤 객관적인 옳고 그름도 없다. 이와 상반된 관점, 즉 객관적인 옳고 그름이 있다고 하는 관점은 객관주의(objectivism)나 비상대주의(nonrelativism)라고 부른다. 우리는 흔히 도덕을 주관적인 견해의 문제로 생각하는 경향이 있다. 근본적으로 이것이 윤리학적 상대주의의 결론이라고 할 수 있다. 윤리학적 상대주의에 의하면, 도덕은 단순히 사람들이 가지고 있는 도덕적 신념의 기능이다. 이것을 넘는 것은 아무 것도 없다.

윤리학적 상대주의의 입장을 지지해주는 근거로는 다음과 같은 세 가지 요인을 들 수 있다.

첫째, 도덕적 견해의 다양성이다. 상대주의가 설득력이 있는 이유 중의 하나는 사람이나 문화 가운데 도덕적 다양성이 존재한다는 사실이다. 과학이나 역사와 같은 연구 분야에서는 이런 다양성이 있음에도 불구하고 일반적인 일치점에 이르는 경향이 있다. 그러나 윤리학에서만은 어떤 공통점도 가지고 있지 않다. 예를 들면 낙태와 같은 문제는 물론이고 기본적인 도덕적 가치나 원칙에 대해서도 의견이 전혀 다를 수도 있다.

둘째는 도덕적 불확실성을 들수 있다. 상대주의의 입장을 정당화하는 두 번째 이유는 믿거나 행동하는 데 도덕적으로 올바른 것은 무엇인가라는 문제의 어려움일 것이다. 우리는 무엇보다도 무엇이 도덕적으로 가장 중요한 것인가를 모른다. 가령 우리가 두 가지를 한꺼번에 다 할 수 없는 상황에서, 거짓말을 하더라도 친구를 돕는 것이 중요한 것인지, 아니면 그에게 정직한 일을 하라고 충고하는 것이 좋은지를 알지 못한다 우리는 각자 도덕적 판단을 하는 자신의 개인적 한계와 주관적인 견해에 의해서 사물을 의식하기 때문에 우리는 자신의 판단을 불신한다. 그래서 우리는 모든 도덕적 판단은 단순히 개인적이고 주관적인 관점일 뿐이라고 일반화하거나 결론짓는다.

셋째는 상황의 차이 때문이다. 모든 사람의 생활이나 형편이 너무 다양해서 똑같은 것을 놓고서 한사람에게 옳은 것이 다른 사람에게 옳은 것을 믿기가 어렵다. 가령, 어떤 곳에서는 인구 과잉과 가뭄이 문제지만 다른 곳에서는 사람이 너무 적거나 홍수가 문제인 곳도 있다. 이 같은 다양한 상황 하에서 어떻게 똑같은 것이라도 옳거나 그르다고 평가할 수 있을까? 그래서 어떤 도덕적 원리나 판단은 특별한 상황이나 환경에 따라서 절대적일 수밖에 없거나, 객관적이거나 보편타당한 도덕적 선은 없다고 결론을 내리는 수가 많다.

윤리적 상대주의는 그러므로 옳고 그름의 문제는 사회에 따라 다르지 않다는 견해를 내세우는 윤리적 보편주의를 배격한다. 윤리적 상대주의에 의하면 모든 문화는 그 사회가 가지고 있는 독자적인 도덕률과 표준이 있고, 도덕적 신념은 그들 각각의 문화권 내에서의 도덕률 체계에 의해서 습득되는 것이기 때문에 보편적인 도덕규범이 없다는 것이다.

따라서 한 사회에서 옳은 것이 다른 사회에서는 다를 수 있으며, 같은 문화권 내에서도 시대에 따라 사회적 가치 및 규범은 달라진다는 것이다.

그러나 윤리적 상대주의가 직업윤리에서는 때로는 일종의 도덕적 용기의 결여로 비쳐지기도 한다. 인생의 의의는 참된 가치를 실현하는 데에 있음은 재삼 강조할 필요가 없다. 사람답게 산다는 것은 참된 가치를 실현하는 것이다. 그리고 이를 위해서는 상대주의적 가치관 혹은 윤리적 회의주의를 극복하는 것이 급선무이다.[11]

지난 시절 우리 사회는 직장에서의 가치관은 절대적인 가치가 존재할 수 없다는 신념이 만연되어 있었다. 회사에 이익적인 가치가 다른 회사를 위해서는 불이익을 주는 가치일 수가 있었다. 공직사회와 기업 그리고 사회 각 부문에 만연되어 있는 각종 부조리와 부패의 문제도 결국은 상대주의적인 윤리관에 기초한 가치관의 혼란상태에서 기인하고 있기 때문이다

4. 글로벌 시대와 직업윤리[12)]

국가 경제가 수출 드라이브 정책에 총력을 기울여야만 했던 80년대 시절까지만 해도 우리 사회에는 직업과 윤리는 별개라는 사고가 지배적이었다. 당시만 해도 최대이윤을 추구해야할 기업이 윤리에 충실하게 되면 기업은 망할 수밖에 없다고 생각했던 것이다.

그러나 오늘날 이러한 과거의 인식에서 벗어나 투명한 기업윤리가 곧 기업의 자본이며, 나아가서는 국가 경쟁력의 원천으로 사회인식이 재정립되고 있다. 시장경제원리에 의해 주도되고 있는 신 자유시대에는 성실과 신뢰를 바탕으로 한 기업윤리가 국가 경쟁력이 되고 있기 때문이다.

80년대까지 보여준 엄청난 경제부흥 신화에도 불구하고 단군 이래 최대의 경제 위기였던 IMF사태를 직면하게 된 원인에 대해 다양한 사회진단이 있었지만, 우리 사회가 안고 있는 고질적인 부정 및 부패 구조가 근본적 원인임은 이미 언론을 통해 익히 들어 아는 바이다.

윤리가 결여된 경제 부흥은 사치와 향락산업만을 부추기고, 결국 그러한 사회는 물거품 경제로 전락하고 만다는 역사적 사실을 우리는 소중히

11) 이관춘, 직업은 직업이고 윤리는 윤리인가, 서울:학지사, 2000. p.158.

12) 김준기, 글로벌시대의 직업윤리, 원광대학교, 2001, p.12.

체험한 것이다. 실제 경제적 파산과 사회적 혼란의 근본원인은 사회 안에 살고 있는 국민들의 도덕적 불감증과 도덕성의 붕괴에 있었던 것이다.

우리 사회의 심각한 딜레마는 세계적으로 높은 교육열과 교육수준에도 불구하고 교육적 행위와 윤리적 행위가 일치하지 않는 데에 있다. 즉 학교교육이 내걸고 있는 명시적 교육목표와 교육적 성과를 얻고자 하는 개개인의 노력과 수단 간의 괴리에서 오는 가치관의 혼란에 있다. 국가 차원의 교육목표는 '홍익인간'의 기치를 내세우지만 실제로는 수단 방법 가리지 않고 고득점 학생을 양산하는 데에 모든 교육력이 집중되고 있다. 바람직한 인간을 양성해야 할 교육이 오히려 비윤리적인 인간을 양성하고 있는 실정이다. 컴퓨터교육이 해커나 사이버 테러범을 배출하고, 각종 법률 교육이 부실 건축업자나 퇴폐영업자의 탈법 영업을 돕기도 한다. 이것은 교육은 있지만 윤리가 없고, 종교교육은 있지만 신앙의 내면화 교육이 배제되어 있기 때문이다.

지식정보화사회에서 통제하기 어려운 가치관의 혼란, 이로 인한 심각한 도덕성 상실은 학교교육에서 상대적으로 도덕성 회복운동을 요구하고 있다. 맹목적으로 주입되는 도덕교육은 지식적 도덕규범의 소유자가 될 뿐이며, 그러한 지식이 오히려 임시방편의 편법주의자와 기회주의자를 양산하고 있다.

한 사회의 도덕성은 그 사회의 지속적인 경제성장의 핵심 요소이다. 그러므로 미래사회를 준비할 청소년들의 도덕성교육은 미래 사회의 중요한 사회적 자본(social capital)이 된다. 사업이나 기업은 그것을 경영하는 경영자 홀로 하는 게임이 아니다. 마치 경마장의 경마게임처럼 기수에 의해서 게임의 승패가 결정되는 것이 아니라, 그것을 구경하는 관객인 일반 소비자에 의해서 사업의 성패가 결정되는 것이다. 그러므로 기업윤리는 기업을 둘러싸고 있는 일반 시민들의 윤리적 정서와 동떨어질 수가 없다. 그리고 기업 경영이 투명하게 개방화되는 시대에 직업윤리는 기업과 사회의 발전을 위해 중요한 토대가 되기 때문에, 공교육 차원에서의 도덕교육은 아무리 강조하여도 지나침이 없을 것이다.

5. 새로운 직업 환경과 직업윤리

최근 우리 사회에는 4대 신화가 급속히 붕괴되고 있다. 대기업, 평생직장, 금융권, 부동산과 같은 4대 신화적 영역이 모두 사각지대에 놓여 있다. 이러한 경제상식의 변화는 21세기 한반도를 둘러 싼 국내 및 국제적인 직업 환경이 근본적으로 변하고 있음을 의미한다. 이것은 또한 변화하는 환경에 적절한 새로운 직업의식과 태도 및 행동을 갖출 것이 요구되는 것을 의미한다. 실제로 학력과 학연을 중시하던 아날로그 시대에서, 학력과 실력, 능력을 중시하는 디지털 시대[13]로 바뀜에 따라 직장의 문화가 점차 합리적이고 투명하게 바뀌고 있다.

직장에서의 불합리는 투명성을 거부하며 불투명성은 비윤리적 의식과 행위를 잉태하기가 용이하다. 지식정보화사회는 이러한 불합리성, 비윤리성의 파괴를 요구한다. 뿐만 아니라, 이러한 비윤리적 관행이 발붙일 수 없도록 점차 사회 시스템이 투명해지고 있다.[14]

개인의 능력과 성실성을 기반으로 하는 합리성 및 투명성으로의 변화는 기업문화, 기업경영, 그리고 국제무역 관계에 이르기까지 급속히 확대되고 있다. 예를 들면, 기업의 재무상태와 경영성과를 보여주는 자료가 기업의 재무제표이다. 그리고 주식시장은 이를 반영하게 된다. 그러나 한국기업의 재무제표는 관행적으로 기업의 재무상태를 평가할 수 있

13) 유영만, 정보화와 성인학습의 생활화, 한국성인교육학회,1999, 가을학술개회집.
14) 이관춘, 상게서. 2000.

을 만큼 투명하지가 못했다. 한 예로, 기업 내의 자금의 흐름이 불투명한 것은 물론, 다른 계열 기업에 지급보증을 서준 것은 재무제표에 포함되지 않다 보니 다른 계열회사의 부도는 곧바로 지급 보증을 선 기업에게 피해가 되는 경우가 비일비재하였다.[15)]

직업세계 저변에 깔려있는 병리현상으로 우리는 도덕적 해이 또는 윤리불감증을 들 수 있다. 가장 대표적인 것이 금융권과 대기업의 도덕적 해이이다. 정부가 전 국민의 재산을 담보로 하고 있는 금융권의 도산을 방치할 수 없을 거라는 생각하에, 적절한 대출심사나 투자위험의 분석도 없이 고객의 예치금을 방만하게 대출해 준 도덕적 해이가 관행이 되어왔다. 대기업 역시 정부의 금융 특혜를 받으며, 투자의 수익성보다는 시장점유율과 그룹의 확장에 심혈을 기울여 온 것이 사실이다. 이 과정에서 정경유착의 부패고리가 연결되고, 부실기업의 퇴출 현상이 발생되었으며, 그 파산기업이 진 부채 후유증은 결과적으로 일반 서민의 세금으로 낸 공적자금의 투입으로 충당할 수밖에 없었다. 하지만 IMF 이후 금융기관이나 기업에 대한 외국기업의 투자와 합병이 본격화되면서 경영의 투명성이 확보되고, 직업세계 전반에 걸친 도덕적 해이감도 크게 향상될 전망이다.

사실 직업관이나 직업의식은 올바른 직업생활을 위해서 그것들이 요구하는 사회적 기대감과 일치하기 때문에 직업윤리와 불가분의 관계가 있을 수밖에 없다.

글로벌 시대에는 분명코 비윤리적인 행위가 경쟁력을 저하시키게 된다. 직업윤리가 곧 경쟁력이라는 말이다. 개인의 비윤리적 직업활동이 회사라는 조직사회에 심각한 손해를 가져오게 되고, 비윤리적 행위 혹은 도덕적 불감증이 사회적으로 악영향을 초래하게 되며, 특정한 기업의 비윤리적 행위와 관행이 더 이상 개별 기업이나 국내문제로 국한되

15) 구본형, 익숙한 것과의 결별, 서울: 생각의 나무, 1998.

지 않고 있는 데에서 우리는 직업윤리가 경쟁력이 되는 시대임을 간파할 수 있다.

기업구성원의 측면에서는 윤리적인 기업환경이 구성원들의 자긍심을 향상시키게 되며, 이는 결국 직무수행에 있어서 생산성 향상으로 연결되는 것이다. 기업의 측면에서는 소비자나 사회로부터의 기업 이미지가 향상되고 기업에 대한 신뢰도가 높아지며 이는 회사제품에 대한 판매증가로 연결되어 회사의 이익과 경쟁력이 제고되기 때문이다.[16]

6. 직업윤리와 콜버그[17]의 도덕성발달 이론

직업윤리는 실천윤리적인 성격이 강하기에 개인의 윤리와 매우 밀접한 연관이 있다. 한 개인의 직업에서의 윤리적 판단 능력은 결국 그 개인의 도덕성 발달 과정과 같은 맥락에서 파악할 수 있기 때문이다. 개인의 도덕적 판단 수준이 높을수록 사람들은 보다 더 도덕적인 행동을 하는 경향이 있다. 따라서 직업윤리교육의 중점은 개인의 이러한 도덕성발달 수준을 높이는 데에 있다.

독자적인 『도덕성 발달이론』을 구축한 콜버그(Kohlberg)[18]는 피아제

16) 이관춘, 상계서. p.226.

17) 1927년 미국 출생, 그는 미국의 명문고등학교를 졸업하고 대 학에 진학하는 대신에 이스라엘건국운동을 도우러 간 경험이 도덕성 발달이론의 기초. 시카고 대학교, 대학원심리학과 박사학위받음. 시카고/ 하버드대학교 교수. 그는 겸손하고 나서기를 좋아하지 않는 사람이었고 도덕성을 중심으로 하여 철학과 심리학 분야연구. 1987년 60세에 사망함.

18) 콜버그(Kohlberg)이론의 특성

- 콜버그는 피아제의 도덕성 이론을 보다 세분화, 체계화시켜 독자적인 이론을 구축.
- '하인즈의 이야기'와 같은 가상적인 도덕적 딜레마 상황을 제시하고 연령별로 개인이 그러한 상황에 처했을 때 어떻게 행동할 것인가, 왜 그러한 판단을 내리게 되었는가를 연구, 도덕성의 내용보다는 도덕적 사고구조에 중점.

의 『도덕성 발달이론』을 더욱 체계화시켰다.

그는 아동의 도덕 판단이 일정한 단계를 거치면서 발달한다는 피아제의 주장에 동의하여 피아제의 이론 골격을 그대로 수용하면서 도덕 판단 수준이 1단계부터 6단계까지 발달해 간다고 보았다. 콜버그의 도덕단계는 자기중심의 단계인 인습 이전 수준(2-6세), 사회중심의 단계인 인습적 수준(6-12세), 양심중심의 단계인 인습이후 도덕수준(12-20세)으로 구분되며, 각 수준은 다시 두 단계로 세분화하였다.

다종교 혹은 다양한 성현의 가르침 속에서 살고 있는 다원화사회에서 도덕의 발달은 본질적으로 인간의 보편적 성향인 공감(타인의 행복에 대한 염려; 감정이입 능력)과 정의(평등과 상호성의 추구)가 적합한 형태로 재현되는 과정이다. 이 같은 과정에서 발달하게 되는 특징적인 사고구조를 콜버그는 다음과 같은 표로 요약하였다

Ⅰ: 도덕 이전의 수준

Ⅱ: 인습 이전의 수준
- 1단계: 처벌과 복종에 대한 적응(타율적 도덕 단계)
- 2단계: 수단적—현실적 적응(개인주의적 단계)

Ⅲ.: 인습적 수준
- 3단계: 인간과 연계된 동의에의 적응(개인간의 상호기대 및 조화) '좋은 남자, 상냥한 여자' 모델의 적응
- 4단계: 권리와 질서의 적응(사회제도와 양심)

Ⅳ: 인습 이후의 자율적 혹은 원칙적 수준
- 5단계: 법률상의 혹은 사회협약적 적응(사회계약, 공리, 개인의 권리)
- 6단계: 보편타당한 윤리 원칙에의 적응(보편적 원리)

– 도덕성발달은 성별차이가 존재하며, 남성이 여성에 비해 높은 수준의 도덕성 발단 단계에 이를 수 있다고 봄.

모든 국가는 역사적으로 인류의 공동생활의 촉진을 위한 가치체계를 추구했다. 황금률과 십계명은 그러한 대표적인 계약적 신의이다. 모든 사람은 올바르게 행동하고, 옳고 그름과 참과 거짓을 정확하게 구분할 수 있기 위해서 견고한 가치 원칙을 가져야만 한다.

'콜버그'의 단계별 도덕성 발달 이론에 의하면, 모든 문화는 동일한 도덕적 기초관념에서 시작하며, 모든 문화에서 도덕의 발달은 원칙적으로 동일한 단계순서에 따라 진행이 되며, 거기에서 시간적인 순서는 개인적으로 바뀔 수가 있다고 보았다.

다원화사회에서 도덕성 교육의 주요 문제는 도덕적인 가치의 불확실성과 상대적 가치의 문제이다. 교사가 학교에서 가치문제를 상대적으로 여기고, 그가 개인적인 생각으로 처리할 때 딜레마에 빠지게 되며, 궁극적으로 그것이 사회규범이나 혹은 집단규범에 적용될 때 동일한 딜레마에 빠지게 된다는 점이다. 그러므로 도덕성 교육은 상대주의적 가치관 혹은 윤리적 회의주의를 극복하는 데에 중점을 두어야만 한다.

오늘날 절대적인 선과 이상적인 사회 혹은 이상적인 인간에 대한 추구는 우리 자신을 최악의 구렁텅이로 몰거나 혹은 다른 사람을 방해하는 수단적 추구보다 우리에게 훨씬 관심을 갖지 못하고 있다. 이것이 일종의 부정적이고 비극적인 윤리의 모습이다. 하지만 우리는 오늘날 다원화 사회에서 왜 도덕성을 여전히 필요로 하며, 그 도덕성은 어떠한 덕을 기초로 하는 걸까? 간단히 말해서 우리는 사랑이 결여되어 있기 때문에, 우리는 도덕을 필요로 한다. 여기에서 사랑은 동양사회의 불교의 자비와 같은 개념으로 이해해 볼 수 있다. 도덕은 사람이 사랑하는 것처럼 그렇게 행동하기 위해서 존재한다. 사람이 사랑할 때면, 그는 당연히 도덕적인 방식으로 행동하기 때문이다.

그것의 본래 의미는 아우구스티누스의 "네가 원하는 것을 사랑하고 행하라"는 의미이다. 즉 '콜버그'의 도덕성 발달의 최종 단계인 보편적 원리에 해당하는 것이다. 인간은 우리에게 즐거움을 주는 것을 사랑하고 행할 것이 아니라, 인간이 행해야만 하는 것을 행해야만 한다. 그러므로 도덕은 이 같은 사랑의 결핍이 우리에게서 보상받는 것을 목표로 한다. 이러한 맥락에서 도덕성 운동은 "정 나눔의 운동"으로 발전되어져야 할 것이다.

7. 바람직한 직업윤리

"윤리학이란 무엇인가?" "윤리학은 배울 수 있는가?" 이 두 가지 주제에 대해서 아마도 사람들 간에 상당한 견해차가 있을 것이다. 어떤 사람은 윤리는 매우 개인적인 것이며 여러 해 동안에 걸쳐 발전시킨 개인의 도덕적 신념의 총체라고 생각한다. 처음에는 이 가치들이 한 가정에서 양육되면서 생기지만 나중에는 자신의 선택적 결과로 된다고 믿는다. 또한 자신의 윤리적 신념을 종교로부터 얻게 된다고 주장하는 사람도 있다.

그러나 윤리학을 하나의 비판적 고찰(critical enterprise) 혹은 반성적 고찰로도 생각해 볼 수 있다. 그래서 우리는 한 사회의 어떤 특정한 가치나 믿음의 총체가 더 나은 것인지 묻기도 한다. 윤리학은 아무래도 후자의 성격을 띤 학문이다. 우리는 윤리학의 이러한 비판적·반성적 관점으로부터 바람직한 직업윤리의 형태를 도출할 수 있을 것이다.

인간은 인생을 살아가면서 수많은 윤리적 갈등을 겪게 된다. 특히 인간은 직업 활동에서 어떤 표준에서 어떻게 처신하고 행동하는 것이 윤리적인 것인가와 같은 윤리적 행위 원칙에 대한 물음에 직면하게 된다.

직업윤리는 한 개인의 직업적 활동과 신념에 관하여 더 나은 것과 더 나쁜 것에 관한, 객관적인 옳고 그름이 있는지에 관한, 그리고 있다면 그것을 어떻게 행동할 것인가에 관한 문제에 대해서 윤리학적 관점에서 돕는 것을 목표로 한다.

직장생활에서 윤리적으로 행동하는 것에 대해 회의를 하는 사람이 적지 않다. '직장환경이 구조적으로 윤리적이지 못하기 때문'으로 자위하기도 한다. 그래서 윤리적으로 산다는 것은 현실의 삶에서는 자신에게 이익보다는 손해를 가져다 줄 뿐이라고 생각한다. 개인 사업이나 기업 경영에서도 윤리에 대한 이런 시각은 크게 차이가 없다. 그러나 글로벌 시대에 사는 우리는 이제 윤리와 자기 이익은 상충된다는 시각을 전환할 필요가 있다.

개인이든 국가이든 직업윤리가 자본이며, 나아가서는 국가 경쟁력이라는 글로벌적 시각으로의 전환이 요청된다.

세계가 단일시장이 되는 21세기에는 '기업의 윤리적 행위가 곧 기업의 이익'(good ethics is good business)이 되는 시대이다[19]. 상호 신뢰와 신용을 기초로 사회질서가 창조되는 정보화 사회에서는 기업의 순간적 이익보다는 기업의 도덕적 윤리에 충실 하는 것이 보다 큰 회사의 이익창출을 가져다 줄 것이기 때문이다.

---

19) Bowie, N. & Duska, R. Business Ethics. New Jersey: Prentice Hall. 1990, p.111.

8. 각 분야별 직업윤리

가. 정치와 직업윤리

정치의 주체는 말할 것도 없이 인간이며 정치가 실현되는 곳은 자연적 세계가 아니고 인간 사회이다. 정치의 세계가 인간인 까닭에 정치영역에는 인간 자체가 지니고 있는 그 이원적인 성향이 그대로 반영되기 마련이다.

인간은 누구든지 지배받는 것보다는 지배하는데 본능적인 관심을 쏟고 있다. 그래서 적어도 자기의 직접적인 환경 내에서 분에 넘치는 권력을 요구하게 된다. 역사 전반을 통해서 전쟁과 혁명은 주로 이 권력애에 기인하였다. 권력에 대한 욕망은 포만할 줄 모르며, 그것은 권력을 맛봄으로서 말미암아 점점 증대된다. 따라서 권력 소지자는 권력이 주는 기쁨을 경험해 감에 따라서 강도는 점점 심해진다. 사람들을 지배하는 권력은 타인의 욕망을 수락하는 것보다는 이를 부정하는데서 쾌감을 느낀다. 다시 말하면 권력은 사람들이 다소 하기 싫어하는 일을 하게끔 강요하는데 서 그 실효가 나타난다.

한편 이러한 권력욕을 충족시키는 대상은 자기정신 내부에 있는 게 아니라, 그 충족의 무대는 인간사회이다. 뿐만 아니라 권력욕 충족의 재료가 되고 그 대상이 되는 것도 똑같은 권력 의지의 주체자이다. 대체로 권력의지의 소외자란 존재하지 않는다. 그러므로 인간의 욕망 균형이 가장 두드러진 곳이 바로 정치사회이다. 법과 도덕의 중요한 목적의 하나가 이러한 인간의 욕망충돌을 완화시키는 일이라면 이들이 가장 절실히 요구되는 곳은 바로 이 정치에서 일 것이다. 우리사회의 원칙적인 부정 ,비리의 뿌리는 정치이고 권력악, 공직악, 경제악, 사회악의 소위 4대악 중 가장 비중이 큰 악도 권력악이다.

다시 말하면 정치와 권력은 우리 사회의 모든 부정, 부패의 원천으로서, 우리 국민이 가장 시급히 개선해야 할 분야로 지적되고 있다. 현재 우리나라의 정치적 상황은 민주화의 과도기에 처해, 국민의 실질적 권리를 국가의 발전의 기치아래 많은 부분을 희생시켜 왔으며, 그 과정에서 권력자들의 직업의식, 공공의식 그리고 책임감의 결여로 발전 결과의 상당 부분을 전문직 종사자인 권력자들에게 돌아간 것이 사실이다.

또한 그러한 권력의 매력은 군대 및 많은 전문직 종사자 집단의 권력투쟁의 시발점이 되었고, 국가와 사회의 윤리는 즉 권력자의 욕망으로 얼룩지게 되었다. 그 결과 권력은 모든 직업인 우상과 증오의 대상이 되었고 권력 앞에서의 모든 윤리는 권력을 합리화시키는 방향으로 발전하였다. 그러한 수레바퀴는 시대적 유물로 전해지고 결국에는 교육의 비합리화를 통해 계속적으로 잔존하게 되었다. 이러한 폐단을 바로 잡기 위해서, 정치인은 사회 발전의 기본 윤리를 궁극적인 토대로 삼아 개인의 이익과 사회 전체의 이익과 조화가 되도록 노력하여야 하며 그러한 노력의 결과와 과정을 뒤 후손에게 올바르게 가르키기 위한 교육적인 노력도 병행되어야 하겠다.

나. 경제와 직업윤리

기업 경영의 발전과 윤리성의 제고라는 시각에서 볼 때 우리나라 기업경영은 크게 두 가지의 사회문화적 유해요인을 갖고 있다.

첫째로 우리나라의 기업경영은 혈연, 지연, 학연 등 주로 인간관계를 중시함으로써 그 경영층이 폐쇄적으로 구성되어 있다. 이 가운데에서도 특히 혈연관계를 바탕으로 경영되는 기업은 전체기업의 85~90%에 이르고 있다. 이와 같은 혈연 중심적 기업 경영 방식은 기업의 발전과 윤리라는 안목에서 볼 때 실로 적잖은 암운을 던져 주고 있다. 자본과 경영의 미분화를 유지하는 가운데 능률적 경영의 요인인 전원 참가적 의사결정이 아닌 대자본주 및 직계중심의 가족적 경영관에 의해 경영 방침이 결정되기 때문에 기업 내에 공동체 의식 내지 주인 의식을 떨어뜨리고 있다. 그리고 주요 의사 결정 권한이 상층부에만 집중되어 있어 경영 시스템이 조직적 직무 중심이 아닌 개인적 견해 중심으로 운영됨으로써, 기능적 전문화와 창조적인 업무 수행을 어렵게 만든다.

두 번째로 우리나라의 기업은 경제 개발이 진행되는 동안 줄곧 확대일변도의 경영 방침을 추구해 왔으나, 그것은 외형적 확장일 뿐 그 내실이 없는 외형 중심의 성격을 띠고 있다. 그 동안 우리나라의 국민 경제는 고율의 인플레이션을 동반한 체, 외채의 누적적 증가와 광대한 정책 금융을 시발력으로 하여 고도성장 정책을 추진해 왔는데 이러한 팽창주의에 편승한 기업은 우선 외형적 확대를 꾀하고, 이에 따른 이자부채는 지속적 인플레이션에 의하여 대외적으로 전가하면서 과다한 타인자본을 끌어들여 설비확장 및 중소기업의 흡수 합병, 그리고 기업 경영과는 관계없는 부동산에까지 손을 뻗쳐, 오로지 기업의 외형적 규모의 확장에만 치중하다보니 그만 경영의 합리화, 내실화, 전문화에는 등한하게 되었다. 그 결과 우리나라 기업은 그동안 지속적으로 증가된 타인자본에 의한 방만한 경영으로 말미암아, 과중한 부채 상환과 자금난으로 만성적 진통을 겪고 있다. 이처럼 확대 위주의 기업 경영은 규모의 전시적 측면에만 치중되어 기술 발전, 대중 복지의 향상 등에 옳게 참여하지 못하고 있다는 비난을 면치 못하는 동시에 정상적인 기업 경영과 합리적인 노사관계정립도 어렵게 하고 있다. 그 중에서도 특히 국민

경제의 대부분을 담당하고 있는 대기업들이 양적 확대에도 불구하고 제대로 대외적 경쟁력을 갖춘 주력 기업을 발전시키지 못했던 것과 한편 규모의 대소를 불문하고 합리적 노사관계와 기업윤리의 정착을 보지 못했다는 것은 여러 가지 측면에서 극히 우려되는 사태라고 하지 않을 수 없다.

우리나라 기업의 갖가지 병폐를 바로잡고 기업 경영을 뒷받침할 직업윤리를 정립하기 위해서 우리는 먼저 자신의 전통적 사회 문화적 배경을 돌아보면서 그 가운데서 제 가치를 발굴하여 이를 창조적으로 재생하지 않으면 안 될 것이다. 왜냐하면 기업 윤리의 확립 방향은 경영자와 종업원이 귀속감과 일체의식을 바탕으로 하지 않을 수 없는데 우리는 이를 우리 사회의 고유 전통적 문화 내지 윤리관에서 찾을 수밖에 없을 것이다. 우리는 전통적 가치관을 재음미하면서 그 가운데서 우리의 의식 구조를 지배해온 정신적 뿌리가 무엇이며, 우리의 민족적 동질성을 견지시켜준 요인이 무엇인가를 견지하여 그 가운데서도 기업이 필요로 하는 협조적 창의적 기풍을 적극적으로 도출해 내야 한다.

다. 교육과 직업윤리

교육은 여러 사회과학과는 달리 인간 행동의 형성 과정, 즉 행동의 원인에 더 많은 관심을 가진다. 인간은 교육을 필요로 하는 동물인 동시에 교육을 통해서 인간답게 형성되기 때문이다.

교육윤리는 교직자로 하여금 분명한 인간관을 갖게 한다. 즉 첫째로 인간 존엄성의 신념이며, 두번째로는 인간 주체성의 신념이다. 주체성은 능력감이나 자신감을 그 기반으로 하는 개념이다. 세번째로는 인간은 풍부한 잠재력을 갖는다라는 신념이다. 이러한 교육의 본질적 의미는 현대 교육의 의미를 변색시켰으며 그러한 변색된 교육문화의 영향을 받은 국민들은 경제, 사회, 정치 등 다른 여타 직업윤리를 사회를 위한 개인의 자아실현 의지 보다는 전문직의 장점인 출세나 부귀영화의 수단으로서 오인하기 시작했다.

이러한 근본적인 교육의 문제점은 무엇인가? 교육이 마치 출세나 부귀영화를 얻기 위한 수단으로서, 국민 모두의 의식으로 팽배해지고 있다는 점이고, 권모술수에 능하고 요령있게 적당히 사는 법을 익히는 것이 사회 속에서 자신을 인정받고 스스로의 가치를 높일 수 있는 빠른 길이라 착각 할 지도 모른다는 점이다. 이러한 수단과 목적으로서의 교육윤리의 하락은 인간 존엄성의 가치하락을 가져올 것이 뻔하다. 이러한 문제점을 교직자들은 의식하고 교육을 전문직으로서 사회에 큰 책임을 갖는 단체라는 것을 인식하여야 하며, 스스로의 전문자질을 개선하고 노력함으로써 사회에 올바른 교육 풍토를 정착시키는데 노력하여야 한다.

21세기는 과학과 기술의 발전이 주도하는 지식산업사회로서, 직업의 전문화와 세분화가 급속도로 이루어지고 있다. 전문성, 창의성과 더불어 지식을 소유한 인적자원의 요구가 매우 빠르게 증가하고 있다. 다시 말해, 현대의 직업은 자신의 전문성과 창의성을 실현할 수 있는 기회를 제공하는 방향으로 팽창하고 있는 것이다. 직업을 통하여 자아를 발전시키고 좀 더 높은 성취를 추구해나가는 발전적 자아실현의 과정은 현대사회의 보편적 가치관이 되어 가고 있으며 이러한 직업행위를 통하여 사회발전이 촉진되어지며 개인의 행복한 삶이 보장되어진다.

제6절 직업분류[1)]

1. 직업분류 개념

수입(경제활동)을 위해 개인이 하고 있는 일을 그 수행되는 일의 형태에 따라 체계적으로 유형화 한 것이 직업분류이며, 국내 직업구조 및 실태에 맞도록 표준화한 것이 한국표준직업분류(KSCO)[2)]이다.

직업분류는 국민 각 개인의 경제활동 특질을 파악하여 그 공통의 것을 포괄해서 종류별로 집계하여 국민의 직업 분화양상을 명백히 하는 데에 있다. 분류에 있어서 산업과 직업, 직업과 취업상의 지위, 직업과 직업기능정도를 뚜렷이 구별하여 될 수 있는대로 직업내용인 작업의 유사성 등을 기준으로 되어 있으나 제품, 취급품의 유사성, 원재료의 유사성, 활동의 유형, 목적의 유사성, 사용기계의 유사성에 따를 경우도 있

1) 제7차 한국표준직업분류 개정(KSCO-6) 보도자료 및 고시문 참조, 통계청, 2017.7.3.
2) KSCO: Korea Standard Classification of Occupation.

어 한결같지 않다.[3)]

2. 우리나라의 직업 분류 현황

가. 연 혁

우리나라에서 체계적인 직업분류를 작성한 것은 1960년 당시 내무부 통계국 에서 국세조사에 사용한 것이 처음이었다.

그 후 통계업무를 경제기획원에서 관장하게 됨에 따라 통계표준분류를 설정하게 되어 1958년 제정, 각국에서 사용토록 권고된 ILO[4)] 국제표준직업분류(ISCO-58)[5)]를 근거로 1963년 "한국표준직업분류(KSCO)[6)]"가 제정되었다.

1963년 제정된 한국표준직업분류의 미비점과 불합리 점을 보완하기 위하여 1966년에 개정작업을 추진하였으며, 이후 ILO의 국제표준직업분류 개정(68년, 88년)과 국내의 직업구조 및 기술변화를 반영하기 위하여 개정작업을 추진하여 왔다(70년, 74년, 92년).

4차 개정된 한국표준직업분류는 정보통신 및 서비스산업의 급속한 발달에 따라 새로운 직업이 많이 출현하였고, 산업의 기계화에 따라 많은 직업이 쇠퇴하여 직업분류를 전면 개정할 필요성이 대두되었다. 이에

---

3) 인적자원관리용어사전, 지은실, 2005, 한국학술정보, p.542.

4) ILO(International Labor Organization) 국제노동기구: 전세계적으로 노동조건과 생활수준 개선을 촉진하기 위해 만든 국제연합(UN)의 특별기구. 제1차 세계대전이 끝난 뒤 만들어졌으며 1919년 베르사유 조약 제13항(노동)에 따라 국제연맹(LN)에 속하게 되었다. 제2차 세계대전 기간에 국제연합이 설립된 뒤 1946년 특별기구로서는 처음으로 여기에 가입했다.

5) ISCO: International Standard Classification of Occupation

6) 한국표준직업분류는 수입(경제활동)을 위해 개인이 하고 있는 일을 그 수행되는 일의 형태에 따라 유형화(분류)한 것.

따라 1998년 7월 개정작업에 착수, 1년 6개월에 걸쳐 제5차 개정작업을 추진, 통계청 고시 제2000-2호(2000.1.7)로 확정·고시하고 2000년 3월 1일부터 시행하게 되었다.

그 이후 표준직업분류와 고용직업분류와의 연계가 어려워 통계자료의 비교성 문제가 제기되어 두 분류간의 연계성 강화를 통한 통계의 활용성을 높이는 한편, 우리나라 노동시장에 적합한 분류로 개정하기 위해 노력하였으며, 아울러 2007년 말에 확정된 국제표준직업분류(ISCO-08)을 반영하므로써 국제 비교성을 고려하였다. 제6차 분류개정은 2005년도 말부터 검토를 시작하여 2007년 6월에 작업을 완료하였으며, 통계청 고시 제2007-3호(2007.7.2)로 확정·고시하고 2007년 10월 1일부터 시행하였다.

가장 최근의 한국표준직업분류는 2017년 7월 3일 제7차 개정·고시하고 2018년 1월 1일부터 시행하게 된다. 이번 한국표준직업분류는 국제노동기구(ILO)의 국제표준직업분류(ISCO)를 기반으로 분류체계의 원칙을 준수하는 범위 내에서 국내 노동시장 직업 구조를 반영하여 제·개정된 것으로 2007년 6차 개정 이후 10년 만에 추진된 것이다

나. 제7차 개정 주요 내용

(1) 개정 방향

(가) 지난 개정 이후 시간 경과를 고려하여 전면 개정 방식으로 추진하되, 중분류 이하 단위 분류 체계를 중심으로 개정을 추진하였다.

(나) 국제표준직업분류(ISCO)의 분류 기준, 적용 원칙, 구조 및 부

호 체계 등 직업분류 기본 틀은 기존 체계를 유지하였으며, 특히 2007년 7월 개정작업에 이어 국제표준직업분류(ISCO-08) 개정 내용을 추가로 반영하였다.

(다) 국내 노동시장 직업구조의 변화 특성을 반영하여 전문 기술직의 직무영역 확장 등 지식 정보화 사회 변화상을 반영하고 사회 서비스 일자리 직종을 세분 및 신설하였다. 고용규모 대비 분류항목 수가 적은 사무 및 판매·서비스직 분류는 세분하고 자동화·기계화 진전에 따른 기능직 및 기계 조작직 분류는 통합하였다.

(라) 관련 분류 간 연계성, 통합성을 제고하고, 직업분류체계의 일관성을 유지하기 위해 2016년 9월 제정 · 고시된 한국표준교육분류(영역)와 2017년 1월 개정 · 고시된 한국표준산업분류의 내용을 명칭변경, 분류신설 등에 반영하였다. 또한 한국표준직업분류와 특수 분류인 고용직업분류가 세분류 수준에서 일대일로 연계될 수 있도록 복수연계 항목을 세분하였다.

(2) 개정 특징

(가) 전문 기술직의 직무영역 확장 등 지식 정보화 사회 변화상 반영

4차 산업 혁명 등 ICTs 기반의 기술 융·복합 및 신성장 직종을 분류체계에 반영하여 데이터 분석가, 모바일 애플리케이션 프로그래머, 산업 특화 소프트웨어 프로그래머 등을 신설하였다. 문화·미디어 콘텐츠와 채널의 생산 및 유통구조가 다변화됨에 따라 신성장 직종인 미디어 콘텐츠 창작자, 사용자 경험 및 인터페이스 디자이너, 공연·영화 및 음반 기획자 등을 신설하거나 세분하였다. 과학기술 고도화에 따라 로봇공학 기술자 및 연구원을 상향 조정하고, 대형재난 대응 및 예방의 사회적 중요성을 고려하여 방재 기술자 및 연구원을 신설하였다.

(나) 사회 서비스 일자리 직종 세분 및 신설

저출산 · 고령화에 따른 돌봄 · 복지 일자리 수요 증가를 반영하여 노인 및 장애인 돌봄 서비스 종사원, 놀이 및 행동치료사를 신설하고, 임상심리사, 상담 전문가 등 관련 직종을 상향 조정하였다. 여가 및 생활 서비스 일자리 수요 증가를 반영하여 문화 관광 및 숲 · 자연환경 해설사, 반려동물 훈련사, 개인 생활 서비스 종사원 등을 신설하였다.

(다) 고용규모 대비 분류항목이 적은 사무 및 판매 · 서비스직 세분

이제까지 포괄적 직무로 분류되어 온 사무직의 대학 행정 조교, 증권 사무원, 기타 금융 사무원, 행정사, 중개 사무원을 신설하고, 판매 · 서비스직의 소규모 상점 경영 및 일선 관리 종사원, 대여 제품 방문 점검원 등의 직업을 신설 또는 세분하였다.

(라) 자동화 · 기계화 진전에 따른 기능직 및 기계 조작직 직종 통합

제조 관련 기능 종사원, 과실 및 채소 가공 관련 기계 조작원, 섬유 제조 기계 조작원 등은 복합 · 다기능 기계의 발전에 따라 세분화된 직종을 통합하였다.

(3) 개정단계별 표준직업분류 대분류 비교

<table>
<tr><th>제정
(1963년)</th><th>제5차
(2000년)</th><th>제6차
(2007년)</th><th>제7차
(2018.1.1 시행)</th></tr>
<tr><td>1 관리적 직업종사자</td><td>0 의회의원, 고위임직원 및 관리자</td><td>1 관리자</td><td>1 관리자</td></tr>
<tr><td rowspan="2">0 전문적, 기술적, 직업종사자</td><td>1 전문가</td><td rowspan="2">2 전문가 및 관련 종사자</td><td rowspan="2">2 전문가 및 관련 종사자</td></tr>
<tr><td>2 기술공 및 준전문가</td></tr>
<tr><td>2 사무종사자</td><td>3 사무 종사자</td><td>3 사무 종사자</td><td>3 사무 종사자</td></tr>
<tr><td>9 서비스 직업종사자</td><td>4 서비스 종사자</td><td>4 서비스 종사자</td><td>4 서비스 종사자</td></tr>
<tr><td>3 판매종사자</td><td>5 판매 종사자</td><td>5 판매 종사자</td><td>5 판매 종사자</td></tr>
<tr><td>4 농부, 어부, 벌목부, 수렵부 및 유사직업 종사자</td><td>6 농업, 임업 및 어업숙련 종사자</td><td>6 농림어업 숙련 종사자</td><td>6 농림어업 숙련 종사자</td></tr>
<tr><td rowspan="3">5 광부, 채석부 및 유사직업 종사자
6 교통 및 체신업 종사자
7/8 기능공, 생산공정 종사자 및 기타 단순노무자</td><td>7 기능원 및 관련 기능 종사자</td><td>7 기능원 및 관련 기능 종사자</td><td>7 기능원 및 관련 기능 종사자</td></tr>
<tr><td>8 장치,기계조작 및 조립 종사자</td><td>8 장치·기계 조작 및 조립 종사자</td><td>8 장치·기계 조작 및 조립 종사자</td></tr>
<tr><td>9 단순노무 종사자</td><td>9 단순노무 종사자</td><td>9 단순노무 종사자</td></tr>
<tr><td>X 분류불능의 직업</td><td>A 군인</td><td>A 군인</td><td>A 군인</td></tr>
</table>

3. 직무와 직업의 정의

국제표준직업분류(ISCO-08)에서 직무(job)는 '자영업을 포함하여 특정한 고용주를 위하여 개별 종사자들이 수행하거나 또는 수행해야할 일련의 업무와 과업(tasks and duties)'으로 설정하고 있으며, 직업(occupation)은 '유사한 직무의 집합'으로 정의된다. 여기에서 유사한 직무란 '주어진 업무와 과업이 매우 높은 유사성을 갖는 것'을 말한다. 직업은 유사성을 갖는 직무를 지속적으로 수행하는 계속성을 가져야 하는데, 일의 계속성이란 일시적인 것을 제외한 다음에 해당하는 것을 말한다.

(1) 매일, 매주, 매월 등 주기적으로 행하는 것

(2) 계절적으로 행해지는 것

(3) 명확한 주기는 없으나 계속적으로 행해지는 것

(4) 현재 하고 있는 일을 계속적으로 행할 의지와 가능성이 있는 것

직업은 또한 경제성을 충족해야 하는 데, 이는 경제적인 거래 관계가 성립하는 활동을 수행해야 함을 의미한다. 따라서 무급 자원봉사와 같은 활동이나 전업학생의 학습행위는 경제활동 혹은 직업으로 보지 않는다. 직업의 성립에는 비교적 엄격한 경제성의 기준이 적용되는데, 노력이 전제되지 않는 자연발생적인 이득의 수취나 우연하게 발생하는 경제적인 과실에 전적으로 의존하는 활동은 직업으로 보지 않는다.

직업 활동은 전통적으로 윤리성과 사회성을 충족해야 하는 것으로 보고 있다. 윤리성은 비윤리적인 영리행위나 반사회적인 활동을 통한 경제적인 이윤추구는 직업 활동으로 인정되지 못한다는 것이다. 사회성은 보다 적극적인 것으로써 모든 직업 활동은 사회 공동체적인 맥락에서

의미 있는 활동 즉 사회적인 기여를 전제조건으로 하고 있다는 점을 강조한다. 또한 속박된 상태에서의 제반활동은 경제성이나 계속성의 여부와 상관없이 직업으로 보지 않는다. 그러므로 다음과 같은 활동은 직업으로 보지 않는다.

(1) 이자, 주식배당, 임대료(전세금, 월세) 등과 같은 자산 수입이 있는 경우
(2) 연금법, 국민기초생활보장법, 국민연금법 및 고용보험법 등의 사회보장이나 민간보험에 의한 수입이 있는 경우
(3) 경마, 경륜, 경정, 복권 등에 의한 배당금이나 주식투자에 의한 시세차익이 있는 경우
(4) 예 · 적금 인출, 보험금 수취, 차용 또는 토지나 금융자산을 매각하여 수입이 있는 경우
(5) 자기 집의 가사 활동에 전념하는 경우
(6) 교육기관에 재학하며 학습에만 전념하는 경우
(7) 시민봉사활동 등에 의한 무급 봉사적인 일에 종사하는 경우
(8) 사회복지시설 수용자의 시설 내 경제활동
(9) 수형자의 활동과 같이 법률에 의한 강제노동을 하는 경우
(10) 도박, 강도, 절도, 사기, 매춘, 밀수와 같은 불법적인 활동

4. 직업분류 목적

직업분류는 경제활동인구조사, 인구주택총조사, 지역별고용조사 등 고용 관련 통계조사나 각종 행정자료를 통하여 얻어진 직업정보를 분류하고 집계하기 위한 것이다. 직업 관련 통계를 작성하는 모든 기관이

통일적으로 사용하도록 함으로써 통계자료의 일관성과 비교성을 확보할 수 있다. 또한 각종 직업정보에 관한 국내통계를 국제적으로 비교·활용할 수 있도록 하기 위하여 ILO의 국제표준직업분류(ISCO)를 근거로 설정되고 있다.

직업분류는 고용 관련 통계 및 장·단기 인력수급 정책수립과 직업연구를 위한 기초자료 작성에 활용되며, 다음에도 기준자료로 활용되고 있다.

- 각종 사회·경제통계조사의 직업단위 기준
- 취업알선을 위한 구인·구직안내 기준
- 직종별 급여 및 수당지급 결정기준
- 직종별 특정질병의 이환율, 사망률과 생명표 작성 기준
- 산재보험요율, 생명보험요율 또는 산재보상액, 교통사고 보상액 등의 결정 기준

5. 분류기준

수입(경제활동)을 위해 개인이 하고 있는 일을 그 수행되는 일의 형태에 따라 체계적으로 유형화 한 것이 직업분류이며, 우리나라 직업구조 및 실태에 맞도록 표준화한 것이 한국표준직업분류(KSCO, Korean Standard Classification of Occupations)이다.

한국표준직업분류는 주어진 직무의 업무와 과업을 수행하는 능력(the ability to carry out the tasks and duties of a given job)인 직능(skill)을 근거로 편제되며, 직능수준과 직능유형을 고려하고 있다. 직능수준(skill level)은 직무수행능력의 높낮이를 말하는 것으로 정규교육, 직업훈련,

직업경험 그리고 선천적 능력과 사회 문화적 환경 등에 의해 결정된다. 직능유형(skill specialization)은 직무수행에 요구되는 지식의 분야, 사용하는 도구 및 장비, 투입되는 원재료, 생산된 재화나 서비스의 종류와 관련된다.

하나의 직업(occupation)은 직무상 유사성을 갖고 있는 여러 직무(job)의 묶음이다. 어떤 직무의 집합을 여타 직업과 구별하고 동일한 직업으로 분류하는 것은 유사성의 정도에 대한 판단을 전제로 하는데, 이는 직무상 서로 다른 것을 규정하는 직업별 직무 배타성(exclusivity)을 제시하는 것과 같다. 그런데 현장에서 일어나는 직무수행 조건의 복잡성과 기업규모의 차이 등에 따른 직무범위의 격차 때문에 직무별 유사성과 배타성을 판별하는 것은 매우 어려운 작업이다. 직무 유사성의 기준에는 해당 직무를 수행하는 사람에게 필요한 지식(knowledge), 경험(experience), 기능(skill)과 함께 직무수행자가 입직을 하기 위해서 필요한 요건(skill requirements) 등이 있다. 때로는 직업 종사자가 주로 일하는 기업의 특성, 생산 과정이나 최종 산출물 등이 중요한 때도 있다. 유사하지 않은 직업은 배타성의 요건이 충족되어 상호 다른 직업이라고 할 수 있으며, 직무별로 노동시장의 형성이 다른 경우에는 가장 분명한 배타성을 갖는다고 할 수 있다.

또한 직무 범주화 기준에는 직무별 고용의 크기 또한 현실적인 기준이 된다. 한국표준직업분류에서는 세분류 단위에서 최소 1,000명의 고용을 기준으로 설정하였으며, 고용자 수가 많은 세분류에는 5,000~10,000명이 분포되어 있을 것으로 판단된다.

6. 직업 대분류와 직능수준

국제표준직업분류(ISCO)에서 정의한 직능수준(skill level)은 정규교육을 통해서만 얻을 수 있는 것은 아니며, 비정규적인 직업훈련과 직업경험을 통하여서도 얻게 된다. 따라서 분류에서 사용되는 기본개념은 정규교육 수준에 의해 분류되는 것이 아니라, 직무를 수행하는데 필요한 특정업무의 수행능력이다. 이러한 기본개념에 의하여 설정된 분류체계는 국제적 특성을 고려하여 4개의 직능수준으로 구분하고, 직무능력이 정규교육(또는 직업훈련)을 통하여서 얻어지는 것이라고 할 때 국제표준교육분류(ISCED-11)상의 교육과정 수준에 의하여 다음과 같이 정의하였다.

(1) 제1직능 수준

일반적으로 단순하고 반복적이며 때로는 육제적인 힘을 요하는 과업을 수행한다. 간단한 수작업 공구나 진공청소기, 전기장비들을 이용한다. 과일을 따거나 채소를 뽑고 단순 조립을 수행하며, 손을 이용하여 물건을 나르기도 하고 땅을 파기도 한다. 이러한 수준의 직업은 최소한의 문자이해와 수리적 사고능력이 요구되는 간단한 직무교육으로 누구나 수행할 수 있다. 제1직능 수준의 일부 직업에서는 초등교육이나 기초적인 교육(ISCED 수준1)을 필요로 한다.

(2) 제2직능 수준

일반적으로 완벽하게 읽고 쓸 수 있는 능력과 정확한 계산능력, 그리고 상당한 정도의 의사소통 능력을 필요로 한다. 보통 중등 이상 교육과정의 정규교육 이수(ISCED 수준2, 수준3) 또는 이에 상응하는 직업훈련이나 직업경험을 필요로 한다. 이러한 수준의 직업에 종사하는 자는 일부 전문적인 직무훈련과 실습과정이 요구되며, 훈련실습기간은 정규훈련을 보완하거나 정규훈련의 일부 또는 전부를 대체할 수 있다. 운송수단의 운전이나 경찰 업무를 수행하기도 한다. 일부의 직업은 중등학교 졸업 후 교육(ISCED 수준4)이나 직업교육기관에서의 추가적인 교육이나 훈련을 요구할 수도 있다.

(3) 제3직능 수준

복잡한 과업과 실제적인 업무를 수행할 정도의 전문적인 지식을 보유하고 수리계산이나 의사소통 능력이 상당히 높아야 한다. 이러한 수준의 직업에 종사하는 자는 일정한 보충적 직무훈련 및 실습과정이 요구될 수 있으며, 정규훈련과정의 일부를 대체할 수도 있다. 또한 유사한 직무를 수행함으로써 경험을 습득하여 이에 해당하는 수준에 이를 수도 있다. 시험원과 진단과 치료를 지원하는 의료 관련 분류나 스포츠 관련 직업이 대표적이다. 일반적으로 중등교육을 마치고 1～3년 정도의 추가적인 교육과정(ISCED 수준5) 정도의 정규교육 또는 직업훈련을 필요로 한다.

(4) 제4직능 수준

매우 높은 수준의 이해력과 창의력 및 의사소통 능력이 필요하다. 이러한 수준의 직업에 종사하는 자는 일정한 보충적 직무훈련 및 실습이 요구된다. 또한 유사한 직무를 수행함으로써 경험을 습득하여 이에 해당하는 수준에 이를 수도 있다. 분석과 문제해결, 연구와 교육 그리고 진료가 대표적인 직무분야이다. 일반적으로 4년 또는 그 이상 계속하여 학사, 석사나 그와 동등한 학위가 수여되는 교육수준(ISCED 수준6 혹은 그 이상)의 정규교육 또는 훈련을 필요로 한다.

위와 같은 4개의 직무능력 수준의 정의는 다음과 같이 적용되었다.

1 관리자 : 제4직능 수준 혹은 제3직능 수준 필요
2 전문가 및 관련 종사자 : 제4직능 수준 혹은 제3직능 수준 필요
3 사무 종사자 : 제2직능 수준 필요
4 서비스 종사자 : 제2직능 수준 필요
5 판매 종사자 : 제2직능 수준 필요
6 농림 · 어업 숙련 종사자 : 제2직능 수준 필요
7 기능원 및 관련 기능 종사자 : 제2직능 수준 필요
8 장치 · 기계 조작 및 조립 종사자 : 제2직능 수준 필요
9 단순노무 종사자 : 제1직능 수준 필요
A 군인 : 제2직능 수준 이상 필요

그러나 이러한 직능수준이 실제 종사자의 학력수준을 제시하는 것은 아니며, 필요로 하는 최소 직능수준을 의미한다고 할 수 있다.

6. 분류원칙

가. 직업분류의 일반원칙

(1) 포괄성의 원칙

우리나라에 존재하는 모든 직무는 어떤 수준에서든지 분류에 포괄되

어야 한다. 특정한 직무가 누락되어 분류가 불가능할 경우에는 포괄성의 원칙을 위배한 것으로 볼 수 있다.

(2) 배타성의 원칙

동일하거나 유사한 직무는 어느 경우에든 같은 단위직업으로 분류되어야 한다는 점이다. 하나의 직무가 동일한 직업단위 수준에서 2개 혹은 그 이상의 직업으로 분류될 수 있다면 배타성의 원칙을 위반한 것이라 할 수 있다.

나. 포괄적인 업무에 대한 직업분류 원칙

동일한 직업이라 할지라도 사업체 규모에 따라 직무범위에 차이가 날 수 있다. 예를 들면 소규모 사업체에서는 음식조리와 제공이 하나의 단일 직무로 되어 조리사의 업무로 결합될 수 있는 반면 대규모 사업체에서는 이들이 별도로 분류되어 독립적인 업무로 구성될 수 있다.

직업분류는 국내외적으로 가장 보편적인 업무의 결합상태에 근거하여 직업 및 직업군을 결정한다. 따라서 어떤 직업의 경우에 있어서는 직무의 범위가 분류에 명시된 내용과 일치하지 않을 수도 있다. 이러한 경우 다음과 같은 분류원칙을 적용한다.

(1) 주된 직무 우선 원칙

2개 이상의 직무를 수행하는 경우는 수행되는 직무내용과 관련 분류항목에 명시된 직무내용을 비교 · 평가하여 관련 직무 내용상의 상관성이 가장 많은 항목에 분류한다. 예를 들면 교육과 진료를 겸하는 의과대학 교수는 강의, 평가, 연구 등과 진료, 처치, 환자상담 등의 직무내용을 파악하여 관련 항목이 많은 분야로 분류한다.

(2) 최상급 직능수준 우선 원칙

수행된 직무가 상이한 수준의 훈련과 경험을 통해서 얻어지는 직무능력을 필요로 한다면, 가장 높은 수준의 직무능력을 필요로 하는 일에 분류하여야 한다. 예를 들면 조리와 배달의 직무비중이 같을 경우에는, 조리의 직능수준이 높으므로 조리사로 분류한다.

(3) 생산업무 우선 원칙

재화의 생산과 공급이 같이 이루어지는 경우는 생산단계에 관련된 업무를 우선적으로 분류한다. 예를 들면 한 사람이 빵을 생산하여 판매도 하는 경우에는, 판매원으로 분류하지 않고 제빵사 및 제과원으로 분류하여야 한다.

다. 다수 직업 종사자의 분류원칙

한 사람이 전혀 상관성이 없는 두 가지 이상의 직업에 종사할 경우에 그 직업을 결정하는 일반적 원칙은 다음과 같다.

(1) 취업시간 우선의 원칙

가장 먼저 분야별로 취업시간을 고려하여 보다 긴 시간을 투자하는 직업으로 결정한다.

(2) 수입 우선의 원칙

위의 경우로 분별하기 어려운 경우는 수입(소득이나 임금)이 많은 직업으로 결정한다.

(3) 조사시 최근의 직업 원칙

위의 두 가지 경우로 판단할 수 없는 경우에는 조사시점을 기준으로 최근에 종사한 직업으로 결정한다.

7. 특정직종의 분류요령

가. 행정 관리 및 입법적 기능 수행업무 종사자

행정 관리 및 입법기능을 수행하는 자는 '대분류 1 관리자'에 분류된다. 따라서 주된 업무가 정책 결정, 법규 등의 입안 업무를 주로 하는 중앙 및 지방정부 고위공무원 및 공 · 사기업 관리자가 여기에 분류된다. 또한 대규모의 농업, 도 · 소매업 및 음식 · 숙박업 등의 관리자, 고용주 중에서 기획, 조정, 통제, 지시 업무를 주로 하는 자 등이 여기에 포함된다. 현업을 겸하는 경우에는 다른 사람의 직무수행을 감독 및 관리하는 직무에 평균 근무시간의 80% 이상을 종사하는 자만 관리자로 분류된다.

나. 자영업주 및 고용주의 직종

자영업주 및 고용주는 수행되는 일의 형태나 직무내용에 따른 정의가 아니라 고용형태 또는 종사상 지위에 따라 정의된 개념이다. 그러므로 직업분류에서 자영업주 및 고용주의 직업은 그들이 주로 수행하는 직무내용이 관리자가 하는 일과 유사한가 아니면 동일 분야에서 종사하는 다른 근로자와 유사한 일을 하는가, 즉 주된 직무 우위 원칙에 따라 수행하는 직무 중 투자하는 시간이 가장 많은 직무로 분류된다. 단, 소규모 상점을 독립적으로 또는 소수의 타인의 지원을 받아 소유하고 운영하는 자를 분류하기 위해 신설된 '소규모 상점 경영자'는 예외로 한다. 그러나 게스트 하우스, 민박, 음식점, 카페 등의 소규모 업체 운영자들은 관리가 주된 업무가 아닌 경우, 조리사, 웨이터처럼 하는 일의 주된 업무에 따라 분류해야 한다.

다. 감독 직종

반장 등과 같이 주로 수행된 일의 전문, 기술적인 통제업무를 수행하는 감독자는 그 감독되는 근로자와 동일 직종으로 분류한다. 그러나 주된 업무가 본인 감독 하에 있는 일이나 근로자의 일상 작업 활동을 기획, 조정, 통제, 지시하는 업무인 경우에는 관리직으로 보아 '12 행정 · 경영 지원 및 마케팅 관리직', '13 전문 서비스 관리직', '14 건설 · 전기 및 생산 관련 관리직', '15 판매 및 고객 서비스 관리직'으로 각각 분류된다. 단, 편의점 등 프랜차이즈 소매점이나 백화점, 쇼핑센터 내에 단일 매장 내의 인력을 지휘하고, 판매 및 관리 업무 전반을 일선 관리하는 자를 분류하기 위해 제7차 개정에서 신설된 '소규모 상점 일선 관리 종사원'은 예외로 한다.

라. 연구 및 개발 직종

연구 및 개발업무 종사자는 '대분류 2 전문가 및 관련 종사자'에서 그 전문분야에 따라 분류된다. 다만, 연구자가 교육에 종사할 경우에는 '25 교육 전문가 및 관련직'으로 분류한다.

마. 군인 직종

군인은 별도로 '대분류 A 군인'에 분류된다. 이것은 수행된 일의 형태에 따라 분류되어야 한다는 일반원칙보다는 자료수집상의 현실성에 따라 분류된 것이다.

바. 기능원과 기계 조작원의 직무능력 관계

하나의 제품이 기능원에 의해 제조되는지 또는 대량 생산기법을 유도하는 기계를 사용해서 제조되는지에 따라 필요로 하는 직무능력에 대단한 영향을 미친다. 기능원은 재료, 도구, 수행하는 일의 순서와 특성 및 최종제품의 용도를 알아야 하는 반면에, 기계 조작원은 복잡한 기계 및 장비의 사용방법이나 기계에 어떤 결함이 발생할 때 이를 대체하는 방법을 알아야 한다. 또한 기계 조작원은 제품 명세서가 바뀌거나, 새로운 제조기법이 도입될 때 이를 적용할 수 있는 직무능력을 갖추고 있어야 한다. 직업분류에서는 이러한 직무능력 형태의 차이를 반영하여 대분류 7, 8을 설정하였다. '대분류 7 기능원 및 관련 기능 종사자'에는 목공예원, 도자기 공예원, 보석 세공원, 건축 석공, 전통 건물 건축원, 한복 제조원과 같은 장인 및 수공 기예성 직업을 분류하였고, '대분류 8 장치 · 기계 조작 및 조립 종사자'에는 제품의 가공을 위한 기계 지향성 직업으로 분류하였다. 최근 전자 · 제어 기술과 자동화 기계의 발전에 따라 기능직무 영역이 축소되고 조작직무 영역이 증가하는 추세이다.

사. 직능수준과 아동 돌봄 관련 직종 분류

영유아 교육 관련 종사자인 '대분류 2 전문가 및 관련 종사자' 이하 '유치원 교사'나 '보육교사'는 영유아를 대상으로 일련의 놀이나 교육계획을 수립하고, 정해진 계획에 따라 교육과정 전반을 운영한다. 반면, 아동 복지시설, 어린이 카페, 탁아기관 등 보육 관련 시설에서 일하는 '대분류 4 서비스 종사자' 이하 '보육 관련 시설 서비스 종사원'은 놀이나 교육적 활동 전반을 계획하거나 조직하는 업무를 수행하지 않으며, 주로 돌봄 대상 영유아를 보호하거나 몸을 씻고 옷을 입고 먹는 등의 기초생활을 원활하게 영위할 수 있도록 돕는 것에 직무의 초점이 맞추어져 있다.

아. 직능수준과 음식 조리 및 준비 관련 직종 분류

음식을 준비하거나 조리하는 직업 중 '대분류 2 전문가 및 관련 종사자' 이하 '주방장'은 조리법을 정하고, 새로운 메뉴의 요리를 개발하는 한편, 조리 관련 업무 전반을 책임지는 자로서, 음식점의 경영계획에 참여한다. 반면, '대분류 4 서비스 종사자' 이하 '조리사'는 음식을 만들기 위한 재료를 준비하고 조리하지만 주방장의 감독 또는 정해진 조리법에 따라 음식을 조리하는 '생산' 측면에 직무의 초점을 두고 있다. 한편, '대분류 9 단순노무 종사자' 이하 '패스트푸드 준비원'과 '주방 보조원'은 주로 음식을 조리하는 데 자격이 특별히 요구되지 않으며, 직무를 수행하는 데에 있어 필요한 훈련이나 경험의 수준에 있어 조리사와 구별된다.

9. 분류 체계 및 부호

직업분류는 세분류를 기준으로 상위에는 소분류-중분류-대분류로 구성되어 있으며, 하위분류는 세세분류로 구성되어 있다. 각 항목은 대분류 10개, 중분류 52개, 소분류 156개, 세분류 450개, 세세분류 1,231개로 구성되어 있는데 계층적 구조로 되어 있다. 분류번호는 아라비아 숫자와 알파벳 A로 표시하며 대분류 1자리, 중분류 2자리, 소분류 3자리, 세분류 4자리, 세세분류는 5자리로 표시된다. 동일 분류에 포함된 끝 항목의 숫자 9는 '기타~(그 외~)'를 표시하여 위에 분류된 나머지 항목을 의미한다. 또한 끝자리 0은 해당 분류수준에서 더 이상 세분되지 않는 직업을 의미하고 있다. 다음은 분류단계별 항목 수를 표로 나타낸 것이다.

분류단계별 항목 수

대분류	중분류	소분류	세분류	세세분류
전체	52	156	450	1,231
1 관리자	5	16	24	82
2 전문가 및 관련 종사자	8	44	165	463
3 사무 종사자	4	9	29	63
4 서비스 종사자	4	10	36	80
5 판매 종사자	3	5	15	43
6 농림 · 어업 숙련 종사자	3	5	12	29
7 기능원 및 관련 기능 종사자	9	21	76	198
8 장치 · 기계 조작 및 조립 종사자	9	31	65	220
9 단순노무 종사자	6	12	24	49
A 군인	1	3	4	4

10. 직업분류의 대분류 항목 내용 요약

가. 대분류 1: 관리자(Managers)

의회의원처럼 공동체를 대리하여 법률이나 규칙을 제정하고, 정부를 대표, 대리하며 정부 및 공공이나 이익단체의 정책을 결정하고 이를 지휘 · 조정한다. 정부, 기업, 단체 또는 그 내부 부서의 정책과 활동을 기획, 지휘 및 조정하는 직무를 수행한다. 현업을 겸할 경우에는 직무시간의 80% 이상을 다른 사람의 직무를 분석, 평가, 결정하거나 지시하고 조정하는데 사용하는 경우에만 관리자 직군으로 분류한다.

여기에 포함되는 대부분의 직업은 제4수준과 제3수준의 직무능력을 필요로 한다.

나. 대분류 2: 전문가(Professionals) 및 관련 종사자

특정 분야의 전문지식과 경험을 바탕으로 개념과 이론을 이용하여 해당 분야에 대한 연구 · 개발, 자문, 지도(교수) 등 전문 서비스를 제공하는 자를 말한다. 주로 자료의 분석과 관련된 직종으로 물리, 생명과학 및 사회과학 분야에서 높은 수준의 전문적 지식과 경험을 기초로 과학적 개념과 이론을 응용하여 해당 분야를 연구하고 개발 및 개선하며 집행한다. 전문지식을 이용하여 의료 진료활동과 각 급 학교 학생을 지도하고 예술적인 창작활동이나 스포츠 활동 등을 수행한다. 또한 전문가의 지휘 하에 조사, 연구 및 의료, 경영에 관련된 기술적인 업무를 수행한다. 이 대분류에 포함되는 대부분의 직업은 제4수준과 제3수준의 직무능력을 필요로 한다.

다. 대분류 3: 사무 종사자(Clerks)

관리자, 전문가 및 관련 종사자를 보조하여 경영방침에 의해 사업계획을 입안하고 계획에 따라 업무를 추진하며, 당해 작업에 관련된 정보(Data)의 기록, 보관, 계산 및 검색 등의 업무를 수행한다. 또한 금전취급 활동, 법률 및 감사, 상담, 안내 및 접수와 관련하여 사무적인 업무를 주로 수행한다. 이 대분류에 포함되는 대부분의 직업은 제2수준의 직무능력을 필요로 한다.

라. 대분류 4: 서비스 종사자(Service Workers)

공공안전이나 신변보호, 의료보조, 이 · 미용, 혼례 및 장례, 운송, 여가, 조리와 관련된 공공 및 대인 서비스를 제공하는 업무를 주로 수행한다. 이 대분류에 포함되는 대부분의 직업은 제2수준의 직무능력을 필요로 한다.

마. 대분류 5: 판매 종사자(Sale Workers)

영업활동을 통해 상품이나 서비스를 판매하거나 인터넷 등 통신을 이용하거나, 상점이나 거리 및 공공장소에서 상품을 판매 또는 임대한다. 상품을 광고하거나 상품의 품질과 기능을 홍보하며, 매장에서 계산을 하거나 요금정산 등의 활동을 수행한다. 이 대분류에 포함되는 대부분의 직업은 제2수준의 직무능력을 필요로 한다.

바. 대분류 6: 농림어업 숙련 종사자 (Skilled Agricultural, Forestry and Fishery Workers)

자기 계획과 판단에 따라 농산물, 임산물 및 수산물의 생산에 필요한 지식과 경험을 기초로 작물을 재배·수확하고 동물을 번식·사육하며, 산림을 경작, 보존 및 개발하고, 물고기 및 기타 수생 동·식물을 번식 및 양식하는 직무를 수행한다. 이 대분류에 포함되는 대부분의 직업은 제2수준의 직무능력을 필요로 한다.

사. 대분류 7: 기능원 및 관련 기능종사자 (Craft and Related Trades Workers)

광업, 제조업, 건설업 분야에서 관련된 지식과 기술을 응용하여 금속을 성형하고 각종 기계를 설치 및 정비한다. 또한 섬유, 수공예 제품과 목재, 금속 및 기타 제품을 가공한다. 작업은 손과 수공구를 주로 사용하며 기계를 사용하더라도 기계의 성능보다 사람의 기능이 갖는 역할이 중요하다. 자동화된 기계의 발전에 따라 직무영역이 축소되는 추세인데, 생산과정의 모든 공정과 사용되는 재료나 최종 제품에 관련된 내용을 알 수 있어야 한다. 이 대분류에 포함되는 대부분의 직업은 제2수준의 직무능력을 필요로 한다.

아. 대분류 8: 장치, 기계조작 및 조립 종사자 (Plant , Machine Operators and Assemblers)

기계를 조작하여 제품을 생산하거나 대규모적이고 때로는 고도의 자동화된 산업용 기계 및 장비를 조작하고 부분품을 가지고 제품을 조립하는 업무로 구성된다. 작업은 기계조작 뿐만 아니라 컴퓨터에 의한 기계제어 등 기술적 혁신에 적응할 수 있는 능력을 포함하여 기계 및 장비에 대한 경험과 이해가 요구되며, 기계의 성능이 생산성을 좌우한다. 또한 여기에는 운송장비의 운전업무도 포함된다. 이 대분류에 포함되는 대부분의 직업은 제2수준의 직무능력을 필요로 한다.

자. 대분류 9: 단순노무 종사자(Elementary Occupations)

주로 간단한 수공구의 사용과 단순하고 일상적이며, 어떤 경우에는 상당한 육체적 노력이 요구되고, 거의 제한된 창의와 판단만을 필요로 하는 업무를 수행한다. 몇 시간 혹은 몇 십 분의 직무 훈련(on the job training)으로 업무수행이 충분히 가능한 직업이 대부분이며, 일반적으로 제1수준의 직무능력을 필요로 한다. 직능수준이 낮으므로 단순 노무직 내부에서의 직업 이동은 상대적으로 매우 용이한 편이라고 할 수 있다.

차. 대분류 A: 군인(Armed Forces)

의무 복무 여부를 불문하고 현재 군인 신분을 유지하고 있는 군인을 말한다. 직업정보 취득의 제약 등 특수 분야이므로 직무를 기준으로 분류하는 것이 아니라, 계급을 중심으로 분류하였다. 국방과 관련된 정부기업에 고용된 민간인, 국가의 요청에 따라 단기간 군사훈련 또는 재훈련을 위해 일시적으로 소집된 자 및 예비군은 제외된다. 이 대분류에 포함되는 대부분의 직업은 제2수준 이상의 직무능력을 필요로 한다.

6차 개정까지는 의무로 복무를 수행하는 사병, 단기부사관, 장교를 제외하고, 현재 군인 신분을 유지하고 있는 직업 군인으로 한정하였으나 이번 7차 개정(2018.1.1.시행)에는 의무 복무를 불문하고 군인신분을 유지하고 있는 군인으로 확대하였다.

11. 군인의 직업분류

의무 복무 여부를 불문하고 현재 군인 신분을 유지하고 있는 군인을 말한다. 직업정보 취득의 제약 등 특수 분야이므로 직무를 기준으로 분류하는 것이 아니라, 계급을 중심으로 분류하였다. 국방과 관련된 정부기업에 고용된 민간인, 국가의 요청에 따라 단기간 군사훈련 또는 재훈련을 위해 일시적으로 소집된 자 및 예비군은 제외된다.

이 대분류의 직업은 다음의 1개 중분류로 구성되어 있다.

A0 군인

직업 분류에서의 군인은 의무복무 여부를 구분하지 않은 모든 군인을 포괄한다. 이 중분류의 직업은 다음의 3개 소분류로 구성되어 있다.

A01 **장교**, A02 **부사관**, A09 **기타 군인**

A01 장교

육 · 해 · 공군의 소위 이상 대장까지의 계급을 포함한다.

이 소분류의 직업은 다음의 2개 세분류로 구성되어 있다.

A011 **영관급 이상 장교**, A012 **위관급 장교**

A011 영관급 이상 장교

A0110 영관급 이상 장교

육 · 해 · 공군의 소령 이상의 장교로서 지휘관과 참모를 포괄한다.

▌직업 예시

· 소 · 중 · 대령 · 준 · 소 · 중 · 대장

A012 위관급 장교

A0120 위관급 장교

육 · 해 · 공군의 소위, 중위 및 대위를 포함한다.

▌직업 예시

· 대위 · 중위

· 소위 · 준위

A02 부사관

A020 부사관

A0200 부사관

육 · 해 · 공군의 부사관을 말한다.

▌직업 예시

· 부사관

A09 기타 군인

A090 기타 군인

A0900 기타 군인

일반 사병 등 상기에 해당하지 않은 군인을 말한다.

▌직업 예시

- 병장
- 상등병
- 일등병
- 이등병

▌제 외

- 공익근무요원
- 산업기능요원

제 2 장

직업군인론

Career Soldier

제1절 군대와 직업군인

제2절 군조직의 특성

제3절 직업군인의 특수성

제4절 군 전문직업주의

제5절 군사 전문직업윤리

제6절 직업군인의 3대 가치관과 덕목

제1절 군대와 직업군인

1. 군대의 탄생과 역사

인류 역사는 전쟁의 역사라고 해도 과언이 아니다. 동서양을 막론하고 백성들의 삶은 언제나 전쟁의 영향을 받아 왔다. 원시시대에서의 남자는 전사였고 그들은 평시에는 수렵, 경작 또는 목축에 종사하다가 전쟁이 발발하면 무기를 들고 나가 싸워야 했다. 더욱이 이 시대에는 정치와 군사 그리고 경제가 분리되어 있지 않았다. 그러나 시대가 경과하고 사회적인 분화가 진행되면서 군사적 기능은 독자적인 존재 이유를 갖게 되었으며, 특정한 계층에 의해 담당되었다. 어쨌든 전쟁은 국가의 흥망성쇠가 달려 있는 중요한 일이였다. 따라서 전문적으로 국가를 방위하는 조직이 필요했고 그러한 집단으로서의 군대는 국가의 형성과 더불어 출현해 국가의 존립과 발전을 뒷받침하는 핵심적인 요소였다.[1] 또한 군대는 국가사회의 조직이 바뀌고 병기가 진보함에 따라 크게 변화되어왔다. 원

1) "장교의 도", 육군본부, 1997.12, p.35 발췌.

시사회에서는 전투요원과 비전투요원의 구분 없이 남녀노소가 모두 전투에 종사해왔다. 그 후 인간의 집단생활이 점차 규모가 커지고 사회생활이 복잡해지면서 전문적인 전투요원이 생겨나게 되었다.

고대 그리스에서는 '국민개병제[2]'가 실시되어 시민이 곧 전사였으며 이 시민군의 전형이 스파르타 군이었다. 스파르타에서는 20세부터 60세까지의 남자는 모두 병역에 종사했다.

한편 아테네에는 '용병'이 있었다. 이집트에도 돈을 지불하는 용병과 전사(戰士) 역할을 하는 '노예 용병'의 2종류가 있었다. 유럽에서는 중세 이후 자발적인 시민군은 유급화되었다. 동시에 직업군인 집단이 발생하여, 기사단(騎士團)이 중심이 되는 봉건제 군대가 국왕의 군대로 성립되었다. 고대의 전사는 바로 시민이었으나 전사가 기사로 바뀌면서 말을 탈 줄 아는 귀족이 기사가 되었고, 전사는 곧 귀족과 동일한 개념이 되었다. 병사에게 봉급을 지불하는 제도는 12세기 중엽 영국에서 시작되었는데 백년전쟁(1337~1453)[3]이 장기화되면서 봉급(soulde)의 지불이 일반화되었다. 군인을 가리키는 영어의 soldier, 프랑스어의 soldat, 독일어의 soldat는 봉급이라는 말에서 유래한 것이다.

16세기 이후 유럽 각국에 상비군이 생겨나게 되었고 이 같은 거대한 상비군의 유지는 국고를 핍박하여, 결국 절대군주의 몰락을 가져왔다. 전제군주에 대한 국민의 불만은 프랑스 혁명(1789)으로 폭발했다. 프랑스 공화국 정부는 의용병과 그때까지 존속한 '국왕군'을 통합하여 국민군대를 편성했다. 이 같은 제도는 조국방위사상 및 나폴레옹의 섬멸 전

---

2) 국민개병제도(國民皆兵制度): 한 국가의 국민으로 일정한 연령에 달하면 일정기간 군에 복무하도록 하는 의무병역제도. 일반적으로 남자만을 대상으로 한다. 군복무를 희망하는 사람들로 군대를 구성하고 대가를 지불하는 지원병제도와 달리 국민개병제도는 국가가 병역의무자에 대하여 현역에 복무할 의무를 부과하는 징집을 원칙으로 한다.

3) 百年戰爭(Hundred Years' War): 14~15세기 유럽에서 프랑스 왕위계승의 정통성을 포함한 여러 문제를 놓고 잉글랜드와 프랑스가 벌인 전쟁.

략과 함께 이웃 유럽 제국뿐만 아니라, 그 밖의 여러 나라의 근대적 군대성립에 큰 영향을 미쳤다.

20세기에 들어와 병기의 발달과 더불어, 군사력은 그 규모가 종전에는 상상할 수 없을 정도로 커졌다. 종합적 국력, 특히 과학기술과 공업력이 각국의 군비 상황을 좌우하게 되었다.

2. 직업군인의 개념과 역사

직업군인의 사전적 정의는 "하나의 직업으로서 군대에 복무하는 사람으로 일반적으로 군인을 평생 직업으로 선택한 장교 및 부사관을 지칭" 하며, 우리나라의 경우 전체장교중 약 60%, 전체 부사관 중 약 30%가 직업군인이라고 할 수 있다[4]

그러면 언제부터 이런 의미의 직업군인이 나타났을까?

현대군대를 전문직업군 이라고 하지만 처음부터 지금과 같은 형태의 군대로 시작한 것은 아니었다. 17~18세기 까지만 해도 군의 장교들은 귀족이나 용병 출신이었으며, 이들은 현대적 의미의 전문직 종사자라기보다도 대체로 가문(혈통)과 재산정도 등의 기준에 기초한 사회적 신분을 나타내는 것이었다.[5]

최초의 직업군인은 14세기경에 이탈리아에서 출현한 용병대(傭兵隊)라고 보는 설이 있으나, 현대적인 직업군인의 발생과정과 그 연대는 나라에 따라서 다르다. 중세기에 기사(騎士)와 같은 특수한 직업적인 군인이 있었으나, 그것은 직업군인이라기보다 오히려 일종의 계급적 신분

4) 김종문 · 최병순, "직업군인제 확립과 국방예산", 백종천외, 변하는 세계 달라지는 국방(진영사, 1995), p.228.

5) 윤종호, "군의 전문직업주의 향상방안"(안보연구시리즈4집 7호), 국방대학교, 2003, p.57.

의 성격을 띠고 있었으며, 19세기 초 프러시아에서 발생하여 나폴레옹 전쟁[6]과 보불전쟁[7]을 거치면서 유럽 각국으로 전파되었으며, 산업 혁명에 의한 과학기술의 발달과 민주주의 사상의 발전에 영향을 받아 오늘날과 같은 전문직업주의 군대로 발전되어왔다.

오늘날의 직업군인은 일반적으로 전문군사교육기관 등에서 일정한 교육을 받고 일정한 연령에 달해서 퇴역할 때까지 군대에 복무하는 군인을 가리키며, 법률에 의해서 일정한 기간만 복무하는 의무병과 구분된다.[8]

3. 전문 직업군의 성립 과정

구분	주요 변인	영향요인	군에 미친 영향
정치적 배경	국민국가의 성장 민주주의의 발달	·영초, 주권, 국민 등의 개념 출현 ·전쟁의 항구화 ·사회구조의 민주화	·군사적 안보에 헌신할 정규군 필요 ·장교충원 계층 확산 (귀족→ 국민)
경제적 배경	산업상업국가	·부의 추구, 상공정책	·부의 추구를 뒷받침할 강한 군대 출현
사회적 배경	산업혁명	·대량생산체계 ·도시화, 기술 발전 ·노동의 분화	·군대장비 보급해결 ·기술전문가로서의 군인 ·전쟁기술의 복잡화
군사적 배경	국민군 출현	·합헌적 권위요구	·참모제도의 발전

참조: 한용원, 군사발전론, 박영사, 1983, p.37~40

6) 나폴레옹 전쟁(The Napoleonic Wars, 1796~1815년)은 나폴레옹 보나파르트가 프랑스 혁명시 혁명정부 아래서 사령관으로 활약했던 시기와 이후 제1집정기(執政期), 제1제정기(帝政期)를 통해 유럽 여러 나라와 벌인 전쟁을 통틀어 일컫는 말이다.

7) 유럽 대륙에서 프랑스의 주도권에 종지부를 찍고 프로이센 주도의 독일 제국을 성립시킨 전쟁(1870.7.19~1871.5.10).

8) "군대윤리", 국방부, 1994, p.152 발췌.

4. 군대의 구성형태

한 국가가 보유하는 군대의 구성 형태는 민병대, 예비군 등도 포함될 수 있겠지만 대부분의 국가는 상비군의 형태를 띠고 있다.

상비군의 병력은 국가재정이 허용하는 범위에서 전시편제의 기간이 될 수 있는 것을 목표로 하고 있으며 국가의 보존, 해외거주민의 보호, 국내치안의 확보 등에 필요한 정도로 유지된다. 고대국가에서는 평시에는 생업에 종사하다가 전쟁이 일어나면 자유민을 대상으로 징집이나 모집에 의해 전쟁에 임하다가 로마 시대에 이르러 용병에 의한 상비군이 생겨났다. 이러한 로마의 상비군체제는 중앙집권적인 체제 확립에 기여했다. 로마 몰락 후 중세봉건시대에도 상비군적 성격의 군사제도가 있었으나 이것은 사병적인 성격이 강했다. 이후 유럽 각국에 절대왕정이 들어서면서 프랑스의 '부르봉'왕조, 영국의 '튜더'왕조, 프로이센의 '호엔촐레른' 왕조 등은 각기 강대한 왕권을 기초로 공적 국군의 성격을 가진 대규모의 용병 상비군을 확보했다. 절대 왕정은 막대한 비용이 드는 상비군을 유지하기 위해 상업자본과 결탁하여 식민지 쟁탈전 등을 벌였다. 프랑스 혁명 이후 조직된 프랑스 국민군이 1806년 프로이센의 용병군을 격파한 이후 유럽 각국은 자국의 정규병으로 구성된 상비군을 갖추기 시작하여 오늘날과 같이 완전 히 현역병으로 구성된 상비군체제가 갖추어지게 되었다. 오늘날 세계 대부분의 국가는 현역으로 편성된 상비군을 갖추고 있으며, 이들은 일정 기간을 현역으로 복무한 뒤에 예비역으로 편입되어 유사시 재소집할 수 있는 군사제도가 확립되어 있다. 한국은 1948년 정부수립 이후 근대적인 상비군체제를 갖추어 지금에 이르고 있다.

이러한 상비군을 구성하는 병력은 시대적 상황과 국가의 군대 운용 능력을 고려 다음과 같이 구분 된다.

가. 지원병

지원병은 자신이 속한 군조직과 그 조직의 업무적 성공에 큰 관심을 기울인다. 이때 군조직은 지원병의 충성심에 의존하여, 물질적 보상 없이 영광·명예·위신·지위·수치·모욕 등에 의해 지원병의 동기유발을 유도해낼 수 있다. 이 같은 지원병의 예로 제1차 십자군 원정, 1789년 이후의 프랑스 국민군, 1917년 이후의 러시아 군대를 들 수 있다. 혁명군을 프랑스와 러시아의 경우에서 보듯이 군인평의회나 민병대 같은 조직을 이용하여 평등주의적인 입장을 내세우며 유지되는 것이 보통이다.

지원병의 결속을 유지하는 다른 방법은 세뇌(洗腦)와 정치적 훈련에 의한 것이다. 초기의 소련군은 국민개병제를 실시하여 고전적인 모델을 답습하면서 재조직되었으나 동시에 그 내부에 공산당이 조직한 정치조직이 심어져 있었다. 이 같은 방식은 게릴라군이 많이 답습했는데 게릴라군은 군사적 요소와 정치적 요소를 긴밀히 연계시켰다. 이 같은 정치적 세뇌의 방법을 써서 그들은 사상적 동기유발과 함께 강압적인 군대조직을 유지할 수 있었다.

두번째 방법은 군주제·조국·명예·영광 등 엄중한 의식이 따르는 애국적 상징을 강조하는 것이다. 이와 같이 하여 군인은 물리적 보상은 생각하지 않고 보다 더 높은 목표에 헌신하게 된다. 한편 직업장교단과 민병대에도 지원병의 성격이 가미되어 있다. 현재의 장교집단은 과거에 귀족들이 가졌던 가치관과 국법을 상징하는 군직(軍職)의 개념 위에 바탕을 두고 있다. 이 가치관에는 명예와 지위를 중시하고 사회전반에 퍼져 있는 배금주의적(拜金主義的) 사상에 대한 경멸도 포함된다. 민병대는 시민군으로서 그들의 도시와 고향을 지키는 것이 주된 목적이다.

나. 징집병

지원병의 반대는 징집병으로 국가가 징집을 담당하고 있다. 징집병으로 구성된 군대는 지원병만큼의 도덕적 특성과 사기는 가지고 있지 않다. 이 군대는 엄정한 기율을 부과해야만 유지될 수 있는 군대로서, 내부결속은 형벌의 위협으로 유지된다. 튼튼한 조직과 훌륭한 지도력이 있어야만 징집병 군대의 큰 문제인 탈주병과 군기이완을 통제할 수 있다. 근년에 들어와 징집병 제도는 여러 나라에서 큰 위기에 봉착하고 있다. 우선 복잡한 군대기구가 전문직 인력을 필요로 한다는 인식이 높아지고 있고 이로 인해 전문지식인을 강제 징집하기는 어렵게 되었기 때문이다. 다른 한편으로는 군사문화에 대한 반감이 높아지고 또 일부 국가에서는 국가안보의식이 저하되고 있기 때문에 국민개병제에 대한 저항이 점점 더 커지고 있다.

다. 용병형태

용병은 돈을 받고 복무하는 군인이다. 충성심이 부족하고 우수한 자질을 갖춘 자가 적은 단점이 있으나, 자국민의 보호 또는 부족한 병력의 보충을 위해서 고대로부터 흔히 사용해 오던 제도이다. 충성심이나 탈주 같은 것은 이 경우 전혀 문제가 되지 않는다. 그렇기 때문에 용병으로 구성된 군대는 지원병이나 징집병으로 구성된 군대와는 전혀 다른 조직이다. 용병형태의 군대를 유지하는 데 가장 큰 문제는 어떻게 용병

유지 자금을 확보하느냐 하는 것이다.

용병제도는 고대부터 있었다. 고대 그리스 말기의 도시국가, 즉 폴리스에서 고용한 용병, 고대 로마제국 말기의 게르만 용병군, 중국 송대(宋代)의 용병부대, 중세 말기 이탈리아 등의 유럽 신흥도시나 절대군주가 고용한 용병 등이 역사상 유명하다. 이집트나 메소포타미아의 경우는 국가 그 자체가 원천적으로 용병에 의존하고 있었다.

봉건주의적인 병제(兵制)에서의 용병은 보수보다는 주종관계에 바탕을 둔 봉사적인 성격을 띠고 있었으나, 12~13세기에 화폐경제가 발달하면서 금전에 의한 계약제도가 성행하게 되고, 하급귀족이나 기사들을 중심으로 한 직업적인 용병의 집단까지 생겨났다. 그리하여 15~17세기에는 서유럽의 대다수 국가가 그 군대의 대부분을 용병으로 편성하게 되었다. 또한 30년전쟁[9](1618~1648)을 계기로 이 용병군을 상비군으로 개편하게 되고, 절대 군주제가 성립되면서부터는 용병군이 국왕 직속의 상비군으로 정착하게 되었다.

그러나 이와 같은 용병제도는 프랑스 혁명 당시에 실시된 징병제도에 의해서 시민적 상비군이 생겨나게 되자 그들과 교체되면서 자취를 감추게 되었다.

용병은 충성심이나 자질상의 문제 외에도 금전에 의해서 고용되는, 성격상 급료나 기타의 계약조건에 따라 아군이나 적군을 가리지 않고

---

9) 30년 전쟁(Thirty year's War; 1618~1648년)은 신성로마제국이 있던 독일을 중심으로 개신교와 로마 가톨릭 사이에서 벌어진 종교전쟁이다. 최후의 종교전쟁, 최초의 국제전쟁이라 불리고 있다. 처음에는 종교전쟁의 색채를 띠고 있었지만, 점차 각국의 영토 및 통상에 관련한 상대국간의 적대관계 및 이권이 관련되면서 무력 대결로 변질되었고, 스웨덴이 참전한 1630년 이후에는 합스부르크 왕가, 부르봉 왕가, 바사 왕가 등에 의한 강대국 간의 파워게임으로 변화했다. 30년간 벌어진 전쟁은 유럽의 지도 및 종교, 문화 등을 크게 변화시켰다. 30년 전쟁이란 표현을 처음 쓴 이는 17세기의 사무엘 폰 푸펜도르프(Samuel von Pufendorf)라고 한다.

수시로 소속을 바꾸고, 주로 외국인이라는 점에서 자국의 군인들과 공동생활을 하거나 협동작전을 실시하는 데에 많은 곤란이 뒤따랐다. 용병하면 스위스 용병도 유명하다. 엄한 규율과 약속이행으로 유명한 이들은 프랑스대혁명 당시 튈르리궁에 있던 루이16세를 지키기 위해 7백여명 전원이 전사했다. 바티칸 교황청에서 최근까지 위병으로 고용하고 있는 스위스의 용병이 그 예이다.

동양에서 유명한 용병은 네팔의 구르카용병이다. 영국의 식민지 쟁탈전과 인도 등에 수만명을 보내 한때 네팔 총생산의 10%를 차지하기도 했다.

현재 용병으로서 이름이 알려진 것으로는 교황청의 위병 외에 프랑스의 외인부대(外人部隊)가 있다. 제1차 세계대전 전후부터 널리 알려지기 시작한 외인부대는 그 본질에 있어서는 용병과 같지만 외인부대는 주로 제국주의의 여러 나라가 식민지의 치안유지 · 폭동 진압 등을 목적으로 편성한 보조부대(補助部隊)라는 점에서 용병과 구별된다.

용병이 국민개병제로 대체된 현대국가에서 모병제로 대체되는 기류가 형성되고 있다. 모병제는 용병제와 뗄 수 없다. 우리도 모병제 논의가 논란 속에 진행되고 있다. 차라리 아예 군대가 없으면 이런 고민을 할 필요도 없겠지만 현실인 만큼 깊게 숙고해야할 것이다.

용병제도는 앞으로 더 많이 확대될 것으로 예상된다. 왜냐하면 현대의 군대는 정치적 고려 때문에 평화시의 강제징집이 폐지되고 단기간의 복무로 대신되고 있기 때문이다.

현대의 군대는 그 주변사회의 상업적 성향을 그대로 반영하고 있다.[10] 군대의 많은 보직이 민간 사회의 직업과 똑같은 정도의 기술과

10) 최근 미국은 이라크전에 참전했던 미군병사들에게 시민권을 부여했다. 미군도 3만명 이상의 비시민권자 즉 사실상의 용병이 근무하고 있으며 항공모함 '키티호크호'에는 30%나 근무하고 있다고 한다. 그래서 차제에 용병체계로 군을 개편하자는 주장까지

기량을 요구하고 있고 또 군인들에게도 여러 사회에서 적용되는 근로조건을 적용하는 것이 필요하게 되었다. 특히 노동시장의 여건이 좋지 않을 때는 노동조합이나 근로계약 같은 것이 군 내부에서도 중요한 요인으로 떠오르고 있는 것이다.

라. 기타 외인부대

외인부대는 본래 프랑스에 고용된 외국인 지원병으로 이루어진 부대이나 일반적으로 외국인으로 편성되어 있는 부대를 지칭하는 것으로 매우 긴 역사를 가지고 있으나, 중세 이후에는 특히 프랑스의 외인부대[11]가 유명하다. 프랑스의 외인부대는 루이 11세가 대규모로 외국 용병을 모집한 것을 시작으로 하여, 나폴레옹 1세가 전 유럽에서 외인병사를 고용하고 그들을 유럽 및 이집트 원정에 사용한 데서 세계의 이목을 끌게 되었다.

최근까지 외인부대의 대명사처럼 세계에 알려지고 있던 알제리 주둔 외인부대는 프랑스의 식민지였던 알제리의 반란진압을 위해서 '루이 필립'이 1831년에 창설한 것이며, 1862년 '나폴레옹 3세'때 멕시코 전쟁이나, 제1차 세계대전 때 서부전선에 참전한 예는 있으나, 원칙적으로 프랑스 식민지에서만 활동하도록 되어 있어, 주로 인도차이나 · 마다가스카르 · 모로코 등지에서 활동하였다.

나오고 있다. 하지만 빈민층이나 극우세력이 군대를 장악할 가능성도 있다는 점 때문에 논란이 되고 있다.

11) 1831년 창설이래 140개국 출신 60만명이 거쳐갔고 그중 18만명이 죽었다고 한다. 현재도 육군 중장의 지휘 하에 8500명 정도의 규모를 유지하고 있다. 이들은 5년동안의 기본근무기간이 끝나면 프랑스 시민권이 부여된다. 하지만 프랑스에 충성대신 부대에만 충성하며 국가안전보장을 위한 핵심적인 부분에는 투입하지 않는다. 하지만 입대할 때 그들의 전력을 묻지 않기 때문에 범죄자나 망명자 등 특이한 전력자가 많아 영화의 소재로 등장하며 세인들에게 호기심의 대상이다.

제2차 세계대전 후인 1946~1954년의 인도차이나 전쟁에 참전해서는 많은 무훈을 세웠으나 결과적으로 1만여 명의 희생자만 내고 참패한 사실도 유명하다.

근래의 외인부대는 보병을 주로 하고, 소수의 포병 · 전차 · 공병 또는 공정병(空挺兵)까지 보유하고 있으나, 최신무기나 특수무기를 장비한 경우는 드물다. 외인부대의 편성원칙은, 지원에 의한 계약제도이며, 장교만은 거의 프랑스 본국인으로 되어 있다. 지원자에 대해서는 그 전력(前歷)이나 국적을 묻지 않기 때문에 범죄자나 외국의 망명자 또는 모험심이 강한 방랑자들이 입대하는 경우가 적지 않아서 영화나 소설의 소재로 쓰이는 경우도 많다.

한국인으로 프랑스 외인부대에 근무한 기록은 제2차 세계대전 이후 10여 명이 복무한 것으로 알려져 있으며, 1995년 현재도 5명 정도가 복무 중인 것으로 알려져 있다. 최근 보스니아 내전 때 한국인 용병이 이슬람 편에서 싸워 용맹을 떨쳤다고 한다. 또한 외인부대에도 과거에는 한국인이 거의 없었다가 IMF이후에는 100여명으로 늘어났다고 한다. 거기에다 이번에 이슬람 성전에 참여하려 했던 한국출신의 용병이 FBI에 검거되었다고 한다.

특히 이들은 입대 시에 프랑스에 대한 충성 대신 부대에 대한 충성만을 맹세하는 특이한 성격은, 현대 국가의 군대가 필수적으로 갖추어야 하는 애국심과 국가에 대한 충성심을 기대할 수 없다는 것을 h여주는 것으로 이들을 전장에 투입 시 국가안전보장을 위한 핵심적인 부분에는 투입하지 않는다.

5. 군대의 역할과 기능

가. 고전적인 군대의 역할

국가의 정책수행 수단으로서의 군대의 역할과 기능은 국가의 사회적 성격과 그 정책에 따라 다르나 개괄적으로 말하면, 군대의 역할은 첫째로 국가과 국민, 국토를 지키는 국방 둘째로 국가의 통일유지, 국가체제(정치 · 경제 · 사회체제)의 전복저지 셋째로 국가의 대외정책(국가이익 추구, 해외권익보호 · 확대)의 효과적 달성에 있다.

이처럼 국가는 군대를 보유함으로써 또는 사태에 따라서 무력의 위협적 사용이나 무력을 행사함으로써 앞에 서술한 목적을 달성할 수 있다.

일반적으로 국방은 군대의 임무라고 하고 국내치안은 경찰의 임무라 하지만, 외적뿐만 아니라 혁명운동이나 반체제세력에 대비하여 체제유지, 내란진압에 임하는 것도 군대의 주요 임무이다.

1968년 프랑스 총파업에 대한 정치적 위협으로서 군대를 투입한 것과 70년 이후 북아일랜드에서의 영국군대의 억압적 역할, 80년 광주민주화 항쟁에 대한 한국군의 무력진압 등이 그 예이다.

미국의 독립전쟁, 러시아혁명, 중국혁명은 같은 국가의 정부군에 대해 혁명군대가 만들어져서 내란, 내전을 일으켜 정부군을 무너뜨리고 새로운 국가를 세운 예이다.

모든 군대의 역할이 문자 그대로 조국방위만이라면 애초부터 국가 간의 전쟁은 없었을 것이다. 그런데도 불구하고 전쟁이 되풀이되었던 것은 자국의 안전이나 이익을 지킨다는 구실로 어떤 방법이든 국민합의를 끌어내어 군대가 국경을 멀리 떨어진 지역에서 세 번째 목적(국가의 대외정책의 효과적 달성)을 목적으로 영토나 이권을 획득하기 위해 사용되었기 때문이다.

군대가 국가이익 추구의 가장 효과적 수단으로서 변함없는 지위를 확보해온 이유는 여기에 있다. 예를 들면 청 · 일전쟁[12], 러 · 일전쟁[13]은 일본의 안전을 위한 싸움이라고는 하나 일본국토는 한번도 침략 당하지 않았다. 그 싸움터는 청 · 일간의 전쟁이면서 한반도였고, 러 · 일간의 전쟁이었는데도 청국인 만주였다.

전쟁결과로 일본은 청 · 일전쟁에서 전승한 대상(代償)으로 거액의 배상금과 대만을 얻은 외에, 제 3국인 조선의 지배권도 인정받았고, 러 · 일전쟁에서는 사할린을 얻은 외에 러시아가 청국에서 조차한 북위 50˚ 이남의 뤼순(旅順) · 다롄(大連)을 빼앗고 조선의 지배권을 더욱 강화하여 수년 후 조선을 합병하여 일본의 식민지로 삼았다.

19세기에는 유럽 선진국들이 군대를 이용해서 외국 영토를 병합하여 식민지로 삼거나 조차지(租借地)를 만들었다. 해외에 군대를 주둔시켜 식민지 지배를 유지하고, 식민지 주민의 저항이 폭발하면 재외국민의 생명 · 재산 등의 권익을 지킨다는 구실로 출병 진압하고 더욱 이권을 빼앗았다.

제 1차 세계대전은 식민지를 가진 제국주의 제국간의 식민지쟁탈전이었다. 민족독립운동과 독립전쟁으로 많은 식민지가 독립을 달성한 제 2차 세계대전 후는 군대의 직접 투입은 정치적으로 곤란해졌다. 따라서 선진대국은 체결된 조약이나 군사원조 등을 구실로 신흥독립국을 그들 세력권 내에 머물게 하려고 했으며 요청에 응하는 형식으로 혁명

12) 淸日戰爭: 1894~95년 청(淸)나라와 일본이 조선의 지배권을 둘러싸고 벌였던 전쟁.

13) Russo-Japanese War: 1904~1905년 만주와 한국의 배타적인 지배권을 둘러싸고 러시아와 일본이 벌인 제국주의 전쟁.

이나 내란진압에 군대를 투입하게 되었다. 한국전쟁 · 베트남전쟁은 미국 등의 외세가 개입함으로써 확대된 것이며 헝가리(1956) · 체코슬로바키아(1968) · 아프가니스탄(1979~89)에의 소련군 개입도 같은 경우이다.

나. 변화하는 군대의 역할

핵무기와 그 운반수단의 발달은 군대의 전통적 역할과 기능에 커다란 변화를 가져 왔다. 오랫동안 전쟁은 문제(분쟁)해결의 결정적 수단으로 생각되어 왔으나 파괴효과가 엄청나게 큰 핵무기와 지구상의 어떠한 곳도 싸움터로 만들 수 있는 미사일 발달로 인류파멸의 위험조차 예측되는 사태가 되었기 때문에 전쟁은 분쟁해결의 결정적 수단이 될 수 없게 되고, 나라의 존립마저 위태롭게 하는 것이 되었다. 이에 대외정책 수행이나 안전보장에 차지하는 군대의 역할은 감소하고 상대적으로 비군사적 수단의 비중이 높아지고 있다. 이것이 군사블록방식을 대치하는 각종 안전보장방식과 구상이 생겨나는 배경이다. 더욱이 전쟁수행력으로서의 기능보다도, 전쟁을 미연에 방지하는 전쟁억제력으로서의 평시 기능이 중시되어 평시에 있어서도 항상 방대한 군비(軍備)를 보유하고 정비하게 되었다.

거대한 군대가 상시 존재하는 상황은 각국 및 세계의 정치 · 경제 · 사회에 중대한 영향을 미치고 있다. 또 무한계적이던 무력사용이 제약을 받게 되었기 때문에 전력은 핵전력 · 통상전력 · 특수전력으로 나뉘게 되었다.

핵전력은 위협적으로 사용되고 통상병력도 단계적 · 지역적으로 한정하여 사용하게 되었다. 그러나 아직도 군대는 기본적으로 전통적인 역할과 기능을 지닌 채, 새로운 요소를 더하여 전력강화의 길을 걷고 있다.

다. 군대 · 군제(軍制)[14]의 다양화

군대는 각국의 군사법제에 따라 육군 · 해군 · 공군 등으로 구분하여 건설, 유지, 관리되고 있는데 핵 · 미사일무기, 항공 · 우주병기, 전자전(電子戰)기술, 정밀유도기술 등 군사과학기술의 발달은 군제나 군대의 구조를 크게 바꾸고 있다.

군사력의 즉응성과 확실한 파괴능력이 현저히 높아지고 동서대립이란 정치적 요인도 작용하여, 선진국 군대는 항상 즉응전력을 보유하고 유사시에 즉응할 수 있는 태세에 있다.

이 상황은 제 2 차 세계대전 전에는 없었던 커다란 특징이다. 더욱이 작전규모를 확대하여 전투양상이 복잡 · 입체화됨에 따라 육해공군부대의 통합운용이 필요하게 되었다. 주요선진국에서는 육해공 3군은 그대로 둔 채 작전지휘체계를 일원화하고 지역별 통합군 또는 임무별 통합군, 특정군, 특수부대를 상설하거나 임시로 편성하도록 되어 있다. 또한 경비의 절감, 업무의 효율화를 꾀하기 위해 작전부문 이상으로 행정부문이 통합화되고 육해공 각 군의 행정 관련기구의 공통기관화가 진행되고 있다.[15]

무기체계가 고도기술화 · 복합화하여 거대화했기 때문에 군대에서 차지하는 직접전투부대의 비중은 낮아지고, 기술 · 사무부문의 비중이 증대하여 전에는 전투부대의 종속적 지위에 있던 비전투부대가 전투부대의 3배 이상을 차지하게 되었다. 그 결과 과학기술, 보급관리, 국방행정 등 복잡하고 다양한 고도의 지식 · 기능을 가진 군인의 수가 급증하였고, 그 중에서도 선진국 군대에서는 전사 집단(戰士集團)으로서의 이미지는 과거의 것이 되었다.

---

14) 군의 편성 · 운영 · 징집에 관한 일체의 제도.

15) 캐나다에서는 작전 · 행정 양부문의 통합화를 관철시켜 1968년 2월에 육해공군 3군제를 폐지하고 1군제 군대가 발족하였다.

제2절 군조직의 특성[1)]

군인의 조직은 즉, 군대는 일반사회의 여타 조직과 다르다. 어떠한 악조건 하에서도 임무가 부여되면 기꺼이 완수해야 하는 곳이 군대이다. 군대는 외부의 침략 등으로 국가가 위태로울 때, 국가를 보위하며 국민의 생명과 재산을 보호할 막중한 사명을 부여받고 있다.

또한, 군은 엄격한 의미에서 통제된 집단이다. 특히 직무수행의 결과가 개인의 생사는 물론 국가의 존망과 직결되므로 개인보다 집단과 국가가 우선하며, 이를 위해 고된 훈련도 미래의 승리를 위한 것으로서 감수하고, 동일한 일을 반복적으로 해야 한다. 따라서 전쟁에 나아가면 그 부대의 목표를 달성하기 위해 생사를 초월한 전투를 수행해야 한다. 합법적으로 무력을 사용할 수도 있고 적을 사살할 수도 있는 것이다. 죽음을 무릅쓰고 전투에서 승리해야 하며, 필요하다면 자신의 목숨을 바쳐서라도 적을 격퇴하고 국가의 존립을 보장해야 하는 것이다.

---

1) 군대윤리, 국방부, 2002, pp.43~50.

군조직의특성은 조직의 구성면에서, 조직의 기능면에서의 각각 다른 특성을 갖고 있는바 이에 대해 살펴보자.

1. 조직 구성면

군대는 국가를 보위하기 위해, 모든 조직 활동을 국가와 국민의 생존을 위한 전장에서의 승리에 집중하고 있다. 그러므로 군대 조직은 구조상으로 사회 조직과 공통되는 점도 있지만 여러 가지 다른 특성을 갖고 있다.

가. 조직 목적의 절대성

군대조직의 모든 활동은 국방이라는 뚜렷하고 확고부동한 목적에 집중되어 있으며, 목적 달성을 위해서는 상당한 정도의 강제력이 행사되고 또한 그것을 당연히 받아들이게 된다.

따라서 군대는 사회내의 그 어느 조직보다도 가치, 명예, 규범의 중요성이 강조됨으로써 단합적이고 내부적으로 높은 결속력을 갖게 되는 것이다. 또한 군대는 항상 전투에 대비하고 있거나 또는 실제로 전투를 수행하고 있기 때문에 군대조직의 궁극적 목표는 전쟁에서의 승리에 있으며 이를 위해 조직의 모든 활동이 집중되어 진다

나. 권위주의적 위계조직

군대조직은 강력하고도 철저한 권위주의적 위계조직에 의한 명령체계 조직이다. 그러므로 계급과 직위에 따라 그에 상응하는 권한이 부여

되고 이를 바탕으로 엄정한 지휘계통이 성립되어 직무할당이 명확히 되어 있다. 이러한 위계질서는 규정에 의해 뒷받침되고 있을 뿐 아니라 훈련, 상관에 대한 존경 등의 방법으로 끊임없이 강조되고 있다.

이와 같이 군대조직에 있어서의 계급구조와 지휘체계는 가장 중요한 핵심적 위치를 차지하고 있는 것이다. 그러나 군대조직을 너무 엄격한 규범의 체계로 이해하게 되면 지휘에 대한 복종은 쉽게 받아들이나 따뜻한 인간 관계유지는 어렵다는 선입관을 갖기 쉽다

다. 조직의 집단성

군대가 갖는 집단성은 그 구성원들이 조직의 일체감을 공유하며, 그들 스스로 보통사람과는 다른 한 집단으로 의식하게 되는 것을 의미한다. 군대조직에서의 집단 장신은 매우 중요한 것으로 통일된 가치 세계를 형성시켜 주며 새로 충원되는 성원을 융합시키고 강한 단결심을 불러일으키게 하는 것이다. 또한 이러한 집단정신은 국가의 이익과 일치됨으로써 합리화되고 정당화되기도 한다.

그러므로 집단의식은 국가에 대한 봉사와 의무 그리고 책임에 의해서만 형성 될 수 있다. 따라서 집단의 지휘자는 각 구성원 상호의 신뢰를 바탕으로 집단 목표를 이해하고 수용하며, 집단에 대한 강한 충성심을 갖게 될 뿐 아니라 집단 구성원임을 자랑스럽게 여기도록 지도하고 교육해야 한다.

라. 조직의 강제적, 규범적 성격

사회조직은 크게 다음과 같이 3가지 유형으로 나눌 수 있다.

〈사회 조직의 유형〉

승복유형	조직형태	권력·권한	예 집단
강제적	강제적 형태	강제	교도소 / 수용소
공리적	공리적 형태	보수	회사
규범적	규범적 형태	규범	종교조직

첫째, 강제적 조직이라 함은 조직의 권력이 강제적 힘에 의한 것일 경우 하위 참여자의 참여는 마지못해서 적대적 감정을 품은 채 이루어지는 참여이며, 이때의 승복은 강제적 승부이라고 보았다. 교도소, 포로수용소 등을 생각하면 쉽게 이해될 수 있다.

둘째, 공리적 조직이라 함은 조직의 권력이 금전과 금권과 재화에 의한 것일 경우, 하위 참여자들은 금전적, 물리적 이익을 구하려는 타산에게 참여하게 되며 이경우의 승복은 공리적이라 할 수 있다. 소득을 목적으로 참여하는 모든 직업조직이 이에 해당 된다.

셋째, 규범적 조직이라 함은 조직의 권력이 존경, 명예, 동료들의 인정과 호의적 반응 등 비물리적, 비폭력적인 규범적 가치에 연유하는 경우 사람들은 도덕규범에 입각하여 이에 참여하며 승복의 유형은 규범적 승복이 된다. 순수한 의미로 종교조직, 대학 등이 이에 속한다.

상기 3가지 유형을 고려시 군대는 본질적인 면에서 규범적 승복에 의존하는 집단이지만 전투와 훈련을 위해서는 상당한 정도의 강제력이 요구됨으로 강제적 승복도 필수적이다. 즉, 군대조직의 목표와 가치는 규범적 조직의 성격을 띠지만 목표달성은 위한 부대 운영과 통제에 있어서는 강제적 성격을 갖는다고 할 수 있다. 또한 하위 참여자인 병사는 강제적 승복의 성격이 강하고 간부는 규범적 승복 형태가 지배적이다. 이러한 이중적 성격을 지닌 군대 조직이 근본 목적을 성취하기 위해서는 조직의 참여자 들이 초기에는 어떠한 형태의 승복이었던 간에 궁극적으로는 규범적 승복 형태로 전환 시키는 방향으로 교육되고 지도되어야 한다.

마. 조직의 지속성

군대조직은 상당한 정도의 지속성을 갖는다. 군대는 어느 정도 독립적 기능이 지속적으로 수행될 수 있도록 하며, 각종 임무수행을 위한 각 분야별 능력을 유지할 수 있도록 인력을 배치하고 교육한다.

즉, 군대는 자체 정책 결정기관, 수송 및 병참기관, 위법자를 처벌하는 사법기관, 환자를 치료하는 의무기관 등을 갖고 있다는 의미에서 자족적이다. 그렇기 때문에 인력관리에 있어서 각 개인의 능력과 적성 그리고 부대별 임무와 특수성을 고려한 배치 및 교육 훈련을 실시함으로써 보다 효율적인 임무 수행이 가능하게 된다.

2. 조직기능면

군의 조직기능면에서의 특성을 보면 크게 2가지로 구분할 수 있다. 첫째는 국토를 방위하고 국가질서를 수호하며 조국의 통일과 민족의 번영을 뒷받침하기위한 국가보위의 기능이며 둘째는 군구성원에 대한 교육기능이다.

가. 국가 보위기능

인간의 문명과 더불어 발생한 군대의 존재의미나 가치는 군대 발생의

태고성이나 보편성 보다는 역사를 일괄하여 존재해온 확고한 기능에 있다고 보여 진다

물론, 군대의 성격이 시대나 지역에 무관하게 일정불변 했던 것은 아니다.

그러나 그 발생부터 오늘날까지 군대란, 내외의 적으로부터 국가의 생존권을 보호하고 국민의 복지를 보장하기위한조직이라는 점에서는 변화가 없다. 우리군대의 기본 기능도 내외의 적으로부터 국토를 방위하고 자유 민주질서를 회복하며 조국의 통일과 민족의 번영을 뒷받침하는 것에 두고 있다.

(1) 민주주의와 헌법의 수호

한국군의 여러 가지 존재목적과 기능가운데서 가장 중요한 것은 민주주의와 헌법의 수호이다. 여기서 민주주의를 수호한다는 것은 우리나라의 국체와 국시를 나타내는 것으로서 우리 군대는 민주주의를 수호하는 것을 제일로 삼고 있음을 명시한 것이며, 헌법을 수호한다는 말도 역시 민주주의를 수호하기위한 것이다. 이울러 국익의 증진 및 정책지원을 통해 자유 민주주의를 더욱 발전시켜 나가야 한다.

(2) 자유와 독립의 보존

자유와 독립을 보존한다는 것은 우리나라 국권을 지켜야함을 뜻한다. 일제 35년간 자유와 독립을 빼앗기고 민족적 수난과 서러움을 당한 역사적 교훈을 통해 자유와 독립이 얼마나 귀하고 값진 것인가를 우리는 피부로 느끼고 배워 알고 있다. 다시는 우리의 주권을 빼앗겨 서러움을 당하는 일이 있어서는 안되며 그 선봉에 군대가 나서야 하는 것은 당연한 것이다.

(3) 국가 방위

국가를 방위하는 것이 우리군대의 기본 기능이다. 어느 나라든 국방을 위하여 군대를 갖게 된다. 우리나라에서도 국방을 국민의 4대 의무의 하나로 하여 헌법에 "모든 국민은 법률이 정하는 바에 의하여 국방의 의무를 진다"고 명시하였다. 이처럼 모든 국민이 다 국방의 의무를 지니고 있으며 군대는 가장 선두에서 국방의 의무를 수행하고 있다 국가를 방위하기위해서는 자주적인 전쟁억제와 일단유사시 모든 지상전투에서 승리할 수 있는 전력을 갖추어야 한다.

(4) 국민의 생명과 재산을 보호

국민의 생명과 재산을 보호하는 일이 군대의 기본 기능 중 하나다. 군인복무규율은 국군의 사명을 "국군은 대한민국의 자유와 독립을 보존하고 국토를 방위하며 국민의 생명과 재산을 보호하고 나아가 국제평화의 유지에 이바지함을 그 사명으로 한다"고 명기하고 있다.

(5) 평화 유지

국제평화 유지에 공헌하는 것이 또한 우리 군의 기본 기능중 하나다. 옛날과 달라서 오늘날은 침략적 제국주의나 독재 정권을 인정할 수 없고 세계 각국과 더불어 평화를 유지하도록 조력하지 않을 수 없게 되어 있다. 우리군도 침략을 위한 전투조직이 아니라 평화를 저해하는 무장세력을 막고 나아가 국제적인 평화 유지에 기여하고자 하는데 있는 것이다.

나. 조직구성원에 대한 교육기능

군은 본래 국토를 방위하고 국민의 생명과 재산을 보호함을 그 사명으로 하고 있지만 평화 시에는 군은 일종의 교육기구로 변하고 상당한 시간을 교육과 훈련에 전력하게 된다.

그러므로 평상시 군대 사회에 대한 교육적 기능을 알아보면

첫째, 민주시민적 자질이 필요한 기본지식 터득이라는 측면에서 지식교육기능,

둘째, 산업화에 요구되는 기술훈련의 측면에서 기술교육기능,

셋째, 바람직한 가치 및 태도 형성이라는 측면에서의 가치(국민정신) 교육기능으로 분류할 수 있다.

군은 가정이나 학교와는 달리 비교적 이질적 경험이나, 사회 문화적 배경이 다른 사람들로 구성된 집단으로서 상호 인간관계를 통해서 바람직한 가치 및 태도가 형성되기도 하며, 성숙단계에 있는 젊은이들이 처음으로 가정을 떠나 위기나 고뇌의 경험을 하게 됨으로서 정신적인 성숙을 하기도 한다.

더군다나 군은 사회와 학교에서 배우기 어려운 상명하복의 위계질서, 철저한 군기를 바탕으로 임무완수에 대한 책임감 고취, 단결과 협동을 통한 정신무장을 강화시키고 군생활 이후 사회인으로의 출발에 커다란 도움이 되는 생산적 집단인 것이다.

군 생활은 민주시민적 자질의 습득이나 인간적 성숙을 굳히는 한 과정으로서 일반 사회 조직기능과는 다른 교육적 기능을 행사하게 되며, 이러한 군 생활을 통한 교육적 기능은 한 개인의 삶에 있어서 중요한 교육적 의미를 지닌다는 사실을 주목할 필요가 있다.

제3절 직업군인의 특수성

직업군인도 하나의 직업이지만 다른 직업과 비교시 기본적으로 추구하는 가치 및 임무의 특수성과 목숨까지도 담보로 임무를 완수해야 한다는 강력한 책임성의 측면에서 큰 차이를 보인다.[1)]

1. "합법적 무력관리 집단"의 구성원

우선 우리군은 본연의 임무인 국가안보 및 국민의 생명과 재산을 보호하기 위한 합법적인 무력관리집단의 특징을 갖는다. 역사는 군이 이러한 본연의 임무수행에 소홀히 할 때 자국민은 물론 세계인에게도 커다란 불행을 안겨줄 수 있음을 수없이 보여주었다. 호전성과 세계정복 야욕으로 제2차 세계대전을 일으켰던 과거 독일이나 일본을 생각해보면 이는 보다 자명해 진다.

1) 군대윤리, 국방부, 2004, p.154.

2. 유사시 목숨까지 담보하는 강한 책임감

2008년 2월20일, 우리는 뇌출혈을 일으켜 생명이 위독한 동료를 긴급 후송하고 복귀 중 어둠과 짙은 안개로 인하여 헬기추락 사고를 당한 7명의 전우를 안타깝게 보내야만 했다.

모두가 소중하고 없어서는 안 될 귀중한 전우이고 자식이었으며, 부모였다. 이들은 전날 당직 근무 중 뇌출혈로 생명이 위독한 전우를 구하기 위하여 짙은 안개에도 불구하고 모두가 잠들어 있을 자정에 야간 비행에 나섰다가 변을 당했다. 목숨을 담보로 임무를 수행한 진정한 참군인이요, 신뢰받는 국군의 표상이라 하겠다.

즉, 군 본연의 임무수행과정에서는 무엇과도 바꿀 수 없는 절체절명(絶體絶命)[2]의 순간이 존재하는데 이러한 순간에도 군인이 자신의 목숨을 담보로 용전분투 결사항쟁(勇戰奮鬪 決死抗爭)[3] 해야 한다는 것은 너무도 당연하다. 그래서 다른 직업과는 확연히 구별되며, 이에 걸맞은 대우와 예우를 평소에 받고 있는 것이다. 국민개병제도와 국방의무의 중요성이 여기에 있다.

3. 명령의 절대성과 엄격한 위계질서의 요구

군이 그 기능을 정상적으로 수행하기 위해서 하급제대는 상급제대의 명령을 절대적으로 수행해야한다 그러므로 아무리 민주주의가 발달한

2) 몸도 목숨도 다 되었다는 뜻으로, 어찌할 수 없는 궁박한 경우를 비유적으로 이르는 말.
3) 전쟁터에서 목숨을 걸고 있는 힘을 다하여 용감하게 싸우다.

나라일지라도 군대만은 엄격한 상병하복의 위계조직으로 구성되며 자신의 이익에 반하더라도 명령에 복종할 것을 요구하는 것이다

1999년 1차 연평해전[4]과 2002년 1차 연평해전[5]에서도 우리 해군은 NLL(북방한계선)를 넘어 기관포와 어뢰로 공격해 오는 북한 경비정을 죽음을 무릅쓴 교전으로 격퇴 및 퇴각시킨 바 있다. 이는 현장 지휘관을 중심으로 일사불란한 지휘와 생사를 초월한 임무수행의 성과다.

이와 같이 군인은 죽음을 초월하여 수행해야 하는 임무를 부여받고 있기 때문에 평소부터 일사불란한 지휘체제와 상명하복의 투철한 군인정신으로 무장되어야 한다. 이것은 곧 "명령과 복종"으로 귀결된다.

명령이란 상관이 계급과 직책에 의해 자신에게 부여되는 권한으로 정당하게 부하에게 부여된 임무를 수행하도록 지시하는 강력한 요구로서 합법적인 권리행사이며, 복종은 이를 수행하기 위한 부하의 의무인 것이다.[6]

---

4) 제1연평해전은 1999년 6월 15일 서해 연평도 인근 NLL을 침범한 북한 경비정을 우리측 함정이 선체(船體)로 밀어내는 '충돌식 밀어내기' 작전을 벌여 교전 14분 만에 북한 어뢰정 1척을 격침시키고 경비정 4척을 대파시킨 전투다. 그간 연평해전으로 불렸으나 2002년 6월 발생한 제2연평해전(서해교전)과 구분하기 위해 2008년부터 국방부가 제1연평해전으로 공식 명칭을 바꿨다.

5) 제2연평해전(第二延坪海戰)은 2002년 6월 29일 연평도 근해 북방한계선에서 대한민국 해군과 조선민주주의인민공화국 해군간에 일어난 전투이다. 교전 후 대한민국의 피해는 6명이 전사, 18명이 부상하고 참수리급 고속정 357호가 침몰하였다. 한편 조선민주주의인민공화국의 피해는 약 30여명의 사상자를 내고 1척의 함정이 반파되었다. 국방부는 처음 서해 교전(西海交戰)이라고 부르던 것을 2008년 4월에 제2연평해전(第二延坪海戰)으로 바꾸었다. 그리고 이와 동시에 제2연평해전 추모식을 국가급 추모행사로 승격시켰다.

6) 기본정훈교육 08년 11주차 제3과, 국방부정신전력기획관실(2008.3.6).

4. 사회적 책임성

사회적 책임성의 요구는 군이 합법적 무력관리 집단이라는 데서 파생되는 것으로 양자는 동전의 양면관계에 있다. 즉, 무력의 합법적 관리집단이기 때문에 군에 더욱 강력한 사회적 책임이 요청되는 것이다

5. 전문성

군은 다른 집단이 대신하기 어려운 강한 전문기술력을 보유하도 있다. 민간인 기술자와 군 간부를 구분지어 주는 군고유의 독특한 전문기술은 무력관리라는 말로써 적절히 요액될 수 있다. 즉 군 간부에게 고유한 기술이란 무력의 행사가 주 업무인 인간집단을 지휘하고 관리하며 통제하는 것이다. 오늘날 군사적 기능이 고도의 전문지식과 기술을 요하는 것이라고 하는 데는 이의가 없다. 상당한 훈련과 경험이 없이는 아무리 천부적인 재능과 리더십을 부여받은 사람일지라도 군사적 기능을 효과적으로 수행할 수 없는 것이다.

제4절 군 전문직업주의

1. 군 전문직업주의 개념

전쟁에서 승리하는 군대는 시대의 변화에 대처함으로써 최상의 전투력을 유지하는 강한 군대일 것이다. 강한 군대는 어떤 군대인가?

현대적 관점에서의 강한 군대는 최첨단의 강력한 무기체계를 갖춘 군대, 미래전에 대비하여 어떠한 전쟁 양상 속에서도 승리할 수 있는 전투준비태세가 확립된 군대일 것이다. 바로 그와 같은 군대가 되기 위한 하나의 흐름은 군의 전문직업주의가 확립되어 군의 사기와 능률이 최상의 상태를 유지하고 있는 군대일 것이다.

그렇다면 군의 전문직업주의란 무엇이며, 그것의 확립이 중요한 까닭은 무엇인가?

군의 전문직업주의란 군의 핵심적 집단인 장교직 군 간부들에 전문직업적 성격이 부여됨으로써 군의 전문화가 이루어지고, 정치로부터 군이 독립됨으로써 군이 전문성과 자율성을 보장받을 때 이루어진다.

2. 군의 전문성과 자율성

군 전문직업주의는 군 간부들의 전문직업적 성격의 확립과 이를 토대로 군이 자율적으로 그 책임을 명예롭게 수행할 때 이루어질 수 있다. 하지만 현대적 군에서는 시대와 상황의 변화에 따라 군의 전문직업주의 확립에 부정적인 영향을 미치는 요인들이 적지 않게 발생하고 있다. 이른바 군 전문직업주의에 대한 도전들이다. 강한 군대가 되기 위해서는 군 전문직업주의가 확고하게 정착되어야 하는 까닭에 군에서 이들의 도전을 적절히 극복하는 것은 매우 중요한 일이다.

군 전문직업주의에 도전하고 있는 의식들은 어떤 것들이며, 군은 이를 어떻게 극복해 나가야 하는지 현대적 군의 바람직한 발전 방향에 대해 살펴보기로 한다.

군 전문직업주의에 대한 도전은 정치적 영향인 외부적 도전과 군 자체내의 내부적 도전으로 나뉠 수 있는데 군 전문직업주의의 확립이 군의 전문성과 자율성에 있는 만큼, 이들 도전의 극복도 군의 전문성과 자율성의 회복에서 찾아져야 할 것이다.

가. 군 외부로부터의 도전

군 전문직업주의에 대한 외부로부터의 위협 요인은 군이 정치에 연루되는 일이다. 그것은 두 가지 경우로 대별될 수 있는데 하나는 군이 정치에 개입하는 경우이고, 다른 하나는 정치인이 군의 전문성과 자율성을 침해하는 경우이다.

군이 정치에 개입한 경우는 제2차 세계대전 후 신생국에서 많이 발생된 사례였으며, 오늘날에도 제3세계 국가에서 자주 찾아 볼 수 있는 현상이다. 군이 정치에 개입할 때 그 명분은 대체로 국가 발전의 추진력을 군이나 군 엘리트들이 제공할 수 있다는 것이다. 군이 정치에 개입하여 얻게 되는 국가발전 기여의 공과(功過)에 대해서는 논란의 여지가 없지 않으나, 대체로 한 국가의 기틀이 잡히지 못한 초기 단계에서는 일정한 성과를 얻을 수 있지만 일단 국가의 기틀이 잡힌 다음에는 순기능보다는 역기능을 더 많이 초래한다고 보아야 할 것이다.

우리나라의 경우 군이 정치에 개입함으로써 국가와 국민, 그리고 군대가 입게 되었던 폐해는 생생한 역사의 한 페이지가 되고 있다.

군의 정치 개입은 왜 군 전문직업주의를 저해하게 되는가? 그 이유는 대체로 다음과 같은 다섯 가지 관점에서 설명될 수 있다.

첫째, 군의 존재 의의와 목적이 왜곡된다.

군이 정치에 깊숙이 개입하게 되면 군은 그 궁극적 고객인 국민과 국가를 위한 봉사보다는 정치적인 목적의 도구가 되거나 특정 정권의 하수인으로 전락하기 십상이다. 그래서 적을 지향해야 할 총구가 자국 내에서 특정 정권에 반대하는 이들을 탄압하기 위한 용도로 쓰이기도 한다. 특히 군이 직접적으로 정권을 담당하게 될 경우 쉽사리 국가와 특정 정권을 동일시하여, 심지어는 정권의 유지나 확대를 위해 국가 이익에 반대되는 일도 수행하게 되는 것이다.

둘째, 군의 전문성이 약화된다.

이는 곧 군의 전투력의 약화로 이어진다. 군이 정치에 깊이 개입하면 자연히 비군사적 목적이나 영역에까지 군대의 역량이 동원된다. 이로 말미암아 군은 그 고유한 전문성을 일탈하여 정치의 일익을 담당해야 할 처지에 놓인다. 이렇게 되면 군대는 군사전문 직업으로서의 기능을 벗어나 정치적 상승 이동의 통로로 쓰이게 될 것이며, 정치적으로 민감한 문제가 발생할 때마다 만병통치약처럼 무력에 의한 진압이 남용될 소지가 많아지는 것이다. 그 과정에서 군은 고유한 전문성의 약화를 초래하게 되며, 군대의 내부는 정치에 물들게 될 것이고 결과적으로 군의 전투력 손실을 초래하게 되는 것이다.

셋째, 군 전문직업의 핵심을 이루는 군 간부들의 윤리가 황폐화하게 된다.

군이 정치에 개입하게 된 상황에서는 직업군인이 그의 본업에 충실하기보다는 정치적 입신출세를 도모하려 할 것이며, 군 직업의 요구보다는 정치가나 정치군인들의 눈치를 살피게 되어, 전문직업인으로서의 기능을 제대로 발휘하지 못하게 될 것이다. 군인이 군대를 위하기보다는 정치적 하수인으로 전락하게 되는 경우이다. 이런 현상이 심할 경우 직업군인 군 간부들의 내에 정치적 성향이 높은 쪽과 그렇지 않는 쪽 간의 대립이 노골화되고, 파벌의 형성이 이루어지며, 그로 말미암아 군 간부들의 단결이 저해되어 결과적으로는 군의 지휘 및 통제가 약화 또는 와해될 수도 있을 것이다.

넷째, 군의 정치 개입이 장기화되면, 군 전문직업주의는 설 땅을 잃게 된다.

군대 내부에서도 군사적 이유나 근거는 언제나 정치적인 이유나 근거에 따르는 부차적인 것으로 여겨질 것이므로, 군 직업주의에 충실한 결정과 행위들은 오히려 비난의 대상이 될 것이다. 그런 경우 직업군인은 군 직업에 대한 명예를 군사적인 측면에서 찾을 수 없고 오직 정치적인 측면에서 찾아야 할 것이고, 따라서 정치적인 색조로 채색된 군사문화의 환경 속에서 군 전문직업주의는 발붙일 곳을 잃게 되고 마는 것이다.

다섯째, 군의 정치 개입은 군이 정치적 권력을 상실한 이후에도 건전한 직업주의의 발전을 저해할 요인으로 남게 된다.

군에 의해 정치력을 억압당하거나 거세당한 집단들이 정치권력을 획득하게 되었을 때, 정치권력 집단은 상당한 기간 동안 군을 보복의 대상으로 삼을 수도 있는 것이다. 이런 경우에는 정치에 의한 군의 자율성 침해로 연결되어 군 전문직업주의가 파기될 수도 있는 것이다.

군이 무력을 바탕으로 정치에 개입하는 것과는 반대로 정치권력이 군에 직접적으로 영향력을 행사하여 군의 자율성을 침해하는 것도 군 전문직업주의에는 결코 바람직한 일이 아니다. 대부분의 공산권 국가에서는 군이 공산당의 이데올로기 통제 하에 놓여 있다. 예컨대 북한 인민군의 경우 정치장교가 작전권 행사를 일일이 통제하도록 편성되고, 또 그에 따라 군이 운용된다. 그런 경우 군은 군사적 전문성을 발휘하지 못하고 정치적 이유나 근거에 의해 중요한 결정을 내리게 된다. 제2차 세계 대전 말엽, 독일의 히틀러는 전문직업군 지휘관들을 무시하고 자신이 직접 일선에 작전 명령을 시달함으로써 오히려 패전을 부채질하기도 하였던 것이다.

정치가 군을 간섭하게 되면 군의 인사권 역시 정치권이 좌우하게 될 것이다. 그런 상황이라면 군복무에 헌신하여야 할 군 간부들이 진급이나 보직을 위해 정치인들의 눈치를 살피지 않을 수 없게 될 것이고, 소신 있는 부대 지휘에 제한을 받아 군 전문직업주의의 관건인 군의 자율성이 훼손될 것이다. 그런 군대가 전쟁의 상황에서 독자적인 판단이나 결정을 내리기는 어려울 것이다. 이미 언급하였거니와 군 전문직업주의가 성립되는 큰 축의 하나는 군의 전문지식과 기술이다. 정치권력이 군사적인 측면에까지 영향력을 행사한다는 것은 결국 비전문가가 전문가 행세를 하는 셈이 된다. 뛰어난 능력의 경찰 전문가가 평범한 능력의 의사를 대신해 환자를 치료할 수 없듯이 아무리 정치권력이 막강하더라도, 또한 아무리 정치 지도자가 탁월한 능력을 지닌 자라 할지라도 군 직업에 비전문가인 정치가가 군 고유의 군사적 영역까지 수행할 수는 없는 것이며, 또한 해서도 안되는 것이다. 군 고유의 군사적 영역은 작전은 물론이요 인사 문제라 할지라도 군 전문가인 군인의 의견을 존중해서 결정하는 것이 현명한 정치 지도자의 바람직한 태도라 할 것이다.

나. 군 내부로부터의 도전

군의 전투력의 약화로 이어질 군 전문직업주의의 훼손은 군 외부뿐만 아니라 군 내부에서도 나올 수 있다. 이는 군대가 민간인의 문화를 수용하게 되면서 나타나는 현상이다. 따라서 군이 모체(母體)인 민간인 문화와 지나치게 다른 가치를 갖는 것도 바람직하지 않겠지만, 군대가 민간 부문과 똑같이 되어 그 고유한 직업성을 상실한다면 그 역시 군 전문직업주의 확립에 큰 장애가 될 것이고 그 결과는 군 전투력의 약화로 나타날 것이다.

리차드 가브리엘[1)]의 논의를 따라 군의 민간화 시도라 할 수 있는 다섯 가지 도전에 대해 살펴보자.

첫째, 직장주의(職場主義 Ocupationalism)이다.

이것은 군대를 하나의 직장으로 여겨 군인을 단순히 군복을 입고 일하고 보수를 받는 직장인으로 여기는 것을 말한다. 군대는 계급장이나 복장 혹은 작업 환경 등 몇 가지 특징을 제외하고는 근본적으로 여느 직장인과 다를 바 없다는 것이다. 군인 역시 민간 사회의 직장과 본질상 차이가 없으며 또 그렇게 되어야 한다는 것이 직장주의의 골자이다.

---

1) Gabriel, Richard A., 미국 군사(軍史) 전문가, 다니엘 웹스터대 교수, A Treaties on Military Ethics and the Way of the Soldier(Westport, Connecticut: Greenwood Press, 1982) 발췌.

직장주의에 대한 지지는 군 외부뿐만 아니라 내부에서도 나온다. 후기 산업사회로 전환되면서 대기업은 물론이고 거대한 병원, 대규모의 대학이나 연구기관 심지어는 종교 단체조차도 일부 그러한 경향을 보이고 있다.

현대 사회는 이러한 기구들의 성취도를 분석함에 있어서 고도로 계량 경제적인 방식을 발전시켰는데 그 결과 어떤 이들은 군대도 그 효율성을 분석, 예측함에 있어서 여타의 직장과 마찬가지로 취급될 수 있다고 제안한다. 그것이 직장주의를 주장하는 이론적 근거로 사용되고 있는 것이다. 군인도 직업인의 하나인 이상 일한 만큼 받고, 또 누릴 만큼 누리면서 생을 즐길 수 있어야 한다는 이 주장은 일견 군인들에게 꽤나 매력적으로 비치는 게 사실이다.

하지만 직장주의는 군 전문직업주의를 명백히 파괴시킨다. 기업의 관심사와 군인의 관심사가 동등하다는 주장이 참일 수도 있지만 군인과 일반 직장인의 작업 선택의 동기가 똑같다면 유능한 사람들이 무슨 이유로 군에 몸담고 있겠는가? 왜 능력 있는 많은 젊은이들이 전투의 엄청난 스트레스 속에서도 함께 남아 있으며, 경우에 따라서는 상관의 명령에 따라 목숨을 바치기도 하는 것인가? 계량 경제학을 모델로 삼고 있는 직장주의는 이와 같은 물음에 답할 수가 없다. 계량경제학 모델은 전장에서는 적용될 수가 없는 것이다. 전투 중의 죽음은 항상 비경제적이며, 죽음을 각오한 일을 행하는 것은 항상 비합리적인 결정일 것이기 때문이다. 따라서, 군에서 직장주의를 지향하는 움직임은 궁극적으로는 성공을 기할 수 없다. 오히려, 그 과정에서 직장주의는 모체 사회의 경제 질서 중 많은 불평등을 군대에 유입시키게 될 것이고, 그 결과 군의 질서 자체를 위협하게 될 것이다. 군 복무가 본질상 경제적인 이유로 정의되고 군인의 동기가 경제적 이기주의에 뿌리를 두는 한, 자기 이익을 넘어서는 어떠한 복무 개념도 파괴될 것이기 때문이다.

둘째는 경영주의(經營主義 managerialism)이다.

경영주의란 민간 기업과 밀접히 연관된 가치들을 군에 침투시키는 것, 즉 군의 지휘를 마치 기업을 경영하듯이 해야 한다고 보는 주장을 말한다. 이 주장에 따라 군 복무는 민간 기업과 동등하게 이해되면서, 기업의 경영기법과 가치들 중 많은 것들이 군대 사회에도 응용되었다. 그 대표적인 예가 진급 추천권의 폐지다. 진급 추천권은 전통적으로 각 지휘관을 위해서 남겨두었던 일종의 포상 제도였다. 그러나 군에 경영주의가 들어오면서 진급 결정권은 거의 100% 중앙통제에 들어갔다. 휴가와 외출허가에 대한 방침은 이제 지역 위수사령관의 군기 요구조건에 좌우되지 않고 하나의 고용조건이 되어 중앙의 권위에 의해 보장을 받게 되었다.

경영주의가 도입된 군대에서는 비용 대 효과의 분석이 다른 모든 기준들을 측정하는 필수 요건이 되어버린다. 그래서 지휘관들은 부하 장병들과 시간을 보내기보다는 오히려 보고 체계의 관료화된 요구 조건에 맞춰 보고서를 채우기 위해 귀중한 시간을 더 많이 할애하지 않을 수 없다. 또, 서류 보고나 조사 보고로 이루어진 문서상의 전투준비체계 점검이 훈련을 통한 실제 준비태세의 점검을 대체한 것 등은 모두 군대 내에 경영주의와 경영 기법을 침투시킨 사례에 해당된다.

물론 경영주의가 군의 현대화, 일의 능률제고 및 편의성 도모 등에 일조를 해온 것은 부인할 수 없다. 그러나 경영주의는 일부 군에 유용했던 경영적인 가치들을 군의 모든 부분으로까지 확대해서 채용하려 했기에 결국은 군에 많은 피해를 입혔다. 자기 이익 도모라는 개인의 가치가 군 직업, 특히 군 간부들에서 심하게 느껴질 만큼 구석구석까지

침투하기에 이른 것이다. 가령 미군이나 한국군에서 흔치 않게 볼 수 있는 경력제일주의, 서류 요구조건을 충족시키기 위해 작동 불가능한 정책을 고수하는 일, 진급심사에서 높은 점수를 받기 위해 끊임없이 노력하고 있는 군 간부들, 훈련관련 직위에 대부분을 보직할 수 없음에도 불구하고 너무 많은 인력을 참모학교에 보내는 일 등이 그와 같은 폐해다. 그밖에도 전투제대 단위에서 핵심적인 전투 지휘관인 중대장과 소대장을 '중간단계'의 관리자와 동일시하는 경향도 오늘날의 군에서는 어렵지 않게 발견된다. 이러한 현상들은 모두 군대의 리더십이 경영 기법에 의해 대체될 수 있다는 명제를 그 핵으로 삼고 있는 것이다.

미군의 경우, 월남전에서의 패배는 '자원관리'가 인간에 대한 리더십을 대체한 데서 연유했다는 분석도 있다. 군 직업 내의 가치들이 경영주의적 모델로 변함에 따라 리더십의 투사적(鬪士的)인 기풍은 침식되고, 한 분야의 전문경영인은 군대의 리더와 동등하다는 생각에서 전문직업적 가치를 경영 기법으로 대체한 결과 전쟁의 참패를 초래했다는 것이다. 우리 군의 경우에도 경영주의가 군 직업에 깊숙이 침투하게 된다면 직업군인의 투사적인 기풍은 약화될 것이며, 군의 전통적 가치가 훼손될 것이 분명하다. 설령 기업의 경영 기법 중 일부를 군의 운용에 활용한다고 하더라도 그것은 명백한 한계를 지닐 수밖에 없다는 점을 간과해서는 안될 것이다. 물론 예산 문제나 국방비의 효율적 사용을 위한 노력을 게을리 해서는 안 될 것이다. 중요한 것은 군 직업과 연관된 모든 것을 경영마인드로 처리하려 해서는 안 된다는 점이다. 군 전문직업주의의 본질에 비춰 볼 때 그것은 부차적인 문제이기 때문이다

셋째는 관료주의와의 혼동(confusion with bureaucracy)이다.

이것은 군인의 책무수행을 관료들의 공무 집행과 혼동하는 경향을 가

리킨다. 사실 군대를 여타의 기업과 다르지 않다고 보는 경향도 있다는 점을 생각해 본다면 군복무를 관료들의 공무 집행과 같은 것으로 보려는 시도는 피하기 어려운 일일지도 모른다.

하지만 군인의 가치와, 관료인 관리자의 가치간에는 근본적인 차이가 있다. 관료는 주도권(initiatives)과 자유재량권을 제한하기 위해 정밀하게 고안된 규칙들을 집행하는 일을 수행한다. 관료는 "관련된 사람들에 대한 고려 없이" 그저 규칙들을 집행하기만 하면 책임을 면하게 되므로 판단의 필요성을 극소화할 수 있다. 관료의 궁극적인 경력 목표는 명령이나 규칙에 따름으로써 경력상의 위험성을 줄이는 것, 자신의 경력에 유리하게 규칙의 체계를 다루면서 끊임없이 승진해 올라가는 것이다. 따라서 군대나 군인이 관료화되면 제일 먼저 나타나는 현상이 바로 개인의 경력 관리를 위해 군대의 다른 가치들이 도외시될 수 있다는 점이다. 이러한 현상은 서구뿐만 아니라 우리 군의 일각에도 널리 퍼져 있다.

하지만 군인의 역할은 오늘날처럼 경영 마인드가 중시되는 시대에서도 관료의 역할과는 판이하게 다르다. 군대 리더십의 핵심은 판단을 행하는 능력과 적극성이다. 리더십의 중추가 판단력에 있다고 볼 때, 군인의 윤리 규범은 결코 관료적 규칙과 동등해질 수 없는 것이다.

군인에게 요구되는 윤리 규범은 판단력과 주도권을 고취시키는 행위를 이끄는 규칙들이다. 관료는 명에 따르는 것 혹은 기계적인 규칙 준수를 추구하는 반면에, 군 간부는 반드시 판단력을 적용해야 한다. 관료는 주도권을 막아야 하지만, 군 간부는 주도권을 행사해야 한다. 관료는 책임회피를 도모하나, 군 간부는 기꺼이 책임을 수용해야 한다. 군 전문직업이 반드시 이해해야 할 것은, 훌륭한 리더는 훌륭한 관료가 될 수 있는 반면에 훌륭한 관료가 곧 훌륭한 리더가 되기란 지극히 어렵다는 점이다. 리더십을 관료주의와 혼동하게 되면 그것은 군 직업의 커다란 과오가 될 것이다.

군대 조직은 물론 관료 조직체이다. 그래서 만일에 군 전문직업주의를 지지하는 명확한 윤리 규범이 존재하지 않는다면, 군대의 관료적 기구와 가치들은 군 간부들을 관료적인 공무원으로 변형시킬 것이다. 따라서 군대의 윤리 규범은 보통의 관료 조직체와 달리 반드시 용기, 융통성, 적극적인 결단, 위험의 감수, 책임의 수용, 판단력의 활용 등을 고취시켜야 하는 것이다. 이와 같은 자질은 역사적으로 효율적인 리더십과 전문직업군의 표징이었으며, 과거의 역사에서도 그랬던 것처럼 오늘날에도 여전히 요구되고 있다고 하겠다.

넷째는 전문특기화(specialization)의 남용이다.

이것은 군의 조직 구조가 점점 복잡해짐에 따라 군대에서도 전문 특기화가 필수적으로 요구되었지만, 군대내의 전문특기화가 군 전문직업주의를 현저히 위축시키게 된다는 주장이다. 다시 말하면 전문특기화는 군의 발전을 위해 필수적인 요소지만 개개인을 전문 기술자로 탈바꿈시킴으로써 넓은 의미의 군 직업주의의 헌신에 장애가 되고 있다는 것이다. 군에 복무 중인 젊은이들이 스스로를 의사, 전기통신기술자, 컴퓨터 프로그래머 등으로 여기는 경향이 늘어가고 있고, 그들은 특수직무나 학문분야에는 분명 헌신하고 있지만 정작 군 직업 자체에 대해서는 부차적으로만 여긴다는 것이다.

대부분의 현대 군대에서 20~25년 미만의 경력기간만을 허용하는 군의 각종 병과들은 전문화의 효과를 고조시켰다. 각종 병과에 종사하는 사람들은 가족의 부양을 위해 복무 가능한 기간보다 더 오래 군에 고용되면 좋겠다고 생각하며 그래서 그들은 현역 복무를 마치고 난 뒤에 민간에서도 활용될 수 있는 기술을 군 복무 중에도 얻고자 한다. 따라서 전문특기화는 군대 내의 요구와, 군을 떠난 뒤의 예상 등 두 측면에서 모두 그 구성원들로 하여금 군 직업을 자신의 궁극적인 삶의 터전이라 생각하여 헌신할 마음을 감퇴시키게 만든다는 것이다.

물론 모든 군인이 경력 중 상당 기간 동안 전문특기화 부문에 종사해야 하는 것은 아니며, 군대에서의 진급제도 역시 핵심 전문 특기자를 창출하기보다는 군간부들을 순환 보직시켜 제너럴리스트(generalist)로 성장케 하는 것을 권장하고 있다. 이와 같은 제도는 전문 특기화의 부작용을 해소해 줄 수도 있으며, 따라서 전문특기화 그 자체가 압도적인 힘으로 군 전문직업주의를 위협하는 것은 아니다. 하지만 전문 특기화의 남용으로 말미암아 군인들, 특히 군 간부들이 군 전문직업주의에 대한 헌신을 부차적으로만 생각한다면 그것은 결코 바람직한 현상이 될 수는 없다. 현대적인 군사력은 전문 특기화가 없이는 전쟁에서 승리할 수가 없으며, 따라서 사회와 군대가 정보화되면 될수록 미래의 전쟁은 전문 특기화의 강화를 더욱 더 군에 요구할 것이다. 요컨대, 전문 특기화와 관련하여 군 전문직업주의가 유의해야 할 것은 군 직업에서 전문성을 없애는 일이 아니라 어떻게 통제하고 관리하느냐 하는 일이다. 그리하여 전문 특기화가 궁극적으로는 군의 전문직업주의에 봉사하게 하는 일임을 잊지 않도록 해야 할 것이다.

마지막으로 윤리적 이기주의(ethical egoism)이다.

이는 인간이란 누구나 이기적인 존재인 까닭에 자기 자신의 이익을 위한 행동은 윤리적으로 정당화된다는 입장이다. 이 주장에 따르면 인간은 언제나 결국에는 자신의 이익이 극대화되게 행위 해야 하며, 따라서 개인의 희생을 요구하는 공동체의 윤리란 적합하지 않다는 것이다. 공동체의 윤리가 권장될 수 있다면, 그것은 반드시 그 당사자인 개개인의 이익에 부합되는 윤리나 원칙들이어야 한다는 것이다. 따라서 궁극적으로 개인에게 가능한 것은 개개인이 처한 순간 순간의 구체적 상황에 의해 형성된 개인윤리뿐이라는 것이다.

이와 같은 주장은 구체적인 상황 속에서 가장 중요한 것은 개인의 결단이라는 실존주의적 가치관과도 유사할 뿐만 아니라 이른바 신세대로 불리는 오늘날 장병들의 생각과도 많은 점에서 비슷하다. 왜냐하면 신세대 장병들은 의무나 충성, 명예와 같은 이념들은 죽은 가치로서 이것들은 공동체에 부과될 뿐 이를 개개인에게 강조한다면 그것은 강압에 불과하다고 생각하기 때문이다. 이 주장의 논리적 귀결은 군인에게 부여되는 실존적인 동기는 곧 사회 속의 개인들을 동기화 하는 것들과 같을 수밖에 없으며 따라서 군 직업이란 궁극적으로 개인에게 기회를 제공해주는 곳 이외의 아무 것도 아니라는 것이다.

하지만 이러한 견해는 다음과 같은 문제점을 야기한다. 첫째, 그러한 입장은 직업의 기초로서 공동체에 대한 봉사라는 개념이 설 땅을 없게 한다. 그러한 봉사가 있다면 그것은 개인의 결단에 따르는 것이지 직업윤리에 의한 것이 아니게 된다. 개인이 자기를 희생하여 공동체에 봉사한다는 개념이 없어지고 마는 것이다. 둘째, 그러한 입장은 내적 헌신과 외적 제약을 구분하여 전자를 중시하고 후자를 진정한 가치로 여기지 않는다. 하지만 인간이 사회적 존재인 한 순전히 내적 헌신만으로 살아갈 수는 없다. 개인들이 내적으로 발견하는 동기가 가장 큰 힘을 발휘한다고 하더라도 그런 동기 역시 사회적 배경 하에서 얻게 된다는 점을 간과해서는 안 된다. 공동체에서 살아가고 있는 존재인 개인은 공동체의 영향을 벗어나서 마술처럼 자기만의 내적 가치에 도달할 수는 결코 없는 것이다. 셋째, 개인의 가치나 윤리가 모체 사회의 그것들과 부합될 것이라는 논점도 문제가 있다. 군 전문직업의 가치나 규범이 모체 사회의 가치나 규범과 반드시 일치되어야 하는 것은 아니다. 대개의 경우 문제는 오히려 그 반대이다. 한 문화 내에 존재하는 하위문화가 모체 사회에서는 작동되지 않는 동기부여의 힘을 지닐 수가 있으며, 그 구성원들에게 그것이 필수요건일 수가 있다. 더욱이 그런 가치와 규범이 사회적 배경이나 환경에 구애됨이 없이 요구될 수도 있는 것이다. 넷째, 군 직업을 개인에게 기회를 제공해주는 하나의 계기로 보는 입장은 이기주의의 산물로서 군 직업 내에서 요구되는 윤리적 규범의 창출을 불가능하게 한다. 그 입장은 군 직업에 종사하는 이들의 행위를 안내하고 측정할 직업윤리의 기준이나 도덕적 표준을 제시할 수가 없다. 따라서 군 전문직업주의의 입장에서 볼 때 실존주의를 표방하는 윤리적 이기주의는 그 자체 윤리적으로 파괴적인 것이다.

이상에서 군 전문직업주의에 대한 군 내부의 도전 다섯 가지를 살펴보았다. 이들 다섯 가지 도전에 공통적으로 흐르고 있는 하나의 전제는 개인에게 있어서 가장 고결한 형태의 인간적 성취에 이르게 하는 것은 자기 이익의 추구에 있다는 가정(假定)이다. 이 가정을 토대로 이들 도전들은 개인의 이익 추구가 결코 군이라는 공동체의 선(善)에 반대되는 것만은 아니라는 결론을 이끌어내려 하고 있지만, 이는 심각한 난점을 내포하고 있다.

군 전문직업의 구성원인 군인은 공동체의 이익을 지키기 위해 때때로 개인의 자기 이익에 반대되는 공동체적인 의무감과 투사적인 정신이 요구되기 때문이다. 게다가 개인의 자기 이익을 최상위의 가치로 여기는 사람들만 존재한다면 애초부터 군이라는 공동체의 직업이 만들어지지도 않았을 것이기 때문이다.

다. 도전의 극복과 발전 방향

이상에서 살펴본 것과 같은 군 내외의 도전들을 극복하고 건전한 군 전문직업주의를 확립하기 위해서는 어떻게 해야 할 것인가?

먼저 외부로부터의 도전에서 핵심을 이루는 것은 자발적이든 타율적이든 군의 정치 관여에서 나온다. 따라서 그러한 도전에 대응하기 위해서는 무엇보다도 군이 정치에 개입하거나 연관될 소지를 없애는 일이다. 부끄러운 우리 군의 과거지만 한때 군은 선거철이 되면 불공정 선거의 시비에 휘말리곤 하였고, 그 결과 군의 대외적 위상 저하는 물론이요 군 내부의 지휘와 통솔에도 심각한 불신과 장애를 겪기도 했다. 현대 군으로서의 우리 군대에 그와 같은 일은 두 번 다시 있어서는 안 될 일이다.

현재 우리 군은 그와 같은 의혹의 소지를 없애고자 영외 투표를 실시하고 있으며, 이의 도입 이후에는 과거와 같은 시비나 의혹은 모두 사라졌다. 또한 군의 고위직에 대한 인사나 진급 등 각종 선발에서도 군 자체의 인사권 행사가 존중되고 그 과정과 결과가 투명성을 보장받는다면 군이 정치에 개입할 소지는 줄어들게 될 것이다. 과거 한 때의 관행처럼 군의 인사를 정치권에서 좌지우지하게 되면 결국 상당수의 군인들, 혹은 소수의 군인들은 제 본분에 충실하기보다는 정치권의 눈치를 살피는 정치군인이 되고 말 것이기 때문이다.

군대가 국민적 지지를 상실하게 이르는 요인에는 여러 가지가 있을 수 있다. 대표적인 사례는 미군이 월남전에서 그랬듯이 전쟁에서 용감하게 싸우지 못하거나 승리하지 못하는 것으로서, 국민들은 그러한 군대를 지지하지 않는다. 군대는 항상 필승의 전력을 구비하고 전쟁이나 대침투 작전을 막론하고 기필코 승리를 일궈내야 한다. 이를 위해 늘 최상의 전투태세를 유지하고 실전적인 훈련을 부대 지휘의 핵심으로 삼아야 할 것이다. 우리 군대는 과거에 심심찮게 부정이나 비리 등에 연루되어 명예와 신뢰에 상처를 입곤 하였다. 가령 진급을 둘러싼 뇌물수수 비리, 각종 군납사업에 얽힌 부정과 비리, 병무 행정과 연관된 비리 등이 그 예라 할 수 있다. 그러한 일들은 우리 사회 전반의 도덕적 해이와 무관하지 않을 것이지만, 내부적으로는 군대의 행정이 투명하지 못하여 발생된 것이라고 볼 수 있다. 따라서 국방 행정의 투명성을 높일 수 있는 제도적 장치들이 보완되어야 할 것이며, 극히 일부의 일을 마치 군대 전부에 관한 것처럼 간주하지 않도록 대국민 홍보에도 각별한 관심과 체계적인 개선이 이루어져야 할 것이다.

군내부적 도전에 대응하기 위한 방향의 핵심은 군대와 모체 사회의 가치를 어떻게 양립·조화시킬 것인가의 문제라 할 수 있다. 건전한 군 전문직업주의의 확립을 위해서는 군대를 외부 사회로부터 지나치게 고립시키는 방식은 결코 바람직하지 않다. 그렇다고 군대의 가치들을 모두 모체 사회의 그것과 동일시하는 것 역시 바람직하지 않을 것이다.

오늘날 모체 사회는 이른바 정보화 시대라는 커다란 변혁기를 맞이하고 있다. 그에 따라 미래에는 전쟁의 양상이 바뀌고 군 전문직업주의의 여러 측면들도 군사기술혁신 등을 비롯한 새로운 적응을 요구받게 될 것이다. 이런 측면에서 보자면 지나친 고립주의는 시대에 뒤떨어진 군대를 만들 개연성이 높다. 우리는 정보화된 군대와 그렇지 못한 군대의 전쟁 결과가 어떻게 된다는 것을 걸프전과 아프간전 등을 통해 목격할 수 있었다.

하지만 군대의 전통적 가치들을 곧장 모체 사회의 가치들로 대체하거나 지나치게 일체화시키는 것도 군의 고유한 전문직업성을 훼손시키기는 마찬가지일 것이다. 군대는 기업이나 관료적 공무원의 집단과 같을 수 없으며, 개인의 이기적 동기를 충족시키기 위한 규범만으로는 그 기능이나 목적을 달성할 수 없다. 근본적으로 군대 고유의 가치들에 대한 전통은 유지되고 발전되어야 하는 것이다.

건전한 군 전문직업주의의 확립을 위해서는 시대적 변화에 유연하게 대처하면서도 군의 고유한 규범과 질서를 발전시켜 가는 지혜가 필요하다. 신세대 장병들의 요구나 기호에 맞춰 군의 기본 질서나 규범을 일시에 바꿀 수는 없지만 구태의연한 방식으로 지휘하고 통제해서 그들을 훌륭한 병사로 육성하고 전투력을 효과적으로 발휘할 수 있다는 생각도 안이한 발상이다. 또한 국가의 이익이 매우 다변화되고 있는 오늘날에도 군대가 수행하는 일은 과거와 다를 바 없다는 생각도 고정관념이다. 이제는 전쟁은 물론이고 전쟁 이외의 임무, 가령 홍수나 가뭄 등의 자연 재해극복 활동이나, 대규모의 화재나 선박의 침몰 등에 따른 구난(救難) 활동, 대규모 환경 파괴에 대한 복구 활동, 심지어는 노동조합의 대량 파업으로 인한 공공기관의 기능 마비를 방지하기 위한 활동 등 다양한 형태의 국가적 재난과 위기를 극복하기 위한 업무나, 국제 평화유지 활동 등에도 군대가 적극적으로 나서서 국가 이익을 위해 활동할 것을 요구받는 시대이다. 자주 목격하는 사례로서 홍수 피해 복구 작업이나 지하철 노조의 파업 때에 우리 군은 많은 인적 물적 자원을 동원한 대민 지원 사업이나 작전을 행하고 있다. 이러한 일들은 전통적인 군사 업무 이외에 새롭게 부각된 추가적인 군사 업무임이 분명하다. 이처럼 변화하는 상황에 유연하게 잘 대처할 수 있도록 군대의 규범과 업무 범위 등을 조정해 나갈 수 있기 위해서는 군 전문직업성의 핵심을 훼손하지 않으면서도 모체 사회의 변화와 그 요구에 잘 대응해 가는 지혜가 필요한 것이다.

3. 진정한 의미의 군 전문직업주의의 확립 방안

미군이 발간한 『육군의 리더십』이라는 책자는 리더다운 군 간부의 구비요건을 세 가지로 집약하고 있다. 비록 미군의 것이긴 하나 현대를 살아가는 우리 군에게도 소중하고 필요한 내용이라 여겨 소개하고자 한다.

그 세 가지 요건이란, 현대적 군대의 군 간부는 참다운 리더가 되기 위해서는

첫째, 인격적으로 훌륭한 자질(level of must-be)을 구비해야 하고, 둘째, 알아야 할 전문지식과 기술(level of must-know)을 습득해야 하며, 셋째, 리더로서 조치해야 할 행동(level of must-do)을 실천적으로 보여줘야 한다는 것이다.

요컨대 과거에도 그랬거니와 오늘날에도 바람직한 군 간부상의 핵심은 인격과 실력을 겸비한 탁월한 군사전문가, 즉 문무(文武)를 겸비한 군 간부라는 것이다.

이를 미군은 〈Be〉, 〈Know〉, 〈Do〉의 개념으로 설명한다.

유능한 리더는 도덕적으로 훌륭해야 하고(What Leader Should Be?), 임무와 능력에 정통한 전문가여야 하며(What Leader Should Know?), 그 모든 것을 실천할 수 있어야 한다(What Leader Should Do?)는 것이다.

군 전문직업주의의 확립은 현대적 군에 있어서 매우 중요한 요건이다. 무기체계가 변화하고, 그로 인해 전쟁의 양상이 달라졌을 뿐만 아니라 단일국가간의 싸움이 아니라 연합국가간의 대결이 될 공산이 커진 미래의 전쟁에서 승리하기 위해서는 군의 전문성은 필수적인 요소이기 때문이다. 그러나 군의 전문성이 확립되었다 할지라도 군이 정치적으로

독립되어 자율성을 보장받지 못한다면 군의 효율성을 극대화하기는 어렵다. 또한 군이 정치적으로 독립되어 자율성을 보장받고 있다 할지라도 군 내부로부터의 도전이 커 군의 전통적 가치인 개인의 희생이나 헌신을 기대하기 어렵다면 그와 같은 군이 역시 전쟁에서 승리하기는 어려울 것이다.

군 전문직업주의가 확립되어 군의 전문성이 강화되고, 군이 군내 및 군외부로 부터의 도전을 극복하여 자율성과 효율성을 갖출 때야 비로소 그 군대는 강한 군대라고 말할 수 있을 것이다.

그러나, 외견상 그와 같은 군 전문직업주의가 확립되었다 할지라도 내적으로 부패해 있다면, 다시 말해 군의 핵심집단인 군 간부들이 도덕적으로 타락해 있다면 그 군대는 결코 궁극적 존재 목적인 전쟁에서의 승리를 기대할 수 없을 것이다.

군 간부들이 도덕적으로 부패해 전쟁에서 실패한 역사적 사례를 우리는 많이 보아왔다. 장개석 총통이 이끌던 초창기의 중국군이 그러했고, 군 간부들의 극심한 부패로 말미암아 전쟁에서 실패한 월남은 역사 속에서 사라져버린 지 이미 30여 년이나 됐다. 그 월남전에서 막강한 군사력을 자랑하던 미국마저도 전쟁에서 실패한 첫째 요인을 군 간부들의 도덕적 타락상에서 찾고 있는 것으로 볼 때 군의 기간(基幹)인 군 간부들의 도덕성이 얼마나 중요한 요소인지는 능히 미루어 짐작할 수가 있는 것이다. 그러므로 군 간부들의 높은 도덕성은 군의 효율성을 극대화하는 데 가장 중요한 요소라 해도 과언이 아닐 것이다.

제5절 군사 전문직업윤리

1. 군대윤리 용어 배경

『군사전문 직업윤리』 또는 『군대윤리』라는 말은 미국의 군 사회학자인 '헌팅톤'이 50년대에 "군인정신을 민군관계 차원에서 직업군인의 윤리"라고 정의한데서 출발한다. 그에 따르면 군대는 하나의 전문 직업윤리를 가져야 하는데 그것은 전문직업의 특성으로부터 연유한다고 말한다. '헌팅톤'의 윤리개념은 2차 대전 후 부터 한국전쟁에 이르기까지 미국정부가 군사정책을 수행하는 과정에서 겪은 군부와의 갈등 관계를 배경으로 하고 있다.[1)]

헌팅톤에 의해 출발된 『직업군인 윤리』라는 용어는 미국군대 내 뿐만

1) 독고순외 2명, 직업군인윤리연구(연구보고서,인02-1861), 한국국방연구원, 2002, p.42.

아니라 미국사회에 『군대윤리』라는 일반적 용어로 바뀌어 본격적으로 등장하게 된 것은 미국이 월남전을 수행하고 난 후부터였다. 월남전 수행과정에서 나타난 미국군대의 도덕적 부패는 참담한 것이었다.[2)]

2. 군대윤리의 개념과 성격

군대윤리란 "군 임무 수행과 관련하여 군 또는 군인이 지켜야할 가치, 태도, 행동의 규범체계"이며 군대윤리교육이란 "군 임무 수행과 관련하여 군 또는 군인이 지여야할 가치, 태도, 행동의 규범체계에 대한 이해 증진과 이의 실천 능력을 함양시키기 위한 교육"이라고 정의 할 수 있다.[3)]

그래서 행위 규범으로서의 군대윤리는 어떤 군이나 군 간부의 성격이나 품성을 좋다거나 나쁘다고 평가하고 그가 한 행위를 옳다거나 그르다고 판단할 기준을 설정해 주는 기능을 하며 특수한 상황에서 그가 해야 할 일과 해서는 안 될 일이 무엇인지 규정해 준다.[4)]

이 정의가 내포하고 있는 개념은 크게 두 가지 측면에서 이해할 수 있다. 하나는 군대윤리란 군사전문 직업 수행과 관련하여 군인들의 옳고 그른 행동이 무엇인가 하는 규범적 측면을 다룬다는 것이고, 또 하나는 군인들의 행위의 선택에 관련하여 도덕적(이성적) 분별 작용을 다룬다고 하는 것이다. 여기서 이성적 분별 작업이란 인간의 삶속에서 규정에 따라 행동하는 것보다 양심의 지배를 받아 행동해야하는 경우가 더 많은 것처럼 군대 사회 속에서 법규나 규범에만 의존할 수 없는 상

2) 월남전에서의 미군 부패사례는 본과목과 연관이 적어 생략.

3) 군대윤리, 국방부, 2002, p.53.

4) 독고순외 2명, 상계서 p.43.

황이 너무나 많다. 따라서 여기에 군인들의 도덕적 분별 능력이 요구되는 중요한 이유다.

예를 들어보면, 적군 몇 명이 어느 마을에 은거하고 있다고 해서 선량한 사람들이 살고 있는 마을 전부를 폭격해 버리라고 지휘관이 명령할 수 있는가?

이러한 경우 상관의 명령에 따른다고 할 때, 전력 전술적인 가치가 없이 수많은 주민이 다 죽는다는 너무나도 뻔한 사실을 알면서도 명령에 복종해야한다는 군대 규범만을 준수할 것인가?

이러한 예들은 얼마든지 많다 또 전시가 아닌 평시에도 일어날 수 있는 상황이다.

군대윤리는 규범만으로는 해결할 수 없는 상황 속에서 군인의 행동을 가장 최선의 방향으로 이끌 수 있도록 하는 것이 또 하나의 중요한 측면인 것이다 이점이 바로 군대윤리는 그 교육적 분야에 있어서 다음과 같이 크게 세 가지 분야에 관심을 둔다.

첫째는 군대의 윤리적 규범이 무엇인가?

둘째는 윤리적 갈등 상황을 어떻게 해결할 것이냐?

셋째는 윤리 의식을 어떻게 향상시킬 것이냐?

이와 같이 군대윤리는 단순히 군인 또는 군대의 규범에 관심을 갖는 것이 아니고 이러한 규범을 어떻게 가장 바람직한 방향으로 적용할 것인가에 관심을 갖게 함으로써 궁극적으로 국가와 사회가 지향하는 방향으로 군인 윤리의식을 고양시키는 것이다.

또한, 규범을 함양하기위한 교육과목으로서 군대윤리는 군사적 직무를 직업으로 하는 군 간부들의 직업윤리와 이들이 수행할 전쟁에 내포된 도덕적인 문제를 다룬다.

군 직업윤리가 군대라는 조직의 특징과 군 간부의 고유한 기능과 책임으로부터 유래하는 규범들로 이루어진 것이라면, 전쟁의 도덕적인 문제와 관련된 전쟁도덕은 전쟁과 살인행위를 구분하여 주며 정당한 전쟁과 부당한 전쟁을 가르는 기준을 제시해 줄 것이다.[5]

〈군대 윤리와 군 직업 윤리〉

군대 윤리 Military Ethics	군 직업 윤리 Military Professional Ethics	군대라는 조직, 특성 및 군인으로서의 기능과 책임으로부터 유래하는 규범
	전쟁도덕 War Morality	·전쟁과 살인의 구분 ·정당·부당한 전쟁을 가르는 기준

또한 군 간부의 높은 윤리적 수준은 군의 직무수행의 질과 전쟁의 승패를 좌우하는 중대한 요소가 된다.

3. 타 직업윤리와 구별되는 군대 윤리의 특징[6]

군대윤리는 윤리학의 일반적 원리를 전쟁과 전쟁 수행 중의 군인의 행동에 응용하는 일종의 응용윤리다. 응용윤리는 의료종사자, 법률가, 기업가, 교육자 등의 다양한 직업에서 성립하는 직업윤리를 포함한다.

그러나 군대윤리가 다른 직업윤리와 크게 차이나는 것 중의 하나는 군 전문직업 자체의 도덕성 문제이다. 왜냐하면 군대 윤리는 다른 분야에서 크게 비난받아 마땅한 고의 적인 인마 살상, 공공 건물의 파괴 등과 같은 군인의 행동을 조장하거나 규제하는 것과 밀접하게 관련되기

5) 군대윤리, 정전교, 1996, p.33.

6) Nicholas Fotion & Ferard Flfstrom, Military Ethics: Guidelines for Peace and War(Boston: Routledge & Krgan Paul, 1986), pp.3~5.

때문이다.

군사적 기능과 군인의 행동에 관하여 군대윤리의 가능성을 의심하는 두가지 입장이 있다. 이러한 문제에 관해 평화주의자들은 군사력의 사용이 도덕적으로 정당화될 수 있는 문제인지는 말할 것도 없고 도대체 군사력의 사용을 상상이나 할 수 있는 일인가 하고 반문한다. 결국 평화주의자들은 군대윤리 성립의 가능성에 대해 회의적 입장을 취한다. 그리고 군대윤리의 가능성을 의심하는 다른 진영의 군사적 현실주의이다. 현실주의자들은 전쟁의 불가피성은 인정하나 전쟁을 성공적으로 이끌기 위한 군인들의 잔인하고 난폭한 행동을 도덕적으로 평가 할 수 없다고 본다. 이들은 "전쟁에서 법은 침묵한다."는 명제를 믿으면서 지옥과 같은 전쟁 상황에서의 최선의 길은 수단과 방법을 불문하고 그 상황에서 벗어나는 것이라고 본다.[7)]

군대윤리가 다른 직업윤리와 차이가 나는 두 번째 특징은 군대윤리가 제도에 관한 윤리라는 점이다. 다른 직종의 윤리는 제도보다는 직업 종사자들 간의 관계를 중시한다. 예를 들어 의료 윤리는 의사, 환자, 간호사, 기타 의료행정 관계자들 간의 관계에 초점을 맞춘다. 안락사 같은 삶과 죽음에 관한 중요한 결정이 병원당국, 전문조직, 행정당국과 같은 제도의 차원에서 결정되는 것이 아니라 전문의사와 환자의 가족사이의 개인적 관계에서 결정된다.

그러나 군대윤리에서 중요한 것은 군대라는 조직과 제도 안에서 개인의 행위가 결정된다는 점이다. 의사나 간호사는 의료기관이라는 제도 없이도 개인적 능력의 한도 내에서 의료 행위를 할 수 있지만, 군인이나 군사 정책 담당자의 행위는 군대나 정부라는 조직과 제도 없이는 불

---

7) Paul Christopher, The ethics of war and peace: An Introduction to Legal and Moral Issue (New Jersey: Prentice Hall, 1994), p.3.

가능하다. 의료분야 보다도 군사분야에 있어서 개인의 역할은 기계의 작은 부품 역할을 한다.

그러므로 군대윤리는 개인의 윤리가 아니라 제도와 조직의 윤리이다. 제도와 조직이 개인의 행동을 결정하는 군대윤리는 많은 사람들의 운명을 결정하며 그것도 비인간적으로 취급한다는 점이 다른 운용윤리와 구별된다. 군대윤리가 제도의 윤리이기 때문에 군대를 통제할 만한 다른 사회적 제도나 권위가 없다는 점도 주목할 만하다. 정부가 군대조직과 제도를 통제할 수 있는 유일한 상급기관이지만 국제관계의 차원에서 국가간 분쟁을 조정하고 통제할 만한 규제방식은 전혀 다르다. 이런 경우 군대윤리의 한계가 노출된다.

다른 직업윤리는 일상적 의미의 도덕과 윤리의 관점에서 개인의 도덕적 고민을 해결할 수 있는데 반하여 군대윤리는 극단적이고 비정상적인 상황에서 이루어지는 군인의 행동을 문제 삼기 때문에 미묘하다고 볼 수 있다. 예를 들면 외과 전문의사도 경우에 따라 안락사문제로 생사여부를 결정할 경우가 있겠지만 멀쩡한 사람을 고의적으로 죽이는 일은 드물다. 그러나 군인은 이러한 상황에 직면하는 경우가 있을 수 있다.

다른 전문 직업종사자들은 자율적 존재로서 판단하고 행위 하기가 용이하지만 군인은 전투중의 극한 상황에서 받는 압박감 때문에 정상적인 판단을 하기 어렵다. 따라서 군인이 훌륭한 도덕 판단을 내리고 이에 부합하는 행동을 하리라고 기대하는 것이 어렵다는 것도 군대윤리가 다른 직업윤리와 구별되는 하나의 특징이다.

마지막으로 군대윤리가 다른 응용윤리와 다른점이 있다면 그것은 도덕적 행위자의 다양성이다. 군대윤리의 규범체계가 작용되는 대상은 병사로부터 고급지휘관, 군사정책 결정자, 국군통수권자인 대통력에 이르기까지 그 폭이 넓고 다양하다. 이들은 모두가 군사력 사용과 관련되나 그 행동범위와 책임의 한계는 서로 다르다. 따라서 이와 관련된 도덕적 문제도 복잡하고 다양한 것이다. 예를 들면 병사에게는 건물을 향해 사격을 가하기전에 민간인의 출현 여부를 확인하는 문제, 참모장교에게는 경제봉쇄와 같은 전략의 도덕성 문제, 그리고 군사정책 결정자에게는 화생방 무기의 비축과 같은 문제들이 군대 윤리의 테두리 안에서 해결되어야 할 문제들이다.

어떤 문제는 단순하게 도덕률을 무반성적으로 사용해서 해결되기도 하고 도덕적 문제에 관한 비판적이고 반성적인 평가를 내리는 연습과 훈련을 통해서 군인들의 문제해결 능력을 키워 줄 수 있다. 그러나 고차원의 전략이나 정부의 군사정책과 관련된 도덕성 문제는 좀 더 추상적인 사유와 일반적인 윤리 도덕의 원리를 요구한다.

따라서 응용윤리로서 군대윤리의 그 성격상 복잡하고 다양할 수밖에 없다. 이러한 관점에서 우리가 다루려고 하는 군대윤리는 직업군인의 전문직업윤리와 병사로부터 군사정책결정자에 이르는 다양한 군인의 행위와 관련된 전쟁도덕의 문제로 나누어 볼 수밖에 없다.[8)]

4. 전쟁과 윤리

가. 전쟁도덕으로서의 윤리

군대 윤리가 직업군인의 군사적인 기능수행과 관련된 규범을 내포한다고 할 때 군사적 기능이 가장 특징적으로 발휘되는 곳은 무엇보다도 전쟁이라고 할 수 있다.

---

8) 이택호, “정보화 사회에 있어서 군대의 핵심 가치관 연구”, 육군사관학교, 1999, pp.33~34.

전쟁 상황에서는 불가피하게 인마살상, 공공건물의 파괴 등 도덕적으로 정당화 될 수 없는 행위와 사건들이 발생하게 마련이다. 이런 이유로 전투 중에 군인의 행위가 도덕적으로 정당화 될 수 있는가, 과연 전쟁 그 자체는 선인가 악인가 하는 문제가 발생하게 된다.

이러한 문제를 윤리적으로 의미 있게 논의하기 위해서 우리는 인간의 행위와 태도를 정당화하는 기준을 검토할 필요가 있다. 인간의 행위에 관한 도덕적 평가의 기준에 관해서 사람마다 서로 다른 입장을 취한다. 평가의 기준이 다르기 때문에 사람들은 "안방에 가서 시어머니 말을 들으면 시어머니가 옳고 부엌에 가서 며느리 말을 들으면 며느리 말이 옳다"고 한다. 평가의 기준이나 관점의 차이는 이처럼 행위의 도덕성에 대한 평가를 다르게 한다.

윤리학에서 평가의 절대적 기준으로 간주되는 두기준이 의무론(Deontlogy)과 목적론(Teleology)이다.[9]

(1) 의무론적 윤리설

어떤 행위는 그 결과가 나에게 이익이 되는가 손해가 되는가에 따라 정당화되는 것이 아니라 오직 옳기 때문에 하지 않을 수밖에 없는 행위가 있다는 것이다. 예를 들면, 진실을 말하는 행위, 약속을 지키는 행위는 시공을 떠나서 어느 누구에게나 타당한 행위가 된다. 반면에 살인, 거짓말, 절도 등의 행위는 언제나 옳지 못한 행위가 된다. 이러한 입장이 의무론적 윤리설 혹은 법칙론적 윤리설의 도덕적 평가 기준이다

---

9) Willam k. Frankenna, Ethics, (New Jersey: Prentice Hall, Inc, 1997), pp.14~16.

(2) 목적론적 윤리설

그러나 주어진 목적을 실현하는 수단으로서 취한 행위가 옳은 행위라는 관점이 목족론적 윤리설이다. 사회나 시대의 공동선을 구현하는 수단이 있다면 그 자체의 옳고 그름을 떠나서 정당화 된다는 것이다. 예를 들면, 『나무꾼과 선녀의 이야기』에서 노루의 생명을 구하기 위해 나무꾼이 사냥꾼에게 거짓말을 했다면 거짓말을 하는 나무꾼의 행위는 도덕적으로 옳은 행위로서 정당화 될 수 있다. 그런데 좋은 목적과 공동선의 내용이 무엇이냐 하는 문제가 하나의 문제로 남는다. 대체로 이러한 입장이 목적론적 윤리설의 도덕적 평가 기준이다.

전쟁상황에서도 전투원의 행위는 도덕적 문제를 유발한다. "전쟁을 하고 있는 중에는 법이 침묵을 지킨다는 격언이라든지 사랑과 전쟁에서는 무엇이든 공정하다(All is fair in love and war)"는 속담은 마치 전쟁 중에 하는 행위는 무엇이든지 정당화된다는 의미를 담고 있다. 그러나 그렇지 않다. 전투중의 군인의 행위도 도덕적 평가의 기준에 따라 정당성을 가져야한다.

예들 들어 경비원을 쏘아죽인 은행강도는 살인자에 해당 되지만, 공격해오는 적을 사살한 군인은 살인죄를 범한 것은 아니다. 그러나 그 군인이 선량한 민간인이나 부상당해 전의가 없는 군인, 투항하는 군인, 점령지 주민을 마구쏘아 죽였다면 우리는 주저하지 않고 그를 살인자로 간주하고 비난하게 된다.

이처럼 전쟁에 관한 도덕적 반성은 얼마든지 가능하다. 그리고 전쟁도덕과 관련된 군대 윤리는 어디까지나 '목적론적 윤리설'에서 성립되며 그 의미가 살아난다고 볼 수 있다.

전쟁에 관한 도덕적 반성은 일반적으로 전쟁의 도덕(Morality of

war)과 전쟁에 있어서의 도덕(Morality in war)[10]으로 나누어 생각할 수 있다.[11]

나. 전쟁의 도덕(Morality of war)

전쟁의 도덕은 정당한 전쟁과 부당한 전쟁을 구분하는 도덕적 기준을 문제 삼는다. 즉, 전쟁을 하는 그 자체가 옳은 일인가 옳지 못 한 일인가를 따져보는 것이다. 전쟁은 군인이 폭력을 사용하여 인마살상, 공공건물의 파괴 등 의무론적 윤리설의 관점에서 보면 옳지 못 한 행위들에 의해 수행된다. 이러한 이유로 '칸트'와 같은 도덕적 이상주의자들은 전쟁을 절대악(絶對惡)으로 보았으며 유학의 왕도정치론도 병자흉기(兵者凶器)라는 개념으로 군대나 전쟁을 필요악으로 간주 했다.

비록 폭력과 살상에 호소하는 것이 일반적으로 악으로 간주된다 할지라도 폭력과 살상보다 더 큰 악이 발생된다면 이를 제거하기 위한 수단으로 작은 악을 사용하는 것이 정당화 된다는 논리에서 전쟁도덕은 시작된다.

어떤 사람이 자신과 그의 가족을 살해하려는 위급한 상황에 정당방위로서 폭력을 사용하는 것이 용납될 수 있다는 논거에서 전쟁 즉, 폭력의 사용이 정당화 된다. 이러한 맥락에서 적의 부당한 공격에 대응하는 방어 전쟁이 정당화되는 것이다. 북한이 남침을 하고도 남쪽의 북침을 운운하는 것은 6·25남침을 방어적 전쟁으로 호도하고 그 행위의 정당성을 찾으려는 속셈에서 나온 것이다.

그렇지만 전쟁을 먼저 일으키는 것이 반드시 정당화 될 수 없다고 단

10) "전시 도덕"으로도 해석.

11) Paul Christopher, The ethics of war and peace: An Introduction to Legal and Moral Issue (New Jersey: Prentice Hall, 1994), p.228.

정하기는 어렵다. 왜냐하면 도저히 묵과할 수 없는 도덕적 악과 불의를 응징하기위해 일으킨 전쟁을 부당한 전쟁이라고 평가 할 수 없기 때문이다. 인권을 유린당한 동족의 노예생활과 비극을 종식시키기 위해 일으킨 전쟁이라면 또는 부당하게 점령단한 영토를 회복하기위해 먼저 감행 한 군사행동이 반드시 도덕적으로 비난받아야하는지 의문이 아닐 수 없다. 그러나 보복이나 세력 확장을 시도하고 종족이나 주민을 모두 살육하려고 감행하는 군사행동은 도덕적으로 정당화 할 수 없으며 그 의도도 불순하다고 말할 수 밖에 없다. 의도를 분명하게 밝혀낸다는 것은 매우 어렵지만 이것은 전쟁수행에 있어서 취하는 수단의 선택과 밀접한 관계가 있다.

이처럼 우리는 전쟁의 도덕성에 관해 많은 논의를 개진할 수 있다. 전통적으로 정당한 전쟁과 부당한 전쟁을 말하는 사람들은 근본적으로 전쟁을 억제하고 평화를 유지하려는 정신을 지니고 있다.

그러면 정당한 전쟁과 부당한 전쟁을 구분하는 기준이 무엇인지를 알아보도록 하다.

일반적으로 전쟁도덕은 전쟁의 불가피성을 정당화하는 7가지원칙의 문제로 환원된다.[12)]

첫번째 원칙은 정당한 명분(Just Cause)이다. 전쟁을 하는 이유가 타당해야한다. 예를 들면 무고한 인명의 보호라든지 인권의 보호라든지 무엇인가 현실적이고 확실한 위험에 직면한 경우에 전쟁이 허용된다. 혹은 침해된 주권의 회복과 같은 대의명분이 있어야 전쟁 개입의 정당성이 있다고 본다.

둘째로 합법적 권위의 원칙(Competent Authority)이다.

---

12) U.S. Catholic Bishops, "The just War and Non-Violence Positions," Malham M. Wakin(ed), War, Morality, and the Military Profession(boulder and London: Westview Press, 1986), pp.239~255.

국가의 통치권을 위임받고 있는 합법적인 당사자에 의해 전쟁선포가 이루어져야하고 정규군에 의해 전쟁이 수행되어야한다. 자칭 '해방군, 시민군'이라고하는 집단이 전쟁을 선포하고 무력을 사용하는 것은 정당화되지 않는다.

셋째원칙은 비례적 정의의 원칙(Comparative Justics)이다.

살상과 파괴, 굶주림과 죽음 등을 수반하는 무력사용의 결과가 악보다는 선이, 불의보다는 정의가 더 많이 발생되어야한다.

넷째, 정당한 의도(Right Intention)이다.

전쟁개입의 대의명분 뒤에 숨겨진 의도가 무엇인지 분명해야하고 또 정당해야 한다. 전쟁종식과 평화유지가 진정한 의도인지 상대방의 종족말살이 목적인지를 분명히 해야 한다.

다섯째, 최후의 수단(Last Resort)이다.

전쟁에서 호소하는 길 외에 별다른 대안이 없어야 한다. 정치적, 외교적 노력등 문제해결의 방안을 모색했으나, 전혀 다른 대안이 없을 경우에 한하여 최후의 수단으로 전쟁에 호소하는 것이 정당화 된다.

여섯째, 전쟁의 성공가능성(Probability of Sucess)이다.

이상과 같은 기준에 의하여 전쟁수행이 불가피하다고해도 추가적으로 전쟁의 성공 가능성을 합리적으로 계산해야한다. 물론 이 기준을 적용하기가 쉽지 않지만 그 기본정신은 불합리한 무력의 사용이나 희망없는 저항을 방지하는 것이다

마지막으로 균형성(Proportionality)이다.

전쟁에서 입은 손해와 비용이 무력사용을 통해 얻는 이익과 조화를 이루어야 한다는 원칙이다. 비록 전투에서 승리할 가능성이 높다 해도 전쟁의 결과가 민족의 전멸, 국가재원의 완전탕진 등을 초래했다면 전쟁에 호소하는 것이 올바른 선택이 되질 못한다. 즉, 전쟁에서 얻을 수

있는 경제적 이해득실과 효율성 여부에 의해 전쟁개입여부를 다시 검토해야한다.

결국 전쟁의 도덕이 추구하는 것은 호전성이 아니다 오히려 가급적 전쟁을 억제하고 문제를 평화적으로 해결하려는 자세가 전쟁도덕의 기본정신이다. 그러나 군인은 위에서 검토한 정당한 전쟁의 원칙에 의거 내려진 정책 결정자의 전투 명령에 절대 복종하고 가능한 모든 역량을 집중하여 신속하고도 정확하게 임무를 수행하고 전투를 승리로 이끌어야 한다.

다. 전쟁에 있어서의 도덕(전시도덕)

전쟁의 도덕이 전쟁자체의 정당성과 관련된 문제라면 전쟁에 있어서의 도덕은 전투 중에 있는 군인의 행위, 전쟁의 수단, 전술, 전략 등의 도덕성과 관련된 문제라고 할 수 있다.

전투행위 자체가 무력으로 인명살상, 건물의 파괴 등을 통해 이루어지기 때문에 의무론적 윤리설의 관점에서 보면 군인은 악과 불의를 자행하는 부도덕한 사람이 될 수 있다.

그러나 군대 윤리는 목적론적 관점에서 타당한 운용윤리이기 때문에 전투중의 군인의 행위는 비례적 정당성을 갖는다.

그럼에도 불구하고 큰 정의의 선을 실현하기 위한 필요악으로서의 무력사용이 불가피하다 하더라도 군인은 인도주의와 아마추어 선수의 공정한 경기 정신과 신사도 정신을 지켜야 하는 것이 전쟁에 있어서의 도덕의 핵심이다.

이러한 정신은 1984년 8월 12일 제정된 전쟁희생자 보호에 관한 『제네바협약』에 잘 반영되어 있다. “전쟁 중에 자비를 베풀어야한다”는 제네바 협약의 인도주의 정신은 4개의 협약과 2개의 추가의정서13)에 담겨 있다. 국제 인도법의 기본 7대원칙은 대략 다음과 같다.

첫째, 전투능력 상실자와 적대행위에 직접 가담하지 아니한 자는 그들의 생명과 육체적, 정신적 보존에 대해서 존중받을 권리가 있다. 그들은 모든 상황에서 차별 없이 보호되고 인도적으로 대우받아야 한다.

둘째, 투항하거나 전투 능력을 상실한 적군을 살상하는 것은 금지되어야 한다.

셋째, 부상자와 환자는 적대행위에 있었던 충돌 당사자에 의해서 수용되고 진료되어야한다. 의료요원, 시설, 수공기관 및 자재도 보호대상이 된다. 적십자의 표장은 이러한 보호를 위한 표지로서 반드시 존중되어야 한다.

넷째, 포로가 된 전투원과 적대국의 지배하에 있는 민간인 들은 그들의 생명, 존엄성, 인권 및 신념에 대하여 존중 받을 권리가 있다. 그들은 일체의 폭력 및 보복 행위로부터 보호된다. 그들은 자신의 가족과 서신을 교환하고 구호품을 받을 권리가 있다.

다섯째, 모든 사람은 기본적인 사법상의 보장을 받을 권리가 있다. 누구나 육체적, 정신적 고문과 체벌 또는 품위를 손상하는 잔혹한 대우를 받아서는 아니 된다.

여섯째, 충돌 당사자와 그 군대의 구성원은 전쟁의 방법 및 수단을

---

13) 1949년 제네바 4개 협약:
- □ 제1협약: 육전에 있어서의 군대의 부상자 및 병자의 상태 개선
- □ 제2협약: 해상에 있어서의 군대의 부상자, 병자 및 조난자의 상태 개선
- □ 제3협약: 포로의 대우
- □ 제4협약: 전시에 있어서의 민간인 보호 (신규 제정)

1977년 1949년의 제네바 4개 협약에 추가되는 2개 의정서 제정:
- □ 제1의정서: 국제적 무력충돌의 희생자 보호
- □ 제2의정서: 비국제적 무력충돌의 희생자 보호

무제한 적으로 선택할 수 없다. 불필요한 손실 또는 과도한 고통을 유발하는 성질을 지닌 무기나 전쟁 방법의 사용을 금지한다.

일곱째, 충돌당사자는 어떠한 경우에도 민간인과 그들의 자산을 보호하기위해 민간인과 전투원을 구별하여야 한다. 민간인이나 개인이 공격목표가 되어서는 아니 된다. 공격의 대상은 오직 군사적 목표물에 국한되어야한다.

이상의 제네바 협약 7대 원칙이 지니고 있는 인도주의 정신과 아마추어 정신이 전쟁에 있어서의 도덕적 근간이 된다.

그러나 전투중의 군인이 준수해야하는 전시 인도법의 기본원칙들을 암송하는 것만으로 그 실현이 불가능함을 우리는 전쟁의 역사에서 많이 보아 왔다.

지금까지의 논의를 요약하면, 전쟁도덕이나, 전쟁에 있어서의 도덕의 문제는 의무론적 윤리설 보다는 목적론적 윤리설의 관점에서 볼 때 설득력이 있다는 것이다. 그리고 전쟁의 도덕은 전쟁을 일으키는 것 자체의 정당성을 따지는 도덕적 논의가 핵심이거, 그 정신은 전쟁의 방지와 평화의 유지에 있다.

전쟁에 있어서의 도덕은 비록 군인이 폭력의 수단을 통하여 전투를 하지만 제네바 협약의 전시 인도법[14]에 따라 “전쟁중에도 자비를 베푼

---

14) 국제인도법(國際人道法, International Humanitarian Law, IHL)이란?
국제공법의 하나로 전쟁이나 국제적 또는 비국제적 무력충돌 시에도 인간의 생명과 건강을 보호하고 존엄성을 보장하기 위하여(Inter Arma Caritas: 전쟁중에도 자비를), 적대행위에 가담하지 않거나 가담할 수 없는 사람(부상자, 병자, 포로, 민간인, 의료요원, 적십자 구호요원, 난민 등)들을 국적, 인종, 종교, 계급, 정치적 견해 등에 따른 차별함이 없이 보호하고, 전쟁의 수단과 방법을 금지하거나 제한하고, 국제인도법의 위반을 억제하고 위반자에 대하여는 처벌하며, 인도적인 문제를 해결하기 위해 체결된 국제조약, 즉 제네바협약, 헤이그협약, 오타와협약, 국제형사재판소 규정(ICC로마규정) 등의 국제법과 관행에 의한 관습법을 통칭한다. 따라서 국제인도법은 전쟁 또는 무력충돌 상황에서도 보장되어야 하는 권리, 유보되거나 제한할수 없는 인권을 규정함으로써 인간의 생명을 보호하고 존엄성을 보장하려는 국제법이라 말할 수 있다.

다"는 정신을 강조한다.

제2차 세계대전 후 '맥아더'장군은 일본군의 '도마야키 야마시타'장군에 대한 사형선고에 서명[15]하면서 "군인은 그가 우군이건, 적군이건 간에 약하고 무장하지 않은 사람을 보호할 책임이 있다. 이것은 군인의 존재 이유이며 본질이다. 이러한 믿음이 사라지면 군인의 모든 명예와 신성함이 더렵혀질 뿐만 아니라 국제사회의 구조가 위협받게 된다."라고 말했다. 이 말이 전쟁에 있어서의 도덕의 핵심이다. '야마시타'에 대한 사형선고는 그가 그 휘하에 있는 장병들이 민간인과 포로들을 악랄하게 학살하는 것을 통제하지 못했다는데 근거를 두고 있다 그가 그 학살을 명령했다는 사실이 증명되지 않았음에도 불구하고는 그는 사형을 선고받았다.

지금 이 순간에도 세계의 도처에서 전쟁을 하고 있거나 전쟁의 위협이 도사리고 있다. 인간의 진보와 완전성을 믿는 사람들은 미래 언젠가는 이성이 지배하고 모든 국제적인 분쟁이 비폭력적인 수단들에 의해서 해결될 것이라는 희망을 계속 갖고 있다. 이런 일들이 일어날 때 까지 그래도 우리는 전쟁에 관련된 도덕적인 문제들을 계속 탐구해야 한다.

---

15) 일본 전범자들 유죄 선고
1948년 11월 12일 제2차 세계대전 중 전쟁범죄를 저지른 일본의 전범자들에게 유죄가 선고되었다. 1946년 1월 19일 연합국 최고사령관인 D. 맥아더는 전쟁범죄를 심리·처벌하기 위한 '극동국제군사재판소의 설립에 관한 명령'을 발포했다. 이에 기초해 A급 전범 용의자 28명에 대한 기소장이 발표되어 5월 3일 재판이 개시되었다. 2년 반의 심리를 거친 끝에 내려진 판결에서 사망 등으로 인해 제외된 3명을 빼고는 모든 피고인이 유죄를 선고받았으며, 도조 히데키(東條英機) 등 7명이 12월 23일에 처형되었다. 이 재판은 뉘른베르크 재판과 함께 전쟁범죄의 개념에 새로운 내용을 부여한 재판으로서 국제법 역사상 커다란 의의를 갖는다. 그러나 당시 재판관이나 검사가 전승국만으로 구성되었기 때문에, 당사국과 제3국으로 구성되어야 하는 국제재판소의 공평성 원칙에 위반된 처사라고 보는 견해가 있다. 또한 일본 국민을 재판에 참가시키지 않음으로써 그들에게 전쟁에 대한 책임감을 심어 줄 수 있는 기회를 놓쳤다는 점이 지적되기도 했다.

5. 군 간부의 직업윤리 확립의 중요성

『비윤리적인 법관은 최악의 경우 소수의 사람들의 생명을 해칠지 모른다. 비윤리적인 의사는 최악의 경우 소수의 사람들을 죽게 할지 모른다. 비윤리적인 군인은 수많은 사람들을 죽게 하고 국가를 위태롭게까지 하며 인류문명까지도 위험할지 모른다』는 주장은 군인 특히 군 간부의 비윤리적인 행위가 미치는 해악의 범위와 정도의 심각성을 들어 직업윤리관 확립의 중요성을 아주 간명하게 표현하고 있다.

이러한 관점에서 군 간부가 지켜야할 군사전문 직업윤리를 정의 하면 "군사전문 직업윤리란 무력을 관리하는 군사전문 직업인이 군조직의 목표달성을 위해 반드시 행하거나 지켜야할 도리이며 군 규범을 가장 바람직한 방향으로 적용하기위하여 옳고 그른 것을 판단하여 실천하는 것"이라고 할 수 있을 것이다.

군의 성공적인 임무수행이 윤리도덕과 무관 할 수 있다는 점을 생각할 때 군 간부의 직업윤리 확립의 중요성은 다음과 같은 측면에서 강조될 수 있을 것이다.

첫째, 국가적인 입장에서 볼 때 군의 궁극적인 책임은 국민의 생명과 재산보호를 위해 인원장비, 물자, 시설 등을 효율적으로 관리 및 활용하여 국가를 방위하는데 있다.

따라서 외부의 침략이나 간섭 또는 강제나 강압으로부터 군인이 국민, 국토, 재산, 기본적 가치, 그리고 고유한 생활 방식을 지켜 줄 것이라는 기대에서 국가는 막대한 인력과 돈과 물자를 제공하고 있는 것이다. 이와 같은 기대로부터 군인, 군인의 직업적 책임, 그리고 충성에 대한 정의가 도출된다는 것을 군 간부는 항상 염두에 두어야 한다.

둘째, 군조직의 입장에서 볼 때 임무완수에 요구되는 윤리적 행위 기준을 제시해준다는 것이다. 즉 군인들의 행동을 지도할 수 있는 명시된 규범과 가치들, 그리고 군인들에게 그들이 군의 일상 업무를 수행하는데 요구되는 목적과 방향을 명확히 제공해 준다. 또한 도덕심에 기반을 둔 판단과 결심은 부하로부터 신뢰와 존경을 획득하고, 부대단결 사기증진 및 군기유지를 증진시킨다. 이외에도 군에 새로 들어오는 사람들의 사회화에 기여하고, 직업적 자부심과 자율성을 길러주며, 군이 외부사회로부터 신뢰를 보다 더 받을 수 있게 해준다.

셋째, 군인 개개인의 입장에서 볼 때, 군 직업 윤리관 확립은 군인 상호간의 원만한 인간관계를 유지시켜준다는 점이다. 군대에서 인간관계는 생명의 문제와 직결되기 때문에 일반 기업에서보다 매우 중요하다. 전장에서 죽음을 불사하고 뛰어드는 행위와 위험이 난무하는 전장을 이탈 하려는 행위는 지휘관과 부하간부 또는 지휘관과 병사 간에 맺어진 인관관계에서 결정된다고 할 수 있다.

6. 군대 윤리 교육의 필요성

1990년대부터 지금까지 보도된 군 관련 부정 및 비리사건은 일일이 헤아리기가 부끄러울 정도로 많았다. 군내 사조직파문, 장교의 은행강도, 진급관련 각종 부조리, 성 군기문란사고, 율곡관련 비리사건, 최근 발생하고 있는 초급장교 간부들의 사기금융사건 등 이들 사건들은 그동안 군의 도덕성이 얼마나 실추되었는지를 적나라하게 보여주는 부끄러운 일이었다.

군의 도덕성의 타락이 가져온 국가의 파멸은 역사속에서 많은 사례를 찾아볼 수 있다. 그중 대표적인 사례로 미군이 그 많은 물자를 투입하였지만 월남전에서 패한 사례를 들 수 있다

월남전 수행과정에서 드러난 미국군대의 도덕적 부패는 참담한 것 이였다. 미국군대의 윤리 재건을 주창한 'Richard Gabriel' 교수는 미국군대의 위기상황은 군대내 팽창하고 있는 장교·군 간부들의 그릇된 사고와 복무 자세에 중요한 문제점이 있다고 언급하였다. 그는 이문제와 관련하여 '존슨'교수가 분석한 것을 다음과 같이 인용하고 있다.

첫째, 결과주의가 장교·군 간부들의 의식 속에 팽배하고 잇다는 점이다. 즉결과만 좋으면 모든 것은 다 좋다. 성공보다 중요한 것은 없다. 성공에 대신할 것은 아무것도 없다는 사고다.

둘째, 충성병이다. 자신의 이해관계를 좇아 상관 개인에 대한 과잉 충성 형태로 나타난다. 여기에는 상관의 어리석고 비윤리적인 명령 등이 문제가 되지 않는다.

셋째, 과잉 이미지주의다. 자기부대의 약점을 노출시키지 않기 위해 사실을 숨기고, 진실을 왜곡하는 경향이 많다.

마지막으로, 출세주의다. 상업적 출세주의가 일부 장교·군 간부들에게 오염되고 있다.

가브리엘 교수는 장교·군 간부들의 이와 같은 비윤리적 사고와 근무자세가 오늘의 미국군대 위기상황을 유도할 중요한 요인의 하나로 작용하였다고 분석하고 있다. 군대 윤리 교육의 필요성을 강조한 것이다

이러한 역사적 배경을 바탕으로 미군 당국은 군대 윤리에 깊은 관심을 갖고 연구하였으며, 80년대 초부터는 연구된 결과를 윤리와 전문 직업주의 라는 과목으로 명명하여 군사교육의 모든 과정에 포함 시켰다.[16)]

---

16) 독고순 외 2명, 『직업군인 윤리연구』(연구보고서, 인02-1861), 한국국방연구원, 2002. p.43.

앞에서 설명한바와 같이 일반적으로 군대 윤리는 크게 전쟁도덕과 군 직업 윤리로 구분되고 있다. 전쟁도덕은 미군이나 민간 부분 쪽에서 보다 많은 관심을 가지고 있다고 한다면, 군 직업 윤리는 군 간부의 관심사항이라 하겠다.

제6절 직업군인의 3대 가치관과 덕목

1. 가치관 개념 이해

가치관에 대한 개념이해는 가치에 관한 이해로부터 시작된다.

가치라는 것은 어떤 대상에 대한 인식주체와의 관계에 있어서 그것이 갖는 의의, 즉 그 대상에 대한 승인, 거부, 추구, 회피 등의 평가 작용에 있어서의 기준이나 근본적 태도이며 인간의 정신적 노력의 목표로 간주되는 객관적 당위를 지칭한다.

따라서 가치관이란 사람의 욕구와 희망을 만족시켜주는 관점, 즉 무엇을 선택하거나 거부하는 기준에 관한 관점, 즉 가치에 대하여 사람들이 가지고 있는 일반적인 관점이나 생각이다. 그런데 사람이 지닌 욕구와 욕망은 충족되었는가하면 더 큰 욕구와 욕망이 뒤따르는 역설적 속성과 다른 사람의 욕구충족과 갈등을 빚는 자가당착의 성격을 지니고 있다.[1)]

또한 가치관이란 인간이 자기를 포함해서 세계와 그 속의 만물에 대하여 가지는 평가의 근본적 태도와 보는 방법을 말한다. 따라서 인생관, 자연관, 예술관, 교육관, 등이 모두하나의 가치관이 될 수 있다. 즉, 자연관 이라고 하면 어떤 사람의 자연 일반에 대한 평가와 보는 방법을 말하는 것이며 교육관이라면 교육이 무엇인가에 대한 인식과 어떤 교육이 올바른 것인가에 대한 평가를 말하는 것이다.[2]

2. 직업군의 3대 가치관

직업군인에 있어서 밀접하고 중요하게 연관된 것이라고 하면 국가관, 직업관, 사생관을 들 수 있으며 이것을 직업군인의 3대 가치관이라고 말할 수 있을 것이다.[3]

가. 국가관

충무공의 난중일기에는 '국가'와 '종사(宗社)'라고 하는 말이 수없이 많이 나온다. 충무공은 자나 깨나 '나라'였고 자기 개인은 없었다. 충무공은 옥에서 풀려 나와 '백의종군'하라는 왕명을 받았을 때도 누구를 원망·불평하지 않았고 오직 나라와 민족을 위해서 지혜와 힘을 기울였던 것이다. 목표를 세운 사람은 앞을 바라보며 살아가고 그 목표에 지극한 정성을 다한다. 충무공은 오직 '정의와 나라'라는 목표를 세웠고 순국직전 바로 몇 시간 전에도 동짓달의 추운 겨울바람을 맞으며 갑판 위로 올라가 손 씻고, 무릎 꿇고 나라를 위해 하늘에 빌었으며 "이 원수를 무

1) 고범서, 가치관 연구, 도서출판 나남, 1992, pp.23~30.
2) 군대윤리, 국방부, 2004, p.58.
3) 상계서. pp.59~60.

찌른다면, 이제 죽어도 여한이 없겠습니다"라고 오직 나라만을 위해 지성을 다했다.

현대사회에 있어 국가를 바라보는 시각은 매우 다양하나 국가안보의 최일선에 있는 군인들에게 있어 그것의 올바른 정립은 특히 중요하다. 왜냐하면 군인의 임무 수행 목표는 국가 그 자체라 할 수 있기 때문이다. 다른 어떤 것도 국가를 보위하는 군의 목표를 대체할 수 없다. 군인들은 "나는 왜 지구상 수많은 나라 중 하필 이 나라에 태어 났는가?"라는 의문을 갖기보다 대한민국이라는 배에 몸을 싣고 있는 나의 현실을 직시하는 것이 더 현명하다. 그리고 나의 생각과 행동은 그 배를 식민지 시대의 '노예선(奴隸船)'이나 집시족같은 '유람선(遊覽船)'으로 만들수도 있으며, 독립국가의 '공동운명선(共同運命船)'으로 만들 수도 있다는 것을 깨달아야 한다.

즉, 국가는 군대의 존재이유 이면서 목적과도 같은 것이다. 군위 간부가 국가에 대한 올바른 판단과 보는 방법을 가지지 못한다면 그는 이미 군인으로서의 존재 가치를 상실하는 것이다.

나. 직업관

이스라엘군의 모든 장교 교육훈련 과정 졸업식은 반드시 사해 (Dead Sea) 부근 불모의 광야 끝에 우뚝 솟아있는 '마사다' (Masada) 요새에서 행한다고 한다. 마사다 요새는 이스라엘 군대가 로마군에 끝까지 저항하다 스스로 목숨을 끊고 결사 항전을 하던 곳으로서 '승리했다고 생각하는 적'에게 패배를 안겨준 요새이다. 이스라엘군의 졸업식은 '마사다를 잊지 말자!'라고 쓰인 철골 아치에 불을 붙여놓고 그 불길 앞에서 구호를 외치며 굳게 맹세하는 것으로 끝을 맺는다고 한다.

사람들은 온갖 직업에 종사하고 있으나 사실 동일한 직업에 종사하는 사람들도 각기 다른 목적을 추구하고 있다. 그런데 우리는 직업을 단순한 삶의 수단이 아니라 인생을 윤택하게 하는 과정으로 승화시켜야 한다. 그래야지만 자기의 일을 통해 '사회에 봉사한다'는 지속적인 만족감을 찾고 삶의 질을 높일 수 있기 때문이다.

그런데 위와 같은 승화를 위해서는 성실과 책임, 구성원 상호의 이해와 협력을 지향하는 올바른 직업관이 필수적으로 요구될 것이다. 결국 바람직한 직업관은 임무에 대한 자부심과 보람을 갖는 사명 또는 소명의식 (Call)에서 출발한다.

또한 간부는 군인의 직업을 스스로 선택한 것이고, 자신이 선택한 직업에 대하여 어떠한 평가를 내리며 어떤 의미를 부여하는가는 매우 주요한 문제가 아닐 수 없다.

다. 사생관

생과 사가 교차하는 극한상황 속에서 자신의 생명을 초개같이 내던질 수 있는 사생관의 확립은 높은 명예심으로써만 가능하다. 명예심이란 자신의 희생(犧牲)을 바탕으로 더욱 크고 숭고한 가치가 보존된다는 믿음, 즉 육신의 죽음을 뛰어넘는 영원한 삶의 가치가 있다는 확신을 갖을 때에야 가능해진다.

그리고 군인은 그 임무 수행에 있어서 생명을 담보로 한다는 특성이 있다. 삶과 죽음에 대한 평가와 죽음을 무릅쓰고 임무를 완수한다는 직업상의 특성에 대한 확고한 판단기준이 요구된다.

따라서 직업군인의 가치관을 정립하고 윤리의식을 함양한다는 것은 실로 국가관, 직업관, 사생관을 직업군인의 정체성에 부합하도록 설정하고 그것을 행동으로 옮기는 실천력을 구비하는 것이다.

이 세가지 가치관이 직업군인의 정체성과 동떨어진 것이 되거나, 설사 합당한 가치관을 갖고 있다고 할지라도, 그것을 행동으로 옮기려는 의지와 동기가 없다면 진정한 간부라고 할 수 없기 때문이다.

3. 직업군인의 덕목

가. 군인의 의무

『위국헌신 군인본부(爲國獻身 軍人本分)』이라는 안중근 의사의 말은 이와 같은 군인의 의무를 충실히 설명하고 있다. 그렇다면 위국헌신이라는 군인의 절대적 의무를 수행하기 위하여 군인은 평상시에도 지켜야 될 직무상의 의무와 덕목은 무엇일까?

의무와 덕목은 분명 구분될 수 있는 것이지만 군인에게 필요한 덕목들은 그곳의 준수가 곧 의무인 까닭에 편의에 따라 같은 맥락으로 사용하여도 무방하리라 본다.

우선 우리의 헌법에서는 "국군은 국가의 안전보장과 국토방위의 신성한 의무를 수행함을 사명으로 한다"라고 명시함으로써 군인의 일반적인 사명을 천명하고 있다

또한, 군인 복무규율의 강령을 보면 "국민의 군대로서 민주주의를 수호하며 평화를 유지하고 국가를 방위하는 것을 국군의 이념"으로 삼고 있으며, "자유와 독립을 보전과 국가를 방위, 국민의 생명과 재산을 보호, 그리고 국제평화유지에 공헌할 것을 사명"으로 삼고 있다.

동 『군인복무규율』에서는 군인의 복무태도로서 몇 가지 기본적인 의무사항을 밝히고 있는데 인용하면 다음과 같다.

제6조 (충성의 의무) 군인은 국군의 이념과 사명을 자각하여 정치적 중립을 엄정히 지키며 임무를 완수하여 국가와 국민에게 충성을 다하여야 한다.

제7조 (성실의 의무) ①군인은 직무에 태만하여서는 아니되며 직무수행에 있어서 어떠한 위험이나 어려움이 따르더라도 이를 회피함이 없이 성실하게 그 직무를 수행하여야 한다.

②군인은 직책과 계급에 따라 업무의 범위나 내용이 다를지라도 지향하는 목표는 같으므로 서로 도와서 업무를 유기적으로 수행하여야 하며, 항상 창의력과 진취성을 발휘하여야 한다.

제7조의2 (국민에 대한 친절의 의무) 군인은 대민업무 수행시 친절 · 공정 · 신속하게 업무를 처리하여야 하고, 작전 및 훈련중 대민피해를 방지하도록 노력하여야 하며, 피해가 발생한 때에는 법규에 따라 신속히 조치하여야 한다.

제8조 (정직의 의무) 군인은 정직하여야 하며, 명령의 하달이나 전달, 보고 및 통보에는 허위 · 왜곡 · 과장 또는 은폐가 있어서는 아니된다.

제9조 (품위유지의 의무) 군인은 군의 위신과 군인으로서의 명예를 손상시키는 행동을 하여서는 아니되며 항상 용모와 복장을 단정히 하여 품위를 유지하여야 한다.

제10조 (비밀엄수의 의무) ①군인은 복무중 뿐만 아니라 전역후에도 직무상 알게 된 비밀을 엄수하여야 한다.

②군인은 어떠한 경우에도 그가 직무상 알게 된 비밀을 공무외의 목적으로 사용하여서는 아니된다.

제10조의2 (전쟁법 준수의 의무) ①군인은 전쟁법을 준수하여야 한다.

②지휘관은 예하 장병들에게 전쟁법 준수를 위한 교육을 시킬 책무가 있다.

제11조 (청렴 및 검소의 의무) ①군인은 항상 청렴결백하고 검소하게 생활하여야 한다.

②군인은 직무와 관련하여 직접 또는 간접을 불문하고 사례 · 증여 또는 향응을 주거나 받아서는 아니된다.

③군인은 직무상의 관계여하를 불문하고 그 소속상관에게 증여하거나 소속부하로부터 증여를 받아서는 아니된다.

나. 덕목

앞에서 서술한 바와 같이 직업군인의 3대 가치관중 각 가치관형성을 뒷받침하는 덕목은 다음과 같다.

가치관	국가관	직업관	사생관
덕목	• 애국애족 • 충 성 • 봉 사	• 책 임 • 청 렴 • 창 의	• 희 생 • 용 기 • 명 예

※ 근거: 군대윤리, 국방부, 2004, p.62

9개 덕목 중 직업군인의 직업관과 연관된 3개 덕목과 기타 주요 덕목을 생각해 보자.

(1) 책임

책임이란 무엇일까? 책임이란 일반적으로 “어떠한 일에 대하여 임무를 완수하거나 그에 대해 발생하는 문제를 자신이 짊어지는 것”을 말한다.

이런 의미에게 군인에게 있어서의 책임은 궁극적으로 국토 방위와 조국 수호에 있는 것으로 군인복무규율 제 4조의 2에서는 “국가의 안전을 확보하고 국민의 생명과 재산을 보호하는 사명의 주체임을 자각하여 자신에게 주어진 임무를 완수하는 것을 말한다”라고 명시하고 있다.

사회에서 책임은 군인의 그것에 비하여 상당히 양호하다. 책임을 다하지 못하여 발생하지 못하는 부분에서 사회는 기회를 몇 번이라도 줄 수 있는 관대함을 주지만 군인에게는 절대 그렇지 않다. 책임에 대한 엄청난 벌이 가해지게 된다. 왜냐하면 군인은 전쟁을 하기 위한 사람이다. 전장에서의 책임을 다하지 못하는 것은 전투의 패배를 뜻하게 되는 것이다. 그래서 군인의 책임은 다른 어떤 조직보다도 엄격하다.

아무리 노력해도 예상치 못한 일이 발생하여 책임을 다하지 못할 때 사회는 어느 정도 인정을 하게 되지만 군대는 절대 그렇지 않다. 따라서 군인에게 책임은 자기 목숨이라 여겨야 할 정도로 대단히 중요한 문제이다. 책임은 자기에게 주어진 문제를 해결하겠다는 약속이다. 그래서 그 사람의 신뢰에 따라 맡겨지는 책임의 무게감도 달라진다. 따라서 군인에게 요구하는 책임도 다양하게 된다. 군인은 계급사회이기 때문에 각 계급은 그에 해당하는 책임을 가지며 완수하기 위해 오늘도 열심히 임하고 있다. 특히 군간부에게는 그 책임이 막중하다. 군 간부들은 전장에서 병사들을 이끌어 전쟁에서 선두의 위치에 서게 된다. 전쟁의 승패가 국민의 안위와 직결된다는 면에서 그 책임성에 대해서는 논의가 필요 없다.

이러한 군인의 책임은 대체로 다음과 같은 특징이 있다[4)]

첫째, 군인에게는 계급과 직책에 따라 명확한 책임이 부여되어 있다. 둘째, 연대책임의식이 중시된다. 함정이 정상적으로 운영되려면 함장으로부터 말단 수병에 이르기까지 그 책무가 서로 다른 사람들이 한 팀을 이루어 각자가 맡은 일을 차질 없이 수행해야한다. 셋째, 군인의 책임에는 개인의 희생과 헌신이 요구된다. 교전 중에 공격해오는 적을 보고 자신의 생명을 구하기 위해 진지를 벗어났다면 그는 법적 책임을 면할 수가 없다. 진지를 사수하는 것이 그에게 주어진 임무였다면 그는 목숨을 바쳐서라도 진지를 사수해야하는 것이다. 이처럼 군인의 책임 완수에 희생이 강하게 요구되는 까닭은 군인에게 부여되는 임무의 완수가 특히 유사시에는 절대적으로 중요하기 때문인 것이다.

---

4) 군대윤리, 국방부, 2004, pp.166~168.

또 군인의 책임은 자신에 대한 책임, 부하에 대한 책임, 그리고 맡은 바 임무에 대한 책임의 세차원에서도 접근 가능하다.

(가) 자신에 대한 책임

우선 자신에 대한 책임은 자신의 행동에 대한 평가와 그에 따른 결과를 정단한 것으로 받아들이는 자세이며, 현재 자신의 위치에서 바람직한 최선의 결과를 이루기 위해 항상 노력하고 맡은 일에 긍지와 자부심을 갖는 것이라 할 수 있다.

(나) 부하에 대한 책임

리더로서 자신이 한 것이든 아니든 부하의 모든 일에 책임을 지는 것이다 부하들의 행동에 대하여 책임지는 것은 결코 쉬운ㄴ일이 아니다. 그러나 결과에 대해 자신은 책임지지 않으며 부하들에게만 책임을 추궁한다면 부하들은 더 이상 당신을 조직의 리더로 생각하지 않을 것이다. 리더가 부하들에 대하여 책임지지 않고 오로지 권한만을 행사하려할 때, 부하들은 상급자를 신뢰하지 낳는 상황이 발생하고 상급자 또한 신뢰할 수 없는 부하에게 권한과 책임을 위임하지 않으려 하기 때문에 결국 불신의 악순환이 반복되는 것이다. 따라서 일이 잘못되었을 때 이것은 "나의 책임이지 누구의 탓도 아니다"라고 자신있게 말할 수 있을 때 진정한 리더십이 생기는 것이다.

(다) 임무에 대한 책임

자신과 부하에 대한 책임은 결국 임무에 대한 책임으로 귀결되는 것으로 임무수행의 책임은 바로 군의 존재목적에 대한 책임이라고 할 수 있다.

그런데 군의 임무는 집단적인 성질을 강하게 갖고 있기 때문에 이러한 임무의 수행에는 복종심, 군기, 협동, 단결, 인화, 사기 등의 제 가치가 필요하다. 군기, 사기, 단결 등의 집단적 정신전력의 구성요소가 뒷받침될 때 군의 임무수행은 용이해 진다는 의미다. 이러한 측면에서 자기 자신에 대한 책임, 부하와 임무에 대한 책임은 결국 군인의 존재 목적을 달성하기 위한 하나의 결합체라고 할 수 있다.

(2) 청렴과 검소

청렴이란 성품이 고결해 공·사가 분명하며 욕심이 없음을 뜻하고, 검소는 사치·낭비·향락을 자제하는 꾸밈없는 결백함을 말한다. 이와 같이 청렴과 검소는 비록 그 뜻은 다르나 현실적 행동으로 실현되는 과정에 있어서는 동시적이고 동의적인 관계를 갖는다.

무릇 청렴과 검소는 물질보다 고결한 성품과 고도의 극기 및 절제를 앞세우므로 인격형성의 근원이요 도덕적 활력의 원천이자 군인 윤리의 토양이 되고 나아가 사회와 국민의 정신적 기강의 척도가 되는 것이다.

(가) 군인의 청렴과 검소

세상의 모든 조직이 다 부패하더라도 군대조직만은 그리고 군인만은 부패해서는 안 된다는 믿음을 가져야 한다. "사회도 썩었는데 군대인들이라고 그럴 수 있느냐", "사회에 비하면 군의 비리는 아무 것도 아니다"라고 생각해서는 안 된다는 것이다.

군인이 물욕(物慾)에 눈뜨기 시작하면 이미 위국헌신의 본분에서는 멀어질 수밖에 없기 때문이다. 또한 모름지기 적은 군대로 많은 군대를 이길 수는 있어도 부패한 군대로 건전한 군대를 이길 수 없다는 것은 병가의 상식이요, 전진(戰陣)의 철칙이기 때문이다.

(나) 참된 군인의 길

참된 군인은 누가 만들어주는 것이 아니라 스스로 그렇게 되도록 노력해야 하는 것이다. 우리는 우리가 당연히 해야 할 바를 하려는 것이지 누구로부터 어떤 대가를 기대한다거나 계약에 의해 행동하려는 것이 아니다. 참된 군인은 대우에 따라 충성도가 달라지는 중세적 용병이 아니며 그렇기 때문에 사명감으로 살아가는 참된 군인의 길은 험하고 외로운 것이다.

(3) 전문과 창의

(가) 지식정보시대의 도래

지금 우리는 농업사회, 산업사회를 넘어 정보화 사회로의 이전을 경험하고 있다. 기존의 노동 · 자본 집약적인 경제 · 사회 구조는 이제 정보 · 지식에 그 자리를 내주고 있다. 사고양식에서는 ‘ Wait and See’, 즉 일단은 기다려 보겠다는 냉소적 태도에서 적극적 참여가 요구되는 쪽으로 역사의 시계추가 옮겨가고 있다.

이는 단순히 명령과 그에 따르는 무조건적 복종에 근거한 업무처리 시대에서 각자가 고도의 전문성과 창의를 갖고 실패를 두려워하지 않는 도전정신으로 꾸준한 자기 계발과 자발적인 동기부여를 하는 시대로의 전환을 의미하는 것이다.

이러한 흐름은 사회 전반적인 변화와 더불어 군내에도 커다란 변화를 강요하고 있다. 기존의 병력중심 전력에서 화력과 정보 · 전문성 중심의 전력으로 편제됨에 따라 군에도 더욱더 고도의 창의와 전문성이 요구되고 있는 것이다.

(나) 사고하는 군인

아무리 우수한 무기와 정예훈련을 받은 강인한 병사들을 보유하고 있고 이들을 효과적으로 통솔할 수 있는 지휘능력 마저 우수하다고 가정하더라도 이 모든 유리한 상황을 적절하게 조합해 적보다 상대적인 우세를 획득하고 승리를 쟁취하려면 창의적이고 예술적인 작전 계획이든가 전략 등이 필요하기 때문이다

(다) 배우고 창조하며

우리는 항상 무엇이든 배울 것을 찾아야 한다. "전투복을 입고 완전군장을 하고도 손에 총과 더불어 책을 빼놓지 않는 것이 간부"라는 분위기가 돼야 하는 것이다. 그리고 배우고 익힌 전문성을 바탕으로 부대발전과 전투 승리의 인자(因子)를 창조하는 창의성을 발휘해야 하는 것이다.

(4) 애국애족

'애국애족'이라는 단어는 그 속에 인간의 가장 심오한 감정이라고 할 수 있는 '조국에 대한 사랑'과 '민족에 대한 사랑'이라는 두 가지 감정을 포함하고 있다. 조국을 사랑한다는 것은 조국의 운명에 대한 깊은 애정을 의미한다.

민족애는 조국애와 같은 감정이지만 그 대상이 자기 민족에 대한 사랑이라는 것이 다르다. 그러므로 단일민족 국가에 있어서는 조국애와 민족애가 같은 의미가 되지만, 다민족 국가에서는 조국애와 민족애가 서로 충돌할 수도 있고, 그로 인해 많은 문제를 야기하기도 하는 것이다.

우리 직업군인의 애국애족은 조국을 찬양하고 아끼며 그를 쳐다보고

기뻐하며 감격하는 것만을 의미하지 않는다. 그것을 침략자들로부터 지키고 조국 대한민국의 영예와 존엄을 위해 싸우며, 크고 강하고 부유하게 발전시켜 나가기 위해 자신의 모든 것을 바치는 것을 동시에 의미한다.

직업군인은 조국의 오늘을 지키고 내일을 개척하는 이러한 헌신을 통해 조국을 사랑하고 조국에 복무하는 것이다.

(5) 충성

충성의 개념은 국어사전에 "참다운 가치를 실현 하는데 있어서 자신의 온 정성을 다하는 마음가짐 혹은 정신 상태"로 정의되었다. 또한 '충성'이라는 한자를 분석해 보면 '충(忠)'은 '가운데의 마음'으로서 신뢰와 믿음을 뜻하며 인간의 근본된 마음의 바탕을 말한다. 그리고 '성(誠)'은 '말을 이룬다'는 것으로 진실을 뜻하며, 만물이 조화를 이루는 근본이라고 할 수 있다.

이와 같은 의미의 충성은 실현하고자하는 어떤 가치를 목적으로 삼고 있다는 점에서 목적이 아닌 수단인 까닭에 충성은 상대적이며 따라서 가치중립적일 수가 없다. 충성의 대상 곧 실현하고자 하는 목적이 무엇이냐가 달라질 수 있기 때문이다. 국가에 대한 충성과 자기 자신에 대한 충성이 다를 수 있는 까닭이 여기에 있다.

충성이 절대적인 경우는 단한가지로서, 충성이 실현해야할 최고의 가치 즉, 가장 궁극적인 목적에 대한 수단일 경우가 그것이다. 이 궁극적 목적으로서의 대상은 무엇인가? 이는 한마디로 규정짓기 어려운 질문이며, 아직도 보는 관점에 따라 의견이 분분하다.

그러나 군인에게 있어서의 그 대상은 국가일 것이다 국가를 위하여 자신의 모든 것을 바치는 것, 바로 위국헌신이 군인에게 있어서 궁극적인 충성이다. 상관에 대한 충성, 직업에 대한 충성, 자기 자신에 대한 충성 등 여타의 모든 충성은 이 궁극적 가치 앞에서 상대적인 것일 뿐이다.

그러나 어떠한 경우에 있어서는 국가에 대한 충성의 개념 자체가 모호할 때가 있으며 이 경우에는 군인으로서 어떻게 행동하는 것이 궁극적인 목적을 위하는 길인지 판단하기 어려울 수 있다. 이와 같은 경우에 부딪혔을 때의 해결은 결국 스스로의 판단에 달려 있다고 말해야 할 것이다. 이경우보다 올바른 판단에 이루기 위하여 군 간부들은 폭넓은 상식의 소유자여야만하며, 매사를 신중히 생각하고 반성할 줄 아는 능력을 지녀야 할 것이다.

(6) 봉사

봉사는 '남의 뜻을 받들어 섬긴다' 혹은 '국가나 사회 또는 남을 위해 헌신적으로 일한다'는 의미를 갖고 있다.

군대는 최고의 봉사집단이며 직업군인이야말로 가장 명예로운 봉사자다. 자신의 생명을 던져 국가와 민족의 안전을 지키고 그 번영된 미래를 위해 헌신하는 길보다 더 큰 봉사가 있겠는가. 작게는 나보다 먼저 부하 및 동료를 위해 헌신하고 더 나아가서는 부대의 전투력 향상과 국가의 번영 발전을 위해 생명까지 바칠 각오로 헌신하는 것이 직업군인으로서 마땅히 행해야 할 봉사가 될 것이다.

(7) 희생

생과 사가 교차하는 극한상황 속에서 자신의 생명을 초개같이 내던질 수 있는 사생관의 확립은 자신의 희생(犧牲)을 바탕으로 더욱 크고 숭고한 가치가 보존된다는 믿음, 명예(名譽)로운 죽음은 육신의 죽음을 뛰어넘어 영원히 사는 삶이 된다는 확신, 그리고 이를 바탕으로 죽음마저 기꺼이 택하는 용기(勇氣)가 갖춰질 때 비로소 가능해진다.

원래 서양에서는 '성스럽게 만들다' '신성하게 하다'는 말이 희생을 의미했으며 동양에서의 희생은 복(福)을 빌고 재앙을 없애기 위해 천신(天神)에게 소나 돼지 등 동물을 산 채로 바치는 유습(遺習)을 가리켰다. 동서양을 막론하고 희생이란 절대적 존재에 대해 고귀한 생명 그 자체를 제물로 바침으로써 신의 존재를 확인하고 희생자 또한 신에게 귀의하는 것을 뜻했던 것이다.

직업군인의 희생은 또 다른 의미에서의 절대적 존재인 조국의 안전과 그 속의 국민들의 생명을 수호하기 위해 가장 귀한 생명을 포함한 모든 것을 아낌없이 바친다는 의미다. 이러한 희생정신은 타를 위한 완전한 헌신이며 자기 것의 포기이고 아낌없이 주는 정신인 것이다.

(8) 용기

"마차를 끄는 병사나 북을 치는 병사로부터 최고지휘관에 이르기까지 용기는 군인의 가장 고귀한 덕이며 병기에 날카로움과 빛을 주는 진정한 강철이다." 용기의 중요성에 대해 클라우제비츠는 이렇게 갈파했다. 용기는 군인정신의 정화로서 시련과 난관에 부닥쳤을 때 이를 극복할 수 있는 원동력이며 생명의 위협과 공포 속에서도 과감한 결단을 내려 맡은 바 임무를 완수하고 책임을 다하게 하는 것이다.

죽음을 초월할 수 있는 군인의 용기는 가장 숭고한 용기다. 이러한 진정한 용기는 군인의 본질 자체이기도 하다. 다시 말해 용기가 있으니까 군인인 것이요, 이같은 용기가 없이는 군인일 수가 없는 것이다. 전투의 승리는 죽음을 두려워하지 않는 진정한 용기로서만 가능하다. 그렇기 때문에 조국을 수호하는 것도 우리 개개인의 진정한 용기에 의해서만 가능한 것이다.

전투를 수행하는 군인에게는 육체적 용기가 더 중요하다고 생각하는 사람도 있겠지만 도덕적 용기가 결여된 육체적 용기란 운전대 없는 자동차나 조종간 없는 비행기와 같아 자칫 그릇된 방향으로 나아가게 할 수 있다. 따라서 도덕적 용기가 더욱 중시돼야 하는 것이다.

즉 용기 중에서도 도덕적 용기야말로 최고의 미덕인 셈이다. 일찍이 도덕적 용기를 갖고 육체적 위험을 피하려고 한 사람은 없었다.

(9) 명예

명예란 외형적으로는 한 인간이 수행한 일의 업적이나 그가 점(占)하고 있는 지위에 대해 사회로부터 주어지는 존경도라고 할 수 있으며 내면적으로는 자신이 수행한 일의 성과에 대해 스스로 만족하고 보람을 느끼는 심리적 태도라고 할 수 있다. 군인정신 요소 중 하나인 이러한 명예심은 전투에서 반드시 승리하겠다는 강한 의지를 갖게 해주는 것은 물론 패배하고 비굴하게 살아 남기보다 차라리 용감하게 싸우다 죽겠다는 각오를 갖게 함으로써 불리한 상황 하에서도 적극적으로 전투에 임할 수 있는 힘을 부여한다.

군인의 명예와 관련해 한 가지 더 지적해 두고 싶은 것은 종종 명예를 오인해 발생하는 이른바 출세주의라는 병폐에 대한 것이다. 이 출세주의는 명예를 외적인 것으로만 파악할 때 종종 결합하여 군대윤리를 타락시키는 주범이 되곤 한다. 즉 명예를 '다른 사람이 나를 어떻게 볼 것인가' 하는 것으로만 인식해 외적 척도인 계급과 직위의 상승에만 힘쓸 때 그러한 목표에 도달하기 위한 수단으로 비도덕적 무리수를 두게 되는데, 이러한 무리수가 따르는 것은 바로 내적 명예를 몰각한 소치인 것이다.

꿈의 실현에 있어서 정의롭지 못한 행동, 비윤리적인 요소들이 끼어들게 되면 꿈의 실현이라는 목표는 그 내부로부터 병을 잉태한다. 출세병(病), 성공병(病), 충성병(病) 등이 바로 그것들이다.

우리 군인들도 무력을 관리하는 막중한 지위를 맡겨 준 국민들의 기대에 어긋나지 않도록 '국가를 위한 일이라면 자신의 명예를 죽음으로라도 지켜내겠다'는 결연한 의지를 하시(何時)도 잊어서는 안 된다.

부록

[부록 1] 한국표준직업분류

[부록 2] 군대윤리 요약

[부록 1] 한국표준직업분류

분류 항목표

1 관리자
(Managers)

코드	직업	Occupation
11	공공 기관 및 기업 고위직	Senior Public Officials and Senior Corporate Officials
111	의회 의원·고위 공무원 및 공공단체 임원	Legislators, Senior Government Officials and Senior Officials of Public Organization
1110	의회 의원·고위 공무원 및 공공단체 임원	Legislators, Senior Government Officials and Senior Officials of Public Organization
11101	국회의원	Central Government Legislators
11102	지방의회 의원 및 교육의원	Local Government Legislators and Members of Board of Education
11103	중앙정부 고위 공무원	Senior Government Officials in Central Government
11104	지방정부 고위 공무원	Senior Government Officials in Local Government
11105	공공 기관 임원	Public Institution Officials
11106	정당 및 특수 단체 임원	Political-Party and Special Organizations Officials

코드	한국어	English
112	기업 고위 임원	Senior Corporate Officers
1120	기업 고위 임원	Senior Corporate Officers
11201	기업 대표이사	Chief Executive Officers
11202	기업 고위 임원	Senior Corporate Officers
12	**행정·경영 지원 및 마케팅 관리직**	**Public, Business Administration, Marketing Management Occupations**
121	행정 및 경영 지원 관리자	Public and Business Administration Managers
1211	정부행정 관리자	Government Administration Managers
12110	정부행정 관리자	Government Administration Managers
1212	경영 지원 관리자	Business Administration Managers
12121	총무 및 인사 관리자	General and Human Resources Managers
12122	기획 관리자	Strategy and Planning Managers
12123	재무 관리자	Financial Managers
12124	자재 및 구매 관리자	Stock, Supply and Distribution Managers
12129	그 외 경영 지원 관리자	Business Administration Managers n.e.c.
122	마케팅 및 광고·홍보 관리자	Marketing, Advertising and Public Relations Managers
1220	마케팅 및 광고·홍보 관리자	Marketing, Advertising and Public Relations Managers
12201	마케팅 관리자	Marketing Managers
12202	광고 및 홍보 관리자	Advertising and Public Relations Managers
12209	그 외 마케팅 및 광고·홍보 관리자	Marketing, Advertising and Public Relations Managers n.e.c.
13	**전문 서비스 관리직**	**Professional Services Management Occupations**
131	연구·교육 및 법률 관련 관리자	Research, Education and Legal Services Related Managers
1311	연구 관리자	Research Managers
13111	인문과학 연구 관리자	Liberal Arts Research Managers
13112	사회과학 연구 관리자	Social Science Research Managers
13113	생명 및 자연과학 연구 관리자	Life and Natural Science Research Managers

13114	공학 연구 관리자	Engineering Research Managers
13119	그 외 연구 관리자	Research Managers n.e.c.
1312	교육 관리자	Education Managers
13121	대학교 총장 및 대학 학장	University Presidents and Deans
13122	중·고등학교 교장 및 교감	Middle School and High School Principals and Associate Principals
13123	초등학교 교장 및 교감	Elementary School Principals and Associate Principals
13124	유치원 원장	Kindergarten Principals
13129	그 외 교육 관련 관리자	Education Managers n.e.c.
1313	법률·경찰·소방 및 교도 관리자	Legal, Police, Fire Fighting, and Prison Guard Service Managers
13131	법률 관리자	Legal Managers
13132	경찰 관리자	Police Managers
13133	소방 관리자	Fire Fighting Managers
13134	교도 관리자	Prison Guard Service Managers
132	보험 및 금융 관리자	Insurance and Finance Managers
1320	보험 및 금융 관리자	Insurance and Finance Managers
13201	보험 관리자	Insurance Managers
13202	금융 관리자	Finance Managers
133	보건 및 사회복지 관련 관리자	Health and Social Welfare Service Related Managers
1331	보건 의료 관련 관리자	Health and Medical Service Managers
13310	보건 의료 관련 관리자	Health and Medical Service Managers
1332	사회복지 관련 관리자	Social Welfare Service Managers
13320	사회복지 관련 관리자	Social Welfare Service Managers
134	문화·예술 관련 관리자	Culture and Art Related Managers
1340	문화·예술 관련 관리자	Culture and Art Related Managers
13401	공연·전시 예술 관련 관리자	Performing and Displaying Arts Related Managers
13402	디자인 관련 관리자	Design Related Managers
13403	방송·출판 및 영상 관련 관리자	Broadcasting, Publishing and Video Related Managers
135	정보 통신 관련 관리자	Information and Communications Related Managers
1350	정보 통신 관련 관리자	Information and Communications Related Managers
13501	컴퓨터 하드웨어 개발 관리자	Computer Hardware Development Managers

코드	직업명	Occupation
13502	컴퓨터 소프트웨어 개발 관리자	Computer Software Development Managers
13503	컴퓨터 운영 관리자	Computer Operations Managers
13504	통신 관리자	Telecommunications Managers
13509	그 외 정보 통신 관련 관리자	Information and Communications Related Managers n.e.c.
139	기타 전문 서비스 관리자	Other Professional Services Managers
1390	기타 전문 서비스 관리자	Other Professional Services Managers
13901	시장 및 여론 조사 관리자	Market Survey and Public Opinion Survey Managers
13902	부동산 및 임대업 관리자	Real Estate, Rental and Leasing Managers
13903	공동주택 관리자	Multi-Family Housing Managers
13904	인력 공급 및 알선 서비스 관리자	Employment Agency Managers
13909	그 외 전문 서비스 관리자	Professional Services Managers n.e.c.
14	**건설·전기 및 생산 관련 관리직**	**Construction, Electricity and Production Related Managers**
141	건설·전기 및 생산 관련 관리자	Construction, Electricity and Production Related Managers
1411	건설 및 광업 관련 관리자	Construction and Mining Related Managers
14111	건축 관련 관리자	Architectural Related Managers
14112	토목 관련 관리자	Civil Engineering Related Managers
14113	조경 관련 관리자	Landscaping Related Managers
14114	광업 관련 관리자	Mining Related Managers
1412	전기·가스 및 수도 관련 관리자	Electricity, Gas and Water Services Related Managers
14121	전기 관련 관리자	Electricity Service Related Managers
14122	가스 관련 관리자	Gas Service Related Managers
14123	수도 관련 관리자	Water Supply Service Related Managers
14124	증기 및 온수 관련 관리자	Steam and Hot Water Service Related Managers
1413	제품 생산 관련 관리자	Production Related Managers
14131	식품 생산 관리자	Food Production Managers
14132	섬유 및 의복 제품 생산 관리자	Textile, Garment Production Managers

14133	화학제품 생산 관리자	Chemical Products Production Managers
14134	금속제품 생산 관리자	Metal Products Production Managers
14135	기계제품 생산 관리자	Machinery Products Production Managers
14136	전기 및 전자 제품 생산 관리자	Electrical and Electronic Products Production Managers
14139	그 외 제품 생산 관련 관리자	Production Managers n.e.c.
149	기타 건설·전기 및 생산 관련 관리자	Other Construction, Electricity and Production Related Managers
1490	기타 건설·전기 및 생산 관련 관리자	Other Construction, Electricity and Production Related Managers
14901	농림·어업 관련 관리자	Agriculture, Forest, Fishery Related Managers
14902	수리 및 정비 관련 관리자	Repair and Maintenance Related Managers
14909	그 외 건설 · 전기 및 생산 관련 관리자	Construction, Electricity and Production Related Managers n.e.c.
15	**판매 및 고객 서비스 관리직**	**Sales and Customer Service Managers**
151	판매 및 운송 관리자	Sales and Transport Managers
1511	영업 및 판매 관련 관리자	Commerce and Sales Related Managers
15111	영업 관련 관리자	Commerce Related Managers
15112	판매 관련 관리자	Sales Related Managers
15113	무역 관련 관리자	Trade Related Managers
1512	운송 관련 관리자	Transport Related Managers
15121	육상운송 관련 관리자	Land Transport Related Managers
15122	해상운송 관련 관리자	Water Transport Related Managers
15123	항공운송 관련 관리자	Air Transport Related Managers
152	고객 서비스 관리자	Customer Service Managers
1521	숙박 · 여행 · 오락 및 스포츠 관련 관리자	Lodging, Tourism, Entertainment and Sports Related Managers
15211	숙박 관련 관리자	Lodging Related Managers
15212	여행 관련 관리자	Tourism Related Managers
15213	오락 및 스포츠 관련 관리자	Entertainment and Sports Related Managers

15219	그 외 숙박 · 여행 · 오락 및 스포츠 관련 관리자	Lodging, Tourism, Entertainment and Sports Related Managers n.e.c.
1522	음식 서비스 관련 관리자	Food Service Related Managers
15220	음식 서비스 관련 관리자	Food Service Related Managers
153	환경 · 청소 및 경비 관련 관리자	Environmental, Cleaning, and Protective Service Related Managers
1530	환경 · 청소 및 경비 관련 관리자	Environmental, Cleaning, and Protective Service Related Managers
15301	환경 관련 관리자	Environmental Service Related Managers
15302	청소 관련 관리자	Cleaning Service Related Managers
15303	경비 관련 관리자	Protective Service Related Managers
159	기타 판매 및 고객 서비스 관리자	Other Sales and Customer Service Managers
1590	기타 판매 및 고객 서비스 관리자	Other Sales and Customer Service Managers
15901	회원 단체 관련 관리자	Membership Service Related Managers
15909	그 외 판매 및 고객 서비스 관리자	Sales and Customer Service Managers n.e.c.

2 전문가 및 관련 종사자 (Professionals and Related Workers)

21	**과학 전문가 및 관련직**	**Science Professionals and Related Occupations**
211	생명 및 자연과학 관련 전문가	Biological and Natural Science Related Professionals
2111	생명과학 연구원	Biological Science Researchers
21111	생물학 연구원	Biology Researchers
21112	의학 연구원	Medical Science Researchers
21113	약학 연구원	Pharmacy Researchers
21114	농학 연구원	Agriculture Researchers
21115	임학 연구원	Forestry Researchers
21116	수산학 연구원	Fishery Researchers
21117	식품학 연구원	Food Science Researchers
21118	축산 및 수의학 연구원	Livestock and Veterinary Science Researchers

21119	그 외 생명과학 연구원	Life Science Researchers n.e.c.
2112	자연과학 연구원	Natural Science Researchers
21121	물리학 연구원	Physics Researchers
21122	화학 연구원	Chemistry Researchers
21123	수학 및 통계학 연구원	Mathematics and Statistics Researchers
21124	지구 및 기상 과학 연구원	Earth and Meteorological Science Researchers
21125	천문 및 우주 과학 연구원	Astronomy and Space Science Researchers
21129	그 외 자연과학 연구원	Natural Science Researchers n.e.c.
212	인문 및 사회과학 전문가	Liberal Arts and Social Science Professionals
2121	인문과학 연구원	Liberal Arts Researchers
21211	철학 연구원	Philosophy Researchers
21212	역사학 연구원	History Researchers
21213	언어학 및 문학 연구원	Linguistics and Literature Researchers
21214	인류학 연구원	Anthropology Researchers
21215	교육학 연구원	Education Researchers
21216	심리학 연구원	Psychology Researchers
21219	그 외 인문과학 연구원	Cultural Sciences Researchers n.e.c.
2122	사회과학 연구원	Social Science Researchers
21221	정치학 연구원	Politics Researchers
21222	경제학 연구원	Economics Researchers
21223	경영학 연구원	Business Administration Researchers
21224	사회학 연구원	Sociology Researchers
21225	사회복지학 연구원	Social Welfare Researchers
21226	언론학 연구원	Journalism Researchers
21229	그 외 사회과학 연구원	Social Science Researchers n.e.c.
213	생명 및 자연과학 관련 시험원	Biological and Natural Science Related Technicians
2131	생명과학 시험원	Biological Science Technicians
21311	생물학 시험원	Biology Technicians
21312	의료과학 시험원	Medical Science Technicians
21319	그 외 생명과학 시험원	Biological Science Technician n.e.c.
2132	농림·어업 관련 시험원	Agriculture, Forestry and Fishery Related Technicians
21321	농업 시험원	Agriculture Technicians
21322	임업 시험원	Forestry Technicians
21323	어업 시험원	Fishery Technicians

2133	자연과학 시험원	Natural Science Technicians
21331	물리학 시험원	Physics Technicians
21332	화학 시험원	Chemistry Technicians
21333	지구 및 기상 과학 시험원	Earth and Meteorological Science Technicians
21334	천문 및 우주 과학 시험원	Astronomy and Space Science Technicians
21339	그 외 자연과학 시험원	Natural Science Technicians n.e.c.
22	**정보 통신 전문가 및 기술직**	**Information and Communication Professionals and Technical Occupations**
221	컴퓨터 하드웨어 및 통신공학 전문가	Computer Hardware and Telecommunication Engineering Professionals
2211	컴퓨터 하드웨어 기술자 및 연구원	Computer Hardware Researchers and Engineers
22110	컴퓨터 하드웨어 기술자 및 연구원	Computer Hardware Researchers and Engineers
2212	통신공학 기술자 및 연구원	Telecommunication Engineering Researchers and Engineers
22121	통신기기 기술자 및 연구원	Telecommunication Machinery Researchers and Engineers
22122	통신장비 기술자 및 연구원	Telecommunication Equipment Researchers and Engineers
22123	통신기술 기술자 및 연구원	Telecommunication Technology Researchers and Engineers
22124	통신망 운영 기술자 및 연구원	Telecommunication Network Operation Researchers and Engineers
22129	그 외 통신공학 기술자 및 연구원	Telecommunication Engineering Researchers and Engineers n.e.c.
222	컴퓨터 시스템 및 소프트웨어 전문가	Computer System and Application Software Developers
2221	컴퓨터 시스템 전문가	Computer System Professionals

22211	정보 통신 컨설턴트	IT Consultants
22212	컴퓨터 시스템 감리 전문가	Computer System Supervision Professionals
22213	컴퓨터 시스템 설계 및 분석가	Computer System Designers and Analysts
2222	시스템 소프트웨어 개발자	System Software Developers
22221	시스템 소프트웨어 설계 및 분석가	System Software Designers and Analysts
22222	시스템 소프트웨어 프로그래머	System Software Programmers
2223	응용 소프트웨어 개발자	Application Software Developers
22231	범용 소프트웨어 프로그래머	General Purpose Software Programmers
22232	산업 특화 소프트웨어 프로그래머	Industry-Specific Software Programmers
22233	모바일 애플리케이션 프로그래머	Mobile Application Software Programmers
22234	게임 프로그래머	Computer Game Programmers
22235	네트워크 프로그래머	Network Programmers
22239	그 외 응용 소프트웨어 프로그래머	Application Software Programmers n.e.c.
2224	웹 개발자	Web Developers
22241	웹 프로그래머	Web Programmers
22242	웹 기획자	Web Directors
2229	기타 컴퓨터 시스템 및 소프트웨어 전문가	Other Computer System and Application Software Developers
22290	그 외 컴퓨터 시스템 및 소프트웨어 전문가	Computer System and Application Software Developers n.e.c.
223	데이터 및 네트워크 관련 전문가	Data and Network Specialists
2231	데이터 전문가	Data Specialists
22311	데이터 설계 및 프로그래머	Data Designers and Programmers
22312	데이터 분석가	Data Analysts
22313	데이터 관리 및 운영자	Data Managers and Operators
2232	네트워크 시스템 개발자	Network System Developers
22320	네트워크 시스템 개발자	Network System Developers
2233	정보 보안 전문가	Information and Computer Security

		Professionals
22330	정보 보안 전문가	Information and Computer Security Professionals
2239	기타 데이터 및 네트워크 관련 전문가	Other Data and Network System Professionals
22390	그 외 데이터 및 네트워크 관련 전문가	Data and Network System Professionals n.e.c.
224	정보 시스템 및 웹 운영자	Information System Developers and Web Masters
2241	정보 시스템 운영자	Information System Administrators
22410	정보 시스템 운영자	Information System Administrators
2242	웹 운영자	Web Masters
22420	웹 운영자	Web Masters
225	통신 및 방송 송출 장비 기사	Telecommunication and Broadcast Transmissions Equipment Technicians
2250	통신 및 방송 송출 장비 기사	Telecommunication and Broadcast Transmissions Equipment Technicians
22501	통신장비 기사	Telecommunication Equipment Technicians
22502	방송 송출 장비 기사	Broadcast Transmissions Equipment Technicians
23	**공학 전문가 및 기술직**	**Engineering Professionals and Technical Occupations**
231	건축·토목 공학 기술자 및 시험원	Architectural Practicians, Construction Engineers and Technicians
2311	건축가	Architectural Practicians
23110	건축가	Architectural Practicians
2312	건축공학 기술자	Building Engineers
23121	건축구조 기술자	Building Structure Engineers
23122	건축감리 기술자	Building Supervision Engineers
23123	건축시공 기술자	Building Construction Engineers
23124	건축설비 기술자	Building Equipment Engineers
23125	건축안전 기술자	Building Safety Engineers
23126	건축에너지 관리 및 평가 기술자	Building Energy Management Engineers
23129	그 외 건축 관련 기술자	Building Related Engineers n.e.c.

2313	토목공학 기술자	Civil Engineers
23131	토목구조 설계 기술자	Civil Engineering Structural Design Engineers
23132	토목감리 기술자	Civil Engineering Supervision Engineers
23133	토목시공 기술자	Civil Engineering Construction Engineers
23134	토목안전 기술자	Civil Engineering Safety Engineers
23139	그 외 토목 관련 기술자	Civil Engineers n.e.c.
2314	조경 기술자	Landscape Architecture Engineers
23141	조경 계획 및 설계 기술자	Landscape Planing and Design Engineers
23142	조경감리 기술자	Landscape Supervision Engineers
23149	그 외 조경 관련 기술자	Landscape Engineers n.e.c.
2315	도시 및 교통 관련 전문가	Town and Traffic Related Professionals
23151	도시 계획 및 설계가	Town Planners and Designers
23152	교통 계획 및 설계가	Traffic Planners and Designers
23153	교통안전 연구원	Traffic Safety Researchers
23154	교통영향 평가원	Traffic Effect Inspectors
23159	그 외 도시 및 교통 관련 전문가	Town and Traffic Related Professionals n.e.c.
2316	측량 및 지리 정보 전문가	Land Surveying and Geographical Information Professionals
23161	측량 및 지리 정보 기술자	Land Surveying and Geographical Information Engineers
23162	사진측량 및 분석가	Photographic Surveyors and Photogrammetrists
23163	지도 제작 기술자	Cartographers
23164	지리 정보 시스템 전문가	Geographical Information System Specialists
2317	건설자재 시험원	Construction Materials Testers
23170	건설자재 시험원	Construction Materials Testers
232	화학공학 기술자 및 시험원	Chemical Engineers and Technicians
2321	화학공학 기술자 및 연구원	Chemical Engineers and Researchers
23211	석유화학 기술자 및 연구원	Petrochemical Engineers and Researchers

23212	고무·플라스틱 기술자 및 연구원	Rubber and Plastic Engineers and Researchers
23213	농약·비료 기술자 및 연구원	Pesticide and Fertilizer Engineers and Researchers
23214	도료제품 기술자 및 연구원	Paint Products Engineers and Researchers
23215	화장품·비누제품 기술자 및 연구원	Cosmetics and Soap Engineers and Researchers
23219	그 외 화학공학 기술자 및 연구원	Chemical Engineers and Researchers n.e.c.
2322	화학공학 시험원	Chemical Engineering Technicians
23221	석유화학 시험원	Petrochemical Technicians
23222	고무 및 플라스틱 시험원	Rubber and Plastic Technicians
23223	농약 및 비료 시험원	Pesticide and Fertilizer Technicians
23224	도료제품 시험원	Paint Products Technicians
23225	화장품 및 비누제품 시험원	Cosmetics and Soap Technicians
23229	그 외 화학공학 시험원	Chemical Engineering Technicians n.e.c.
233	금속·재료 공학 기술자 및 시험원	Metal and Material Engineers and Technicians
2331	금속·재료 공학 연구원 및 기술자	Metal and Material and Engineers and Researchers
23311	금속공학 기술자 및 연구원	Metal Engineers and Researchers
23312	요업·세라믹공학 기술자 및 연구원	Ceramic Engineers and Researchers
23313	시멘트공학 기술자 및 연구원	Cement Engineers and Researchers
23319	그 외 금속·재료 공학 기술자 및 연구원	Metal and Material Engineers and Researchers n.e.c.
2332	금속 및 재료 공학 시험원	Metal and Material Engineering Technicians
23321	금속공학 시험원	Metal Engineering Technicians
23322	요업 및 세라믹 공학 시험원	Ceramic Engineering Technicians
23323	시멘트공학 시험원	Cement Engineering Technicians
23329	그 외 금속 및 재료 공학 시험원	Metal and Material Engineering Technicians n.e.c.

코드	직업명	Occupation
234	전기·전자공학 기술자 및 시험원	Electrical, Electronic Engineers and Technicians
2341	전기공학 기술자 및 연구원	Electrical Engineers and Researchers
23411	전기제품 개발 기술자 및 연구원	Electrical Products Developers and Researchers
23412	발전설비 기술자 및 연구원	Electrical Power Plant Engineers and Researchers
23413	송배전설비 기술자 및 연구원	Electrical Power Distribution and Transmission Engineers and Researchers
23414	전기계측 제어 기술자 및 연구원	Electrical Measurement and Control Engineers and Researchers
23415	전기 감리 기술자 및 연구원	Electrical Supervisors and Researchers
23416	전기 안전 기술자 및 연구원	Electrical Safety Engineers and Researchers
23419	그 외 전기공학 기술자 및 연구원	Electrical Engineers and Researchers n.e.c.
2342	전자공학 기술자 및 연구원	Electronic Engineers and Researchers
23421	전자제품 개발 기술자 및 연구원	Electronics Product Developers and Engineers
23422	반도체공학 기술자 및 연구원	Semi-Conductor Engineers and Researchers
23423	전자계측 제어 기술자 및 연구원	Electronic Measurement and Control Engineers and Researchers
23424	전자 의료기기 개발 기술자 및 연구원	Electronic Medical Equipment Developers and Researchers
23429	그 외 전자공학 기술자 및 연구원	Electronic Engineers and Researchers n.e.c.
2343	전기 및 전자공학 시험원	Electrical, Electronic and Mechanical Technicians
23431	전기공학 시험원	Electrical Engineering Technicians
23432	전자공학 시험원	Electronic Engineering Technicians
235	기계·로봇공학 기술자 및 시험원	Mechanical and Robot Engineers and Technicians

코드	직업명	영문명
2351	기계공학 기술자 및 연구원	Mechanical Engineers and Researchers
23511	금형공학 기술자 및 연구원	Mold Engineers and Researchers
23512	플랜트공학 기술자 및 연구원	Plant Engineers and Researchers
23513	냉난방·공조공학 기술자 및 연구원	Cooling, Heating and Air-Conditioning Engineers and Researchers
23514	건설기계공학 기술자 및 연구원	Construction Mechanical Engineers and Researchers
23515	산업기계공학 기술자 및 연구원	Industrial Mechanical Engineers and Researchers
23516	자동차공학 기술자 및 연구원	Automobile Engineers and Researchers
23517	조선공학 기술자 및 연구원	Ship Engineers and Researchers
23518	항공기·철도 차량 공학 기술자 및 연구원	Aircraft and Railroad Vehicle Engineers and Researchers
23519	그 외 기계공학 기술자 및 연구원	Machine Engineers and Researchers n.e.c.
2352	로봇공학 기술자 및 연구원	Robot Engineers and Researchers
23520	로봇공학 기술자 및 연구원	Robot Engineers and Researchers
2353	기계 및 로봇공학 시험원	Mechanical and Robot Engineering Technicians
23531	기계공학 시험원	Mechanical Engineering Technicians
23532	로봇공학 시험원	Robot Engineering Technicians
236	소방·방재 기술자 및 안전 관리원	Fire and Emergency Management Engineers and Safety Professionals
2361	방재 기술자 및 연구원	Fire and Emergency Management Engineers and Researchers
23610	방재 기술자 및 연구원	Fire and Emergency Management Engineers and Researchers
2362	소방공학 기술자 및 연구원	Fire Protection Engineers and Researchers
23621	소방설계 기술자 및 연구원	Fire Modeling Engineers and Researchers
23622	소방시설 공사 기술자 및 연구원	Fire Protection System Developers and Researchers

코드	직업명	Occupation
23623	소방 공사 감리 기술자 및 연구원	Fire Protection Systems Supervisors and Researchers
23629	그 외 소방공학 기술자 및 연구원	Fire Protection Engineers and Researchers n.e.c.
2363	소방공학 시험원	Fire Protection Engineering Technicians
23630	소방공학 시험원	Fire Protection Engineers and Technicians
2364	산업 안전 및 위험 관리원	Industrial Safety and Risk Management Specialists
23641	산업 안전원	Industrial Safety Engineers
23642	위험 관리원	Risk Management Specialists
23649	그 외 산업 안전 및 위험 관리원	Industrial Safety and Risk Management Specialists n.e.c.
2365	보건 위생 및 환경 검사원	Health, Sanitation and Environmental Inspectors
23651	보건 위생 검사원	Health and Sanitation Inspectors
23652	환경 검사원	Environmental Inspectors
2366	비파괴 검사원	Non-Destructive Inspectors
23660	비파괴 검사원	Non-Destructive Inspectors
237	환경공학·가스·에너지 기술자 및 시험원	Environment, Gas and Energy Engineers and Technicians
2371	환경공학 기술자 및 연구원	Environment Engineers and Researchers
23711	대기 환경 기술자 및 연구원	Atmospheric Environment Engineers and Researchers
23712	수질 환경 기술자 및 연구원	Water Environment Engineers and Researchers
23713	토양 환경 기술자 및 연구원	Soil Environment Engineers and Researchers
23714	소음 진동 기술자 및 연구원	Noise and Vibration Engineers and Researchers
23715	폐기물 처리 기술자 및 연구원	Waste Treatment Engineers and Researchers
23716	환경 영향 평가원	Environmental Effect Analysts
23719	그 외 환경공학 기술자 및 연구원	Environment Engineers and Researchers n.e.c.

2372	가스·에너지 기술자 및 연구원	Gas and Energy Engineers and Researchers
23720	가스·에너지 기술자 및 연구원	Gas and Energy Engineers and Researchers
2373	환경공학 시험원	Environment Engineering Technicians
23731	대기 환경 시험원	Atmospheric Environment Technicians
23732	수질 환경 시험원	Water Environment Technicians
23733	토양 환경 시험원	Soil Environment Technicians
23734	소음 진동 시험원	Noise and Vibration Technicians
23735	폐기물 처리 시험원	Waste Treatment Technicians
23736	환경 영향 시험원	Environmental Effects Technicians
23739	그 외 환경공학 관련 시험원	Environment Engineering Technicians n.e.c.
2374	가스 및 에너지 시험원	Gas and Energy Technicians
	가스 및 에너지 시험원	Gas and Energy Technicians
23740		
238	항공기·선박 기관사 및 관제사	Aircraft Pilots, Ship Engineers, Controllers
2381	항공기 조종사	Aircraft Pilots
23811	비행기 조종사	Airplane Pilots
23812	헬리콥터 조종사	Helicopter Pilots
2382	선장·항해사 및 도선사	Ship Captains, Navigation Officers, and Ship Pilots
23821	선장	Ship Captains
23822	항해사	Navigation Officers
23823	선박 기관사	Ship Engineers
23824	도선사	Ship Pilots
2383	관제사	Traffic Controllers
23831	항공교통 관제사	Air Traffic Controllers
23832	선박교통 관제사	Ship Traffic Controllers
23833	철도교통 관제사	Railroad Traffic Controllers
239	기타 공학 전문가 및 관련 종사자	Other Engineering Professionals and Related Workers
2391	식품공학 기술자 및 연구원	Food Engineers and Researchers
23910	식품공학 기술자 및 연구원	Food Engineers and Researchers
2392	섬유공학 기술자 및 연구원	Fiber and Textile Engineers and Researchers
23921	섬유 소재 개발 기술자 및 연구원	Textile Material Developers and Researchers

23922	섬유 공정 개발 기술자 및 연구원	Textile Processing Developers and Researchers
23923	염색 개발 공학 기술자 및 연구원	Textile Dyeing Engineers and Researchers
2393	식품공학 시험원	Food Engineering Technicians
23930	식품공학 시험원	Food Engineering Technicians
2394	섬유공학 시험원	Textile Engineering Technicians
23940	섬유공학 시험원	Textile Engineering Technicians
2395	제도사	Drafters
23951	건축 제도사	Architectural Drafters
23952	토목 제도사	Civil Engineering Drafters
23953	기계 제도사	Mechanical Drafters
23954	전기 및 전자 장비 제도사	Electrical and Electronic Drafters
23959	그 외 제도사	Drafters n.e.c.
2399	기타 공학 관련 기술자 및 시험원	Other Engineering Related Engineers and Technicians
23990	그 외 공학 관련 기술자 및 시험원	Engineering Related Engineers and Technicians n.e.c.
24	**보건·사회복지 및 종교 관련직**	**Health, Social Welfare and Religion Related Occupations**
241	의료 진료 전문가	Medical Diagnosis and treatment Professionals
2411	전문 의사	Medical Specialists
24111	내과 전문 의사	Specialist Physicians
24112	외과 전문 의사	Specialist Surgeons
24113	소아청소년과 전문 의사	Pediatric Specialists
24114	산부인과 전문 의사	Obstetrics and Gynecology Specialists
24115	정신건강의학과 및 신경과 전문 의사	Psychiatry and Neurology Specialists
24116	안과 및 이비인후과 전문 의사	Ophthalmology and E.N.T. Specialists
24117	피부과 및 비뇨기과 전문 의사	Dermatology and Urology Specialists
24118	영상의학과 및 병리과 전문 의사	Radiology and Pathology Specialists
24119	그 외 전문 의사	Medical Specialists n.e.c.
2412	일반 의사	General Practitioners
24120	일반 의사	General Practitioners

2413	한의사	Oriental Medical Practitioners
24131	전문 한의사	Oriental Medical Specialists
24132	일반 한의사	Oriental Medical Practitioners,
		General
2414	치과 의사	Dentists
24141	치과 전문 의사	Specialty Practice Dentists
24142	치과 일반 의사	General Practice Dentists
2415	수의사	Veterinarians
	수의사	Veterinarians
24150		
242	약사 및 한약사	Pharmacists and Oriental Pharmacists
2420	약사 및 한약사	Pharmacists and Oriental Pharmacists
24201	약사	Pharmacists
24202	한약사	Oriental Pharmacists
243	간호사	Nurses
2430	간호사	Nurses
24301	전문 간호사	Nurse Practitioners
24302	일반 간호사	General Nurses
24303	보건교사	School Nurses
24304	조산사	Midwives
244	영양사	Dietitians
2440	영양사	Dietitians
24401	임상영양사	Clinical Dietitians
24402	일반영양사	General Dietitians
24403	영양교사	School Nutrition Teachers
245	치료·재활사 및 의료기사	Therapists, Pathologists and Medical
		Technologists
2451	임상병리사	Clinical Laboratory Technologists
24510	임상병리사	Clinical Laboratory Technologists
2452	방사선사	Radiologic Technologists
24520	방사선사	Radiologic Technologists
2453	치과기공사	Dental Technicians
24530	치과기공사	Dental Technicians
2454	치과위생사	Dental Hygienists
24540	치과위생사	Dental Hygienists
2455	재활공학 기사	Rehabilitation Technologists
24551	의지 보조기기사	Prosthesis and Brace Technologists
	보조공학사	Assistive Device Technologists
24552		
2456	물리 및 작업 치료사	Physical and Occupational Therapists
24561	물리치료사	Physical Therapists

24562	작업치료사	Occupational Therapists
2457	임상심리사	Clinical Psychologists
24570	임상심리사	Clinical Psychologists
2459	기타 치료·재활사 및 의료기사	Other Therapists, Pathologists and Medical Technologists
24591	전통 의료치료사	Traditional Medical Therapists
24592	언어재활사	Speech Pathologists
24593	음악 및 미술치료사	Music and Art Therapists
24594	놀이 및 행동치료사	Play and Behavior Therapists
24599	그 외 치료·재활사 및 의료기사	Therapists, Pathologists and Medical Technologists n.e.c.
246	보건 의료 관련 종사자	Health and Medical Service Related Workers
2461	응급 구조사	Emergency Medical Technicians
24611	119 구조대원	119 Operators and Dispatchers
24612	구급 요원	Emergency Operators and Dispatchers
2462	위생사	Sanitarians
24620	위생사	Sanitarians
2463	안경사	Opticians
24630	안경사	Opticians
2464	의무 기록사	Medical Record Administrators
24640	의무 기록사	Medical Record Administrators
2465	간호조무사	Nursing Assistants
24650	간호조무사	Nursing Assistants
2466	안마사	Massage Therapists
24660	안마사	Massage Therapists
247	사회복지 관련 종사자	Social Welfare Service Related Workers
2471	사회복지사	Social Welfare Specialists
24710	사회복지사	Social Welfare Specialists
2472	보육교사	Child Care Teachers
24720	보육교사	Child Care Teachers
2473	직업상담사	Vocational Counselors
24730	직업상담사	Vocational Counselors
2474	상담 전문가	Counselling Specialists
24740	상담 전문가	Counselling Specialists
2475	청소년 지도사	Juvenile Counselors
24750	청소년 지도사	Juvenile Counselors
2476	시민 단체 활동가	Non Governmental Organization Workers

24760	시민 단체 활동가	Non Governmental Organization Workers
2479	기타 사회복지 관련 종사원	Other Social Welfare Service Related Workers
24791	복지시설 생활 지도원	Community and Social Services Livelihood Instructors
24799	그 외 사회복지 관련 종사원	Social Welfare Service Workers n.e.c.
248	종교 관련 종사자	Religious Activities Related Workers
2481	성직자	Clergymen
24811	목사	Ministers
24812	신부	Priests
24813	승려	Buddhist Monks
24814	교무	Religious Affair Administrators
24819	그 외 성직자	Clergymen n.e.c.
2489	기타 종교 관련 종사원	Other Religious Activities Related Workers
24891	수녀 및 수사	Nuns and Monks
24892	전도사	Preachers
24899	그 외 종교 관련 종사원	Religious Activities Related Workers n.e.c.
25	**교육 전문가 및 관련직**	**Education Professionals and Related Occupations**
251	대학교수 및 강사	College Professors and Instructors
2511	대학교수	College Professors
25111	교육 분야 교수	Professors in Education
25112	예술 및 인문학 교수	Arts and Humanities Professors
25113	사회과학 · 경영 및 법학 교수	Social Sciences, Business and Law Professors
25114	자연과학 · 수학 및 통계학 교수	Natural Sciences, Mathematics and Statistics Professors
25115	정보 통신기술 분야 교수	Information and Communication Technologies Professors
25116	공학 · 제조 및 건설 분야 교수	Engineering, Manufacturing and Civil Engineering Professors
25117	농림 · 수산업 및 수의학 교수	Agriculture, Forestry, Fisheries and Veterinary Professors

25118	보건 및 복지 교수	Health and Welfare Professors
25119	체육 및 그 외 분야 교수	Physical Education and College Professors n.e.c.
2512	대학 시간강사	College Instructors
25121	교육 분야 시간강사	College Instructors in Education
25122	예술 및 인문학 시간강사	College Instructors in Arts and Humanities
25123	사회과학·경영 및 법학 시간강사	College Instructors in Social Sciences, Business and Law
25124	자연과학·수학 및 통계학 시간강사	College Instructors in Natural Sciences, Mathematics and Statistics
25125	정보 통신기술 분야 시간강사	College Instructors in Information and Communication Technologies
25126	공학·제조 및 건설 분야 시간강사	College Instructors in Engineering, Manufacturing and Civil Engineering
25127	농림·수산업 및 수의학 시간강사	College Instructors in Agriculture, Forestry, Fisheries and Veterinary
25128	보건 및 복지 시간강사	College Instructors in Health and Welfare
25129	체육 및 그 외 분야 시간강사	Physical Education and College Instructors n.e.c.
252	학교 교사	School Teachers
2521	중·고등학교 교사	Middle and High School Teachers
25211	국어 교사	Korean Language Teachers
25212	수학 교사	Mathematics Teachers
25213	사회 교사	Sociology Teachers
25214	과학 교사	Science Teachers
25215	예체능 교사	Arts and Physical Education Teachers
25216	실업 교사	Vocational Education Teachers
25217	외국어 교사	Foreign Language Teachers
25219	그 외 중·고등학교 교사	Middle and High School Teachers n.e.c.
2522	초등학교 교사	Elementary School Teachers
25220	초등학교 교사	Elementary School Teachers
2523	특수교육 교사	Special Education Teachers
25231	시각장애인 특수교육 교사	Special Education Teachers for the Visually Handicapped
	청각장애인 특수교육 교사	Special Education Teachers for the

25232		Hearing Handicapped
25239	그 외 특수교육 교사	Special Education Teachers n.e.c.
253	유치원 교사	Kindergarten Teachers
2530	유치원 교사	Kindergarten Teachers
25300	유치원 교사	Kindergarten Teachers
254	문리·기술 및 예능 강사	Liberal Arts, Technical and Arts Instructors
2541	문리 및 어학 강사	Liberal Arts and Language Instructors
25411	국어 강사	Korean Language Instructors
25412	수학 강사	Mathematics Instructors
25413	사회 강사	Sociology Instructors
25414	과학 강사	Science Instructors
25415	외국어 강사	Foreign Language Instructors
25419	그 외 문리 및 어학 강사	Liberal Arts and Language Instructors n.e.c.
2542	컴퓨터 강사	Computer Instructors
25420	컴퓨터 강사	Computer Instructors
2543	기술 및 기능계 강사	Vocational and Polytechnic Skills Instructors
25431	디자인 강사	Design Instructors
25432	이·미용 강사	Hairdressing Instructors
25433	자동차 운전 강사	Driving Instructors
25434	요리 강사	Cooking Instructors
25439	그 외 기술 및 기능계 강사	Vocational and Polytechnic Skills Instructors n.e.c.
2544	예능 강사	Arts Instructors
25441	음악 강사	Music Instructors
25442	미술 강사	Art Instructors
25443	무용 강사	Dance Instructors
25449	그 외 예능 강사	Arts Instructors n.e.c.
2545	학습지 및 교육 교구 방문강사	Supplementary Education Instructors
25451	학습지 방문강사	Supplementary Educational Programs Instructors
25452	교육 교구 방문강사	Educational Toys Instructors
2549	기타 문리·기술 및 예능 강사	Other Liberal Arts, Technical and Arts Instructors
25491	교육 연수 기관 강사	Registered Instructors in Training Institutions

25492	기업체 직무 훈련 강사	Registered Instructors in Corporations
25499	그 외 문리·기술 및 예능 강사	Liberal Arts, Technical and Arts Instructors n.e.c.
259	기타 교육 전문가	Other Educational Professionals
2591	장학관·연구관 및 교육 관련 전문가	School Supervisors, Educational Research Specialists and Related Professionals
25911	장학관 및 장학사	School Supervisors and Inspectors
25912	교육 연구관 및 교육 연구사	Educational Research Officials and Educational Research Specialists
25913	입학 사정관	Admission Officers
25919	그 외 교육 전문가	Educational Professionals n.e.c.
2592	대학 교육 조교	University Teaching Assistants
25920	대학 교육 조교	University Teaching Assistants
2599	기타 교사	Other Teachers and Instructors
25990	그 외 교사	Teachers and Instructors n.e.c.
26	**법률 및 행정 전문직**	**Legal and Administrative Occupations**
261	법률 전문가	Legal Professionals
2611	판사 및 검사	Judges and Public Prosecutors
26111	판사	Judges
26112	검사	Public Prosecutors
2612	변호사	Attorneys-at-law
26120	변호사	Attorneys-at-law
2613	법무사 및 집행관	Jurists and Bailiffs
26131	법무사	Jurists
26132	집행관	Bailiffs
2614	변리사	Patents Attorneys
26140	변리사	Patents Attorneys
2619	기타 법률 전문가	Other Legal Professionals
26190	그 외 법률 전문가	Legal Professionals n.e.c.
262	행정 전문가	Administration Professionals
2620	정부 및 공공 행정 전문가	Government and Public Administration Professionals
26201	정부행정 전문가	Government Administration Specialists
26202	공공행정 전문가	Public Administration Specialists
27	**경영·금융전문가 및 관련직**	**Business and Finance Professionals and Related Occupations**

271	인사 및 경영 전문가	HR & Business Administrations Professionals
2711	인사 및 노사 관련 전문가	HR and Labor Relations Professionals
27111	노무사	Labor Relations Specialists
27112	인사 컨설턴트	HR Consultants
27113	헤드헌터	Recruiters
27119	그 외 인사 및 노사 관련 전문가	HR and Labor Relations Professionals n.e.c.
2712	회계사	Accountants
27120	회계사	Accountants
2713	세무사	Taxation Accountants
27130	세무사	Taxation Accountants
2714	관세사	Customs Attorneys
27140	관세사	Customs Attorneys
2715	경영 및 진단 전문가	Business Consultants and Specialists
27151	경영 컨설턴트	Business Consultants
27152	기업 인수 및 합병 전문가	Merger & Acquisition Specialists
27153	품질 인증 심사 전문가	Quality Certification Inspectors
27159	그 외 경영 및 진단 전문가	Business Consultants and Specialists n.e.c.
272	금융 및 보험 전문가	Finance and Insurance Professionals
2721	투자 및 신용 분석가	Financial Investment and Credit Analysts
27211	투자 및 증권 분석가	Financial Investment and Stock Analysts
27212	신용 분석가	Credit Analysts
2722	자산 운용가	Fund Managers
27221	금융자산 운용가	Fund and Financial Asset Managers
27229	그 외 자산 운용가	Fund and Financial Asset Managers n.e.c.
2723	보험 및 금융 상품 개발자	Insurance and Financial Instruments Developers
27231	보험 상품 개발자	Insurance Products Developers
27232	금융 상품 개발자	Financial Products Developers
2724	증권 및 외환 딜러	Stock and Foreign Exchange Dealers
27241	증권 중개인	Stock brokers
27242	선물거래 중개인	Futures Trading Brokers
27243	외환 딜러	Foreign Exchange Dealers
2725	손해 사정사	Insurance Assessors
27250	손해 사정사	Insurance Assessors

코드	직업명	Occupation
2729	기타 금융 및 보험 관련 전문가	Other Finance and Insurance professionals
27291	투자 인수 심사원	Investment Underwriters
27292	보험 인수 심사원	Insurance Underwriters
27293	투자신탁 전문가	Investment Trust Specialists
27299	그 외 금융 및 보험 관련 전문가	Finance and Insurance Related Professionals n.e.c.
273	상품 기획·홍보 및 조사 전문가	Product Planning, Public Relations and Survey Professionals
2731	상품 기획 전문가	Product Planning Specialists
27311	상품 기획자	Product Planners
27312	마케팅 전문가	Marketing Specialists
2732	여행 상품 개발자	Travel Service Developers
27320	여행 상품 개발자	Travel Service Developers
2733	광고 및 홍보 전문가	Advertising and Public Relations Specialists
27331	광고 전문가	Advertising Specialists
27332	홍보 전문가	Public Relations Specialists
2734	조사 전문가	Survey Specialists
27340	조사 전문가	Survey Specialists
2735	행사 기획자	Event and Convention Organizers
27351	이벤트 전문가	Event Specialists
27352	행사 전시 기획자	Exhibition Planners
27353	국내 및 국제회의 기획자	Domestic and International Conference Planners
274	감정·기술 영업 및 중개 관련 종사자	Appraisers, Technical Sales Representatives, Brokers and Related Workers
2741	감정 관련 전문가	Appraisers and Related Professionals
27411	부동산 감정 전문가	Immovable Property Appraisers
27412	동산 감정 전문가	Movable Property Appraisers
2742	해외 영업원	Overseas Sales Representatives
27420	해외 영업원	Overseas Sales Representatives
2743	기술 영업원	Technical Sales Representatives
27431	자동차 부품 기술 영업원	Automobile Parts Technical Sales Representatives
27432	전자 및 통신장비 기술 영업원	Electronics and Telecommunication Equipment Technical Sales Representatives

27433	의료장비 기술 영업원	Medical and Dental Equipment Technical Sales Representatives
27434	농업용 기계장비 기술 영업원	Agricultural Machinery Equipment Technical Sales Representatives
27435	산업용 기계장비 기술 영업원	Industrial Machinery and Equipment Technical Sales Representatives
27436	의약품 영업원	Pharmaceutical Sales Representatives
27439	그 외 기술 영업원	Technical Sales Representatives n.e.c.
2744	상품 중개인 및 경매사	Wholesale Brokers and Auctioneers
27441	농수산물 중개인 및 경매사	Agricultural, Forestry and Fishery Product Brokers and Auctioneers
27442	예술품 중개인 및 경매사	Art Works Brokers and Auctioneers
27449	그 외 상품 중개인 및 경매사	Wholesale Brokers and Auctioneers n.e.c.
2745	부동산 컨설턴트 및 중개사	Real Estate Consultants and Estate Agents
27451	부동산 컨설턴트	Real Estate Consultants
27452	부동산 중개사	Estate Agents
2749	기타 기술 영업 및 중개 관련 종사원	Other Technical Sales Representatives, Brokers and Related Workers
27490	그 외 기술 영업 및 중개 관련 종사원	Technical Sales Representatives, Brokers and Related Workers n.e.c.
28	**문화 · 예술 · 스포츠 전문가 및 관련직**	**Culture, Arts and Sports Professionals and Related Occupations**
281	작가 및 언론 관련 전문가	Writers, Journalists, and Related Professionals
2811	작가	Writers
28111	방송 및 시나리오 작가	Script Writers
28112	문학작가	Literary Writers
28119	그 외 작가	Writers n.e.c.
2812	출판물 전문가	Publishing Professionals
28121	출판물 기획자	Publishing Planners
28122	출판물 편집자	Publishing Editors
2813	기자 및 언론 관련 전문가	Journalists and Journalism Related Professionals
28131	기자	Journalists

28132	평론가	Critics
28139	그 외 언론 관련 전문가	Journalists and Journalism Related Professionals n.e.c.
2814	번역가 및 통역가	Translators and Interpreters
28141	번역가	Translators
28142	통역가	Interpreters
282	학예사 · 사서 및 기록물 관리사	Curators, Librarians and Archivists
2821	학예사 및 문화재 보존원	Curators and Cultural Assets Preservation Workers
28211	학예사	Curators
28212	문화재 보존원	Cultural Assets Preservation Workers
2822	사서 및 기록물 관리사	Librarians and Archivists
28221	사서	Librarians
28222	기록물 관리사	Archivists
283	연극 · 영화 및 영상 전문가	Drama, Film and Moving Image Professionals
2831	감독 및 기술 감독	Directors and Technical Directors
28311	감독 및 연출가	Directors and Producers
28312	기술 감독	Technical Directors
28319	그 외 감독 및 연출가	Directors and Producers n.e.c.
2832	배우 및 모델	Actors and Models
28321	배우	Actors
28322	개그맨 및 코미디언	Comedians
28323	성우	Radio Actors
28324	모델	Models
28329	그 외 배우 및 모델	Actors and Models n.e.c.
2833	아나운서 및 리포터	Announcers and Reporters
28331	아나운서	Announcers
28332	리포터	Reporters
28333	쇼핑호스트	Shopping Hosts
28339	그 외 아나운서 및 리포터	Announcers and Reporters n.e.c.
2834	촬영기사	Cinematographers
28340	촬영기사	Cinematographers
2835	음향 및 녹음 기사	Sound Equipment Engineers
28350	음향 및 녹음 기사	Sound Equipment Engineers
2836	영상 · 녹화 및 편집 기사	Video Recording and Editing Engineers
28360	영상 · 녹화 및 편집 기사	Video Recording and Editing Engineers

2837	조명기사 및 영사기사	Lights Operators and Cinema Projection Operators
28371	조명기사	Lights Operators
28372	영사기사	Cinema Projection Operators
2839	기타 연극·영화 및 영상 관련 종사원	Other Drama, Film and Video Related Workers
28391	미디어 콘텐츠 창작자	Media Contents Creators
28392	스크립터	Scripters
28393	무대의상 관리원	Costume Attendants
28394	소품 관리원	Stage Property Attendants
28395	방송 및 영화연출 보조원	Assistants to Broadcasting and Film Producers
28396	보조 연기자	Extras
28399	그 외 연극·영화 및 영상 관련 종사원	Drama, Film and Video Related Workers n.e.c.
284	시각 및 공연 예술가	Visual and Performing Artists
2841	화가 및 조각가	Painters and Sculptors
28411	화가	Painters
28412	조각가	Sculptors
28413	서예가	Calligraphers
2842	사진기자 및 사진가	Photograph Journalists and Photographers
28421	사진작가	Photograph Artists
28422	사진기자	Photograph Journalists
28423	사진가	Photographers
2843	만화가 및 만화영화 작가	Cartoonists and Animators
28431	만화가	Cartoonists
28432	만화영화 작가	Animators
2844	국악 및 전통 예능인	Korean Classical Musicians and Traditional Artists
28441	국악인	Korean Classical Music Vocalists
28442	국악 연주가	Korean Classical Musicians
28443	국악 작곡 및 편곡가	Korean Classical Music Composers and Arrangers
28444	전통 예능인	Traditional Artists
2845	지휘자·작곡가 및 연주가	Conductors, Composers and Players
28451	지휘자	Conductors
28452	작곡가 및 편곡가	Composers and Arrangers
28453	연주가	Players

2846	가수 및 성악가	Singers and Vocalists
28461	가수	Singers
28462	성악가	Vocalists
2847	무용가 및 안무가	Dancers and Choreographers
28471	무용가	Dancers
28472	안무가	Choreographers
2849	기타 시각 및 공연 예술가	Other Visual and Performing Artists and Related Workers
28490	그 외 시각 및 공연 예술가	Visual and Performing Artists and Related Workers n.e.c.
285	디자이너	Designers
2851	제품 디자이너	Product Designers
28511	자동차 디자이너	Motor Vehicles Designers
28512	가구 디자이너	Furniture Designers
28519	그 외 제품 디자이너	Product Designers n.e.c.
2852	패션 디자이너	Fashion Designers
28521	직물 디자이너	Textile Designers
28522	의상 디자이너	Clothes Designers
28523	액세서리 디자이너	Accessory Designers
28524	가방 및 신발 디자이너	Bag and Shoes Designers
2853	실내장식 디자이너	Interior Decoration Designers
28531	인테리어 디자이너	Interior Designers
28532	디스플레이 디자이너	Display Designers
28533	무대 및 세트 디자이너	Stage and Set Designers
2854	시각 디자이너	Graphic Designers
28541	광고 디자이너	Advertisement Designers
	포장 디자이너	Packaging Designers
28542		
28543	책 디자이너	Book Designers
	삽화가	Illustrators
28544		
28545	색채 전문가	Colorists
28546	활자 디자이너	Font Designers
28549	그 외 시각 디자이너	Graphic Designers n.e.c.
2855	미디어 콘텐츠 디자이너	Media Contents Designers
28551	웹 디자이너	Web Designers
28552	멀티미디어 디자이너	Multimedia Designers
28553	게임 그래픽 디자이너	Game Graphic Designers
28554	사용자 경험 및 인터페이스 디자이너	User Experience and Interface Designers

28559	그 외 미디어 콘텐츠 디자이너	Media Contents Designers n.e.c.
286	스포츠 및 레크리에이션 관련 전문가	Sports and Recreation Related Professionals
2861	스포츠 감독 및 코치	Sports Head Coaches and Coaches
28611	스포츠 감독	Sports Head Coaches
28612	스포츠 코치	Sports Coaches
2862	직업 운동선수	Professional Athletes
28620	직업 운동선수	Professional Athletes
2863	경기 심판 및 경기 기록원	Referees and Score Keepers
28631	경기 심판	Referees
28632	경기 기록원	Score Keepers
2869	기타 스포츠 및 레크리에이션 관련 전문가	Other Sports and Recreation Related Professionals
28691	스포츠 강사 및 트레이너	Sports Instructors and Trainers
28692	레크리에이션 전문가	Recreation Planners and Instructors
28699	그 외 스포츠 및 레크리에이션 관련 전문가	Sports and Recreation Related Professionals n.e.c.
287	식문화 관련 전문가	Culinary Arts Related Professionals
2870	주방장 및 요리 연구가	Chefs and Culinary Development Professionals
28701	주방장	Chefs
28702	요리 연구가	Culinary Development Professionals
28709	그 외 식문화 관련 전문가	Food Culture Related Professionals n.e.c.
288	문화·예술 관련 기획자 및 매니저	Cultural Art Planners and Agents
2881	공연·영화 및 음반 기획자	Performance, Film, and Record Promoters
28810	공연·영화 및 음반 기획자	Performance, Film, and Record Promoters
2882	연예인 및 스포츠 매니저	Entertainer and Sports Agents
28821	연예인 매니저	Entertainer Agents
28822	스포츠 매니저	Sports Agents

3 사무 종사자
(Clerks)

31	경영 및 회계 관련 사무직	Administration and Accounting Related Occupations
311	행정 사무원	Administrative Clerks
3111	조세행정 사무원	Tax Administration Clerks
31110	조세행정 사무원	Tax Administration Clerks
3112	관세행정 사무원	Customs Administration Clerks
31120	관세행정 사무원	Customs Administration Clerks
3113	병무행정 사무원	Military Administration Clerks
31130	병무행정 사무원	Military Administration Clerks
3114	국가 및 지방 행정 사무원	Government and Public Administrative Clerks
31141	국가행정 사무원	Government Administrative Clerks
31142	지방행정 사무원	Local Government Administrative Clerks
3115	공공행정 사무원	Public Administrative Clerks
31150	공공행정 사무원	Public Administrative Clerks
312	경영 관련 사무원	Business Administration and Office Clerks
3121	기획 및 마케팅 사무원	Planning and Marketing Clerks
31211	경영 기획 사무원	Business Planning Clerks
31212	영업 관리 사무원	Sales Management Clerks
31213	광고 및 홍보 사무원	Public Relations and Advertising Clerks
31214	분양 및 임대 사무원	Property Sales and Lease Clerks
31215	판매 사무원	Sales Clerks
31219	그 외 기획 및 마케팅 사무원	Planning and Marketing Clerks n.e.c.
3122	인사 및 교육·훈련 사무원	HR, Education and Training Clerks
31221	인사 및 노무 사무원	HR and Labor Relation Clerks
31222	교육 및 훈련 사무원	Education and Training Clerks
3123	자재 관리 사무원	Inventory Clerks
31230	자재 관리 사무원	Inventory Clerks
3124	생산 및 품질 관리 사무원	Production and Quality Management Clerks
31241	생산관리 사무원	Production Management Clerks

31242	품질 관리 사무원	Quality Management Clerks
3125	무역 사무원	Trading Clerks
31250	무역 사무원	Trading Clerks
3126	운송 사무원	Transport Clerks
31261	도로운송 사무원	Road Transport Clerks
31262	철도운송 사무원	Railway Transport Clerks
31263	수상운송 사무원	Water Transport Clerks
31264	항공운송 사무원	Air Transport Clerks
3127	총무 사무원 및 대학 행정조교	General Affairs Clerks and College Administrative Assistants
31271	총무 사무원	General Affairs Clerks
31272	대학 행정조교	College Administrative Assistants
313	회계 및 경리 사무원	Accounting and Book-keeping Clerks
3131	회계 사무원	Accounting Clerks
31310	회계 사무원	Accounting Clerks
3132	경리 사무원	Book-keeping Clerks
31320	경리 사무원	Book-keeping Clerks
314	비서 및 사무 보조원	Secretaries and Administrative Assistants
3141	비서	Secretaries
31411	관리 비서	Executive Secretaries
31412	일반 비서	General Secretaries
3142	전산 자료 입력원 및 사무 보조원	Computer Data Entry Clerks and Administrative Assistants
31421	약국 전산 관리원	Pharmacist Computer Assistants
31422	전산 자료 입력원	Computer Data Entry Clerks
31423	사무 보조원	Office Administrative Assistants
32	**금융 사무직**	**Financial Clerical Occupations**
320	금융 사무 종사자	Finance Clerks
3201	출납 창구 사무원	Tellers and Cashiers for Financial Service
32010	출납 창구 사무원	Tellers and Cashiers for Financial Service
3202	보험 심사원 및 사무원	Insurance Inspectors and Clerks
32021	보험 심사원	Insurance Inspectors
32022	보험 사무원	Insurance Clerks
3203	은행 사무원	Bank Clerks
32030	은행 사무원	Bank Clerks

3204	증권 사무원	Securities Brokerage Clerks
32040	증권 사무원	Securities Brokerage Clerks
3205	수금원 및 신용 추심원	Payment Collectors and Debt Collection Clerks
32051	수금원	Payment Collectors
32052	신용 추심원	Debt Collection Clerks
3209	기타 금융 사무원	Other Financial Service Related Clerks
32090	그 외 금융 사무원	Financial Service Related Clerks n.e.c.
33	**법률 및 감사 사무직**	**Legal and Inspection Occupations**
330	법률 및 감사 사무 종사자	Legal and Inspection Clerks
3301	법률 관련 사무원	Legal Assistants and Related Workers
33011	법무 사무원	Legal Clerks
33012	특허 사무원	Patent Clerks
33019	그 외 법률 관련 사무원	Legal Clerks n.e.c.
3302	감사 사무원	Inspection Clerks
33020	감사 사무원	Inspection Clerks
39	**상담·안내·통계 및 기타 사무직**	**Customer Service, Information Desk, Statistical Survey and Other Clerical Occupations**
391	통계 관련 사무원	Statistical Service Related Clerks
3910	통계 관련 사무원	Statistical Service Related Clerks
39101	통계 사무원	Statistical Service Administrative Clerks
39102	통계 및 설문 조사 사무원	Survey Interviewers and Enumerators
39109	그 외 통계 관련 사무원	Statistical Service Related Clerks n.e.c.
392	여행·안내 및 접수 사무원	Travel Agent, Information and Reception Clerks
3921	여행 사무원	Travel Agents
39210	여행 사무원	Travel Agents
3922	안내·접수원 및 전화교환원	Receptionists, Information Desk, and Telephone Operators
39221	예약 및 접수 사무원	Reservation and Reception Clerks
39222	데스크 안내원	Information Desk Clerks
39223	방송 안내원	Broadcast Service Clerks
	전화교환 및 전화번호	Switchboard Operators and Answering

39224	안내원	Service Clerks
39229	그 외 안내 · 접수원 및 전화교환원	Receptionists, Information Desk, and Telephone Operators, n.e.c.
399	고객 상담 및 기타 사무원	Customer Service and Other Office Clerks
3991	고객 상담 및 모니터 요원	Customer Services and Service Monitoring Workers
39911	의료 서비스 상담 종사원	Medical Service Coordinators
39912	전화 상담원	Over-the-phone Customer Service Representatives
39913	방문 고객 상담원	Face-to-face Customer Service Representatives
39914	모니터 요원	Monitor Services Workers
39915	중개 사무원	Real Estate Agent Assistants
39919	그 외 고객 상담 사무원	Customer Services and Service Monitoring Workers n.e.c.
3999	기타 사무원	Other Clerks
39991	출판 및 자료편집 사무원	Publication and Editing Clerks
39992	속기사	Stenographers
39993	행정사	Administrative Agents
39994	취업 알선원	Job Placement Workers
39999	그 외 사무원	Clerks n.e.c.

4 서비스 종사자 (Service Workers)

41	**경찰 · 소방 및 보안 관련 서비스직**	**Police, Fire Fighting and Security Related Service Occupations**
411	경찰 · 소방 및 교도 관련 종사자	Police, Fire Fighting and Prison Related Workers
4111	경찰관 및 수사관	Police and Investigation Officers
41111	해양 경찰관 및 수사관	Coast Guard and Maritime Investigation Officers
41112	일반 경찰관 및 수사관	General Police and Investigation Officers
4112	소방관	Fire Fighters
41120	소방관	Fire Fighters

코드	직업명	영문명
4113	소년원 학교 교사 및 교도관	Juvenile Guidance Services Officers and Prison Guards
41131	소년원 학교 교사	Juvenile Guidance Services Officers
41132	교도관	Prison Guards
412	경호 및 보안 관련 종사자	Guards and Security Related Workers
4121	경호원	Body Guards
41210	경호원	Body Guards
4122	청원경찰	Police Assigned for Special Guards
41220	청원경찰	Police Assigned for Special Guards
4123	시설 및 특수 경비원	Facility and Special Security Guards
41231	시설 경비원	Facility Security Guards
41232	호송 경비원	Escort Security Guards
41233	기계 경비원	Equipment Security Guards
41234	특수 경비원	Special Security Guards
41239	그 외 시설 및 특수 경비원	Facility and Special Security Guard n.e.c.
4129	기타 경호 및 보안 관련 종사원	Other Guards and Security Related Workers
41291	보안 관제원	Security Controllers
41292	유통 및 매장 감시원	Distribution and Store Guards
41293	주차 단속원	Parking Controllers
41299	그 외 경호 및 보안 관련 종사원	Guards and Security Related Workers n.e.c.
42	**돌봄·보건 및 개인 생활 서비스직**	**Caregiving, Health and Personal Service Workers**
421	돌봄 및 보건 서비스 종사자	Caregiving and Health Service Workers
4211	돌봄 서비스 종사원	Caregiving Service Workers
42111	요양 보호사	Licensed Caregivers
42112	간병인	Caregivers for the sick
42113	노인 및 장애인 돌봄 서비스 종사원	Geriatric or Special Needs Caregiving Service Workers
4212	보육 및 교사 보조 서비스 종사원	Child Care Workers and Teachers' Aides
42121	보육 관련 시설 서비스 종사원	Child Care Service Workers
42122	교사 교육 보조원	Teachers' Assistants

코드	직업명	Occupation
4219	기타 돌봄 및 보건 서비스 종사원	Other Caregiving and Health Service Workers
42191	산후조리 종사원	Postpartum Care Workers
42192	치료사 보조원	Therapist Assistants
42199	그 외 돌봄 및 보건 서비스 종사원	Caregiving and Health Service Workers n.e.c.
422	미용 관련 서비스 종사자	Hairdressing Related Service Workers
4221	이용사	Barbers
42210	이용사	Barbers
4222	미용사	Hairdressers
42220	미용사	Hairdressers
4223	피부 및 체형 관리사	Skin Care and Fitness Managers
42231	피부 관리사	Skin Care Specialists
42232	체형 관리사	Fitness Specialists
42233	손톱 관리사	Nail Artists
42234	목욕 관리사	Bathing Attendants
42239	그 외 피부 및 체형 관리 종사원	Skin Care and Fitness Service Workers n.e.c.
4224	메이크업 아티스트 및 분장사	Make-up Artists and Film Make-up Artists
42241	메이크업 아티스트	Make-up Artists
42242	특수 분장사	Special Make-Up Artists
42243	분장사	Film Make-up Artists
4229	기타 미용 관련 서비스 종사원	Other Beauty Care Service Related Workers
42291	패션 코디네이터	Fashion Coordinators
42292	이미지컨설턴트	Image Consultants
42299	그 외 미용 관련 서비스 종사원	Beauty Care Service Workers n.e.c.
423	혼례 및 장례 종사자	Wedding Ceremony and Funeral Service Workers
4231	결혼상담원 및 웨딩플래너	Wedding Consultants and Planners
42311	결혼상담원	Wedding Consultants
42312	웨딩플래너	Wedding Planners
4232	혼례 종사원	Wedding Ceremony Workers
42320	혼례 종사원	Wedding Ceremony Workers
4233	장례 상담원 및 장례 지도사	Funeral Consultants and Guides

42331	장례 상담원	Funeral Consultants
42332	장례 지도사	Funeral Guides
429	기타 돌봄·보건 및 개인 생활 서비스 종사자	Other Caregiving, Health and Personal Service Workers
4291	반려동물 미용 및 관리 종사원	Pet Care Service workers
42911	반려동물 미용사	Pet Groomers
42912	반려동물 훈련사	Pet Trainers
42913	수의사 보조원	Veterinary Assistants
4292	점술가 및 민속신앙 종사원	Fortune Tellers and Folk Religion Related Workers
42921	점술가	Fortune Tellers
42922	민속신앙 관련 종사원	Folk Religion Related Workers
4293	개인 생활 서비스 종사원	Personal Service Workers
42930	개인 생활 서비스 종사원	Personal Service Workers
43	**운송 및 여가 서비스직**	**Transport and Leisure Services Occupations**
431	운송 서비스 종사자	Transport Services Workers
4311	항공기 객실 승무원	Flight Attendants
43110	항공기 객실 승무원	Flight Attendants
4312	선박 및 열차 객실 승무원	Ship Stewards and Train Attendants
43121	선박 객실 승무원	Ship Stewards
43122	열차 객실 승무원	Train Attendants
432	여가 서비스 종사자	Leisure Services Workers
4321	여가 및 관광 서비스 종사원	Leisure and Tourism Service Workers
43211	국내여행 안내원	Local Tour Guiders
43212	국외여행 안내원	Abroad Tour Guiders
43213	관광 통역 안내원	Tourist Interpretation Guiders
43214	미술관·박물관 해설 및 안내원	Art Gallery and Museum Tour Guides
43215	전시 및 시설 견학 안내원	Institution and Convention Tour Guides
43216	문화 관광 및 숲·자연환경 해설사	Culture and Forest Tour Guides
4322	숙박시설 서비스 종사원	Lodging Service Workers
43221	호텔 서비스원	Hotel Service Workers
	그 외 숙박시설 서비스원	Lodging Facilities Service Workers

43229		n.e.c.
4323	오락시설 서비스 종사원	Entertainment Facilities Service Workers
43231	유원시설 및 테마파크 서비스원	Amusement Park and Theme Park Service Workers
43232	노래방 서비스원	Karaoke Service Workers
43239	그 외 오락시설 서비스원	Entertainment Facilities Service Workers n.e.c.
4329	기타 여가 서비스 종사원	Other Leisure Service Workers
43291	카지노 딜러	Casino Dealers
43292	골프장 캐디	Caddies
43293	응원단원	Cheer Leaders
43299	그 외 여가 서비스원	Leisure Services Workers n.e.c.
44	**조리 및 음식 서비스직**	**Cooking and Food Service Occupations**
441	조리사	Cooks
4411	한식 조리사	Korean Food Cooks
44110	한식 조리사	Korean Food Cooks
4412	중식 조리사	Chinese Food Cooks
44120	중식 조리사	Chinese Food Cooks
4413	양식 조리사	Western Food Cooks
44130	양식 조리사	Western Food Cooks
4414	일식 조리사	Japanese Food Cooks
44140	일식 조리사	Japanese Food Cooks
4415	음료 조리사	Beverage Specialists
44151	커피 조리사	Coffee Baristas
44152	전통차 조리사	Tradition Tea Baristas
44159	그 외 음료 조리사	Beverage Specialists n.e.c.
4419	기타 조리사	Other Cooks
44191	분식 조리사	Light Food Cooks
44199	그 외 조리사	Cooks n.e.c.
442	식음료 서비스 종사자	Food and Beverage Service Workers
4421	바텐더	Bartenders
44210	바텐더	Bartenders
4422	웨이터	Waiters
44221	음식 서비스 종사원	Catering Service Workers
44222	음료 서비스 종사원	Beverage Service Workers
44223	주류 서비스 종사원	Alcohol Service Workers
4429	기타 음식 서비스 종사원	Other Catering Services Workers
44290	그 외 음식 서비스 종사원	Catering Services Workers n.e.c.

5 판매 종사자
(Sales Workers)

코드	직업명	Occupation
51	**영업직**	**Sales Occupations**
510	영업 종사자	Sales Representatives
5101	자동차 영업원	Automobile Sales Representatives
51011	신차 영업원	New Automobile Sales Representatives
51012	중고차 영업원	Used Automobile Sales Representatives
5102	제품 및 광고 영업원	Products and Advertising Sales Representatives
51021	건축자재 영업원	Construction Materials Sales Representatives
51022	인쇄 및 광고 영업원	Printing and Advertising Sales Representatives
51023	식품 영업원	Food Sales Representatives
51024	체인점 모집 및 관리 영업원	Franchise Recruiters and Account Management Representatives
51029	그 외 일반 영업원	General Sales Representatives n.e.c.
5103	보험 모집인 및 투자 권유 대행인	Insurance Salespersons and Investment Agents
51031	보험 중개인	Insurance Brokers
51032	보험 설계사	Insurance Salespersons
51033	투자 권유 대행인	Investment Solicitors
5104	대출 및 신용카드 모집인	Loan and Credit Card Solicitors
51041	대출 모집인	Loan Solicitors
51042	신용카드 모집인	Credit Card Solicitors
52	**매장 판매 및 상품 대여직**	**Store Sales and Rental Sales Occupations**
521	매장 판매 종사자	Store Sales Workers
5211	소규모 상점 경영 및 일선 관리 종사원	Owners and Supervisors of Small Stores
52111	소규모 상점 경영자	Small Store Owners
52112	소규모 상점 일선 관리 종사원	First-line Supervisors in Small Stores
5212	상점 판매원	Retail Salespersons
52121	의류 판매원	Clothing Salespersons

52122	화장품 판매원	Cosmetics Salespersons
52123	가전제품 판매원	Electronic Home Appliances Salespersons
52124	가구 판매원	Furniture Salespersons
52125	신발 및 액세서리 판매원	Footwear and Accessories Salespersons
52126	서적·문구 및 음반 판매원	Books, Stationery and Discs Salespersons
52127	원예작물 판매원	Horticultural Plant Salespersons
52128	음식료품 판매원	Food and Beverage Salespersons
52129	그 외 상점 판매원	Store Salespersons n.e.c.
5213	매표원 및 복권 판매원	Ticket Agent and Lottery Ticket Salespersons
52131	항공권 판매원	Airline Ticket Salespersons
52132	승차권 판매원	Passenger Ticket Salespersons
52133	입장권 판매원	Admission Ticket Salespersons
52134	복권 및 마권 판매원	Lottery and Horse Racing Lottery Ticket Salespersons
52139	그 외 매표원 및 복권 판매원	Ticket Agent and Lottery Ticket Salespersons n.e.c.
5214	매장 계산원 및 요금 정산원	Cashiers
52141	매장 계산원	Store Cashiers
	요금 정산원	Toll Operators
52142		
522	상품 대여 종사자	Rental Sales Workers
5220	상품 대여원	Rental Salespersons
52201	자동차 대여원	Automobile Rental Salespersons
52202	생활용품 대여원	Living Supplies Rental Salespersons
52203	사무용품 대여원	Stationery Rental Salespersons
52204	오락 및 스포츠용품 대여원	Recreational and Sports Supplies Rental Salespersons
52205	도서 및 영상 기록 매체 대여원	Book and Video Records Rental Salespersons
52209	그 외 상품 대여원	Supplies Rental Salesperson n.e.c.
53	**통신 및 방문·노점 판매 관련직**	**Mobile, Door to Door and Street Sales Related Occupations**
531	통신 관련 판매직	Mobile Telecommunication Related Sales Workers and Telesales Workers

5311	단말기 및 통신 서비스 판매원	Mobile Telecommunication Device and Service Salespersons
53110	단말기 및 통신 서비스 판매원	Mobile Telecommunication Device and Service Salespersons
5312	온라인 쇼핑 판매원	Online Salespersons
53120	온라인 쇼핑 판매원	Online Salespersons
5313	텔레마케터	Telemarketers
53130	텔레마케터	Telemarketers
532	방문 및 노점 판매 관련직	Door to Door and Street Sales Related Workers
5321	방문 판매원	Door to Door Salespersons
53210	방문 판매원	Door to Door Salespersons
5322	노점 및 이동 판매원	Street Stall Salespersons and Vendors
53220	노점 및 이동 판매원	Street Stall Salespersons and Vendors
5323	홍보 도우미 및 판촉원	Advertising Assistants and Demonstrators
53231	행사 및 홍보 도우미	Event and Advertising Assistants
53232	판촉원	Demonstrators

6 농림·어업 숙련 종사자
(Skilled Agricultural, Forestry and Fishery Workers)

61	**농·축산 숙련직**	**Agricultural, Livestock Related Skilled Occupations**
611	작물 재배 종사자	Crop Growers
6111	곡식작물 재배원	Crop Farmers
61110	곡식작물 재배원	Crop Farmers
6112	채소 및 특용작물 재배원	Vegetable and Special Crop Farmers
61121	채소작물 재배원	Vegetable Crop Farmers
61122	특용작물 재배원	Special Crop Farmers
6113	과수작물 재배원	Fruits Farmers
61130	과수작물 재배원	Fruits Farmers
612	원예 및 조경 종사자	Horticultural and Landscape Workers
6121	원예작물 재배원	Horticultural Growers
61211	육묘작물 재배원	Nursery Growers
61212	화훼작물 재배원	Floriculturists
6122	조경원	Landscapers
61220	조경원	Landscapers
613	축산 및 사육 관련 종사자	Livestock and Stockbreeding Related Workers

6131	낙농업 관련 종사원	Dairy Related Farmers
61311	젖소 사육자	Milk Cow Breeders
61319	그 외 낙농업 관련 종사원	Dairy Related Farmers n.e.c.
6132	가축 사육 종사원	Livestock Breeders
61321	육우 사육자	Cattle Farmers
61322	돼지 사육자	Pig Farmers
61323	가금 사육자	Poultry Farmers
61329	그 외 가축 사육 종사원	Livestock Breeders n.e.c.
6139	기타 사육 관련 종사원	Other Breeding Related Workers
61391	양봉 종사원	Apiarists
61392	수렵 종사원	Hunters and Trappers
61393	동물 부화원	Animal Hatchers
61394	감별사	Animal Sexers
61395	동물원 사육사	Zoo Keepers
61399	그 외 사육 관련 종사원	Breeding Related Workers n.e.c.
62	**임업 숙련직**	**Skilled Forestry Occupations**
620	임업 관련 종사자	Forestry Related Workers
6201	조림·산림경영인 및 벌목원	Forestation and Forest Management Workers and Loggers
62011	조림원 및 산림경영인	Forestation and Forest Management Workers
62012	벌목원	Loggers
6209	임산물 채취 및 기타 임업 관련 종사원	Forest Products Pickers and Other Forestry Related Workers
62091	임산물 채취 종사원	Forest Products Pickers
62099	그 외 임업 관련 종사원	Forestry Workers n.e.c.
63	**어업 숙련직**	**Skilled Fishery Occupations**
630	어업 관련 종사자	Fishery Related Workers
6301	양식원	Fishery Farm Workers
63011	어패류 양식원	Fish and Shellfish Farm Workers
63012	해조류 양식원	Seaweed Farm Workers
63019	그 외 양식원	Fishery Farm Workers n.e.c.
6302	어부 및 해녀	Fishermen and Shellfish Divers
63021	원근해 어부	Deep-Sea and Coastal Waters Fishermen
63022	내수면 어부	Inland Waters Fishermen
63023	해녀	Shellfish Divers

7 기능원 및 관련 기능 종사자 (Craft and Related Trades Workers)

71	**식품가공 관련 기능직**	Food Processing Related Trades Occupations
710	식품가공 관련 기능 종사자	Food Processing Related Trades Workers
7101	제빵사 및 제과원	Bakers, Pastry-cooks and Confectionery Makers
71010	제빵사 및 제과원	Bakers, Pastry-cooks and Confectionery Makers
7102	떡 제조원	Rice Cake Makers
71020	떡 제조원	Rice Cake Makers
7103	정육가공원 및 도축원	Meat Processors and Butchers
71031	정육가공원	Meat Processors
71032	도축원	Butchers
71039	그 외 정육가공 및 도축 관련 종사원	Meat Processing and Butchering Related Workers
7104	식품 및 담배 등급원	Food and Tobacco Graders
71041	식품 등급원	Food Graders
71042	담배 등급원	Tobacco Graders
7105	김치 및 밑반찬 제조 종사원	Kimchi Makers and Side dish Makers
71051	김치 제조 종사원	Kimchi Makers
71052	밑반찬 제조 종사원	Side Dish Makers
7109	기타 식품가공 관련 종사원	Other Food Processing Related Workers
71091	건강원 및 탕제원 종사원	Health Supplement Food and Drink Store Workers
71092	수산물가공 및 염장원	Marine Products Processors and Picklers
71099	그 외 수제 식품 제조 종사원	Handmade Foods Producers n.e.c.
72	**섬유 · 의복 및 가죽 관련 기능직**	**Textile, Clothing and Leather Related Trade Occupations**
721	섬유 및 가죽 관련 기능 종사자	Textile and Leather Related Workers
7211	패턴사	Pattern Makers

72111	직물 패턴사	Textile Pattern Makers
72112	가죽 패턴사	Leather Pattern Makers
72113	모피 패턴사	Fur Pattern Makers
72119	그 외 패턴사	Pattern Makers n.e.c.
7212	재단사	Cutters
72121	의복 재단사	Garment Cutters
72122	신발 및 구두 재단사	Footwear Cutters
72129	그 외 재단사	Cutters n.e.c.
7213	재봉사	Sewers
72131	직물 재봉사	Textile Sewers
72132	가죽 및 모피 재봉사	Leather and Fur Sewers
72133	신발 재봉사	Footwear Sewers
72134	기계 자수사	Machine Embroidery Workers
72139	그 외 재봉사	Sewers n.e.c.
7214	제화원	Shoe Makers
72140	제화원	Shoe Makers
7219	기타 섬유 및 가죽 관련 기능 종사원	Other Textile and Leather Related Workers
72191	모자 제조원	Hat Makers
72192	카펫 및 가발 제조원	Carpet and Wig Makers
72193	시트 제품 제조원	Upholstery Makers
72194	수날염원	Hand Printing Workers
72195	섬유 및 펠트 관련 선별원	Textile and Pelt Related Graders
72199	그 외 섬유 및 가죽 관련 기능 종사원	Textile and Leather Related Workers n.e.c.
722	의복 제조 관련 기능 종사자	Garment Related Workers
7221	한복 제조원	Korean-Costume Makers
72210	한복 제조원	Korean-Costume Makers
7222	양장 및 양복 제조원	Tailors and Dressmakers
72221	양장 제조원	Dressmakers
72222	양복 제조원	Tailors
7223	모피 및 가죽 의복 제조원	Fur and Leather Garment Makers
72230	모피 및 가죽 의복 제조원	Fur and Leather Garment Makers
7224	의복·가죽 및 모피 수선원	Garment, Leather and Fur Repairers
72241	의복 수선원	Garment Repairers
72242	가죽 및 모피 수선원	Leather and Fur Repairers
72243	구두 수선원	Shoe Repairers
72249	그 외 수선원	Repairers n.e.c.
7229	기타 의복 제조 관련 기능 종사원	Other Garment Related Workers

72290	그 외 의복 제조 관련 기능 종사원	Garment Makers n.e.c.
73	**목재 · 가구 · 악기 및 간판 관련 기능직**	**Wood and Furniture, Musical Instrument and Signboard Related Trade Occupations**
730	목재 · 가구 · 악기 및 간판 관련 기능 종사자	Wood and Furniture, Musical Instrument and Signboard Related Trade Occupations
7301	목제품 제조 관련 종사원	Woodworking Related Workers
73011	목재케이스 및 나무상자 제조원	Wooden Case and Box Makers
73019	그 외 목제품 제조 관련 종사원	Woodworking Related Workers n.e.c.
7302	가구 제조 및 수리원	Furniture Makers and Repairers
73021	가구 제조원	Furniture Makers
73022	가구 수리원	Furniture Repairers
7303	악기 제조 및 조율사	Musical Instrument Makers and Tuners
73031	악기 제조 및 수리원	Musical Instrument Makers and Repairers
73032	조율사	Musical Instrument Tuners
7304	간판 제작 및 설치원	Signboard Makers
73040	간판 제작 및 설치원	Signboard Makers
74	**금속 성형 관련 기능직**	**Metal Coremakers Related Trade Occupations**
741	금형 · 주조 및 단조원	Die and Mold Makers, Metal Casting Workers and Forge Hammersmiths
7411	금형원	Die and Mold Makers
74110	금형원	Die and Mold Makers
7412	주조원	Metal Casting Workers
74121	목형원	Wooden Mold Makers
74122	주형원	Mold Makers
74123	금속 주입원	Metal Pourers and Casters
7413	단조원	Forge Hammersmiths and Forging Press Workers
74130	단조원	Forge Hammersmiths and Forging Press Workers
742	제관원 및 판금원	Pipe and Sheet Metal Makers

7421	제관원	Pipe Makers
74210	제관원	Pipe Makers
7422	판금원	Sheet Metal Makers
74220	판금원	Sheet Metal Makers
743	용접원	Welders
7430	용접원	Welders
74301	가스 용접원	Gas Welders
74302	전기 용접원	Electric Welders
74309	그 외 용접원	Welders n.e.c.
75	**운송 및 기계 관련 기능직**	**Transport and Machine Related Trade Occupations**
751	자동차 정비원	Automobile Mechanics
7510	자동차 정비원	Automobile Mechanics
75101	자동차 엔진 정비원	Automobile Engine Mechanics
75102	자동차 섀시 정비원	Automobile Chassis Mechanics
75103	자동차 전기 및 전자 정비원	Automobile Electric and Electronic Mechanics
75104	자동차 판금 정비원	Automobile Sheet Metal Mechanics
75105	자동차 도장 정비원	Automobile Paint Mechanics
75106	자동차 경정비원	Automobile Minor Repair Mechanics
75107	자동차 튜닝원	Automobile Tuning Mechanics
75109	그 외 자동차 정비원	Automobile Mechanics n.e.c.
752	운송장비 정비원	Transport Equipment Mechanics
7521	항공기 정비원	Aircraft Mechanics
75211	비행기 정비원	Airplane Mechanics
75212	헬리콥터 정비원	Helicopter Mechanics
7522	선박 정비원	Ship Mechanics
75220	선박 정비원	Ship Mechanics
7523	철도 기관차 및 전동차 정비원	Locomotive and Electric Train Mechanics
75231	고속철 기관차 정비원	High-speed Locomotive Mechanics
75232	철도 기관차 정비원	Railroad Locomotive Mechanics
75233	전동차 정비원	Electric Train Mechanics
75234	여객차 및 화차 정비원	Railroad Car Mechanics
7529	기타 운송장비 정비원	Other Transport Equipment Mechanics
75291	오토바이 정비원	Motorcycle Repairers
75292	자전거 정비원	Bicycle Repairers
75299	그 외 운송장비 정비원	Transport Equipment Mechanics n.e.c.
753	기계장비 설치 및 정비원	Machinery Equipment Fitters and Mechanics

7531	공업기계 설치 및 정비원	Industrial Machinery Fitters and Mechanics
75311	식품기계 설치 및 정비원	Food Machinery Fitters and Mechanics
75312	섬유기계 설치 및 정비원	Textile Machinery Fitters and Mechanics
75313	화학기계 설치 및 정비원	Chemical Machinery Fitters and Mechanics
75314	공작기계 설치 및 정비원	Working Machinery Fitters and Mechanics
75315	전자 제품 기계 설치 및 정비원	Electronic Product Machinery Fitters and Mechanics
75319	그 외 공업기계 설치 및 정비원	Industrial Machinery Fitters and Mechanics n.e.c.
7532	승강기 설치 및 정비원	Elevator, Escalator, Wheelchair Lift Fitters and Mechanics
75321	엘리베이터 설치 및 정비원	Elevator Fitters and Mechanics
75322	에스컬레이터 설치 및 정비원	Escalator Fitters and Mechanics
75323	휠체어 리프트 설치 및 정비원	Wheel Chair Lift Fitters and Mechanics
7533	물품 이동 장비 설치 및 정비원	Freight_handling Equipment Fitters and Mechanics
75331	크레인 설치 및 정비원	Crane Fitters and Mechanics
75332	호이스트 설치 및 정비원	Hoist Fitters and Mechanics
75333	지게차 정비원	Forklift Mechanics
75339	그 외 물품 이동 장비 설치 및 정비원	Freight-handling Equipment Fitters and Mechanics n.e.c.
7534	냉동·냉장·공조기 설치 및 정비원	Refrigerating System, Freezer, and Ventilating System Fitters and Mechanics
75341	건물용 냉동·냉장·공조기 설치 및 정비원	Building Refrigerating, Freezer, and Ventilating System Fitters and Mechanics
75349	그 외 냉동·냉장·공조기 설치 및 정비원	Refrigerating, Freezer, and Ventilating System Fitters and Mechanics n.e.c.
7535	보일러 설치 및 정비원	Boiler Fitters and Mechanics

75351	건물용 보일러 설치 및 정비원	Building Boiler Fitters and Mechanics
75359	그 외 보일러 설치 및 정비원	Boiler Fitters and Mechanics n.e.c.
7536	건설·광업기계 설치 및 정비원	Construction and Mining Machinery Fitters and Mechanics
75361	건설용 굴삭기 정비원	Construction Excavator Mechanics
75362	광업용 기계 설치 및 정비원	Mining Machinery Fitters and Mechanics
75369	그 외 건설용 기계 정비원	Construction Machinery Mechanics
7539	농업용·기타 기계장비 설치 및 정비원	Agricultural and Other Machinery Equipment Fitters and Mechanics
75391	농업용 기계 설치 및 정비원	Agricultural Machinery Fitters and Mechanics
75399	그 외 기계장비 설치 및 정비원	Other Machinery Equipment Fitters and Mechanics n.e.c.
76	**전기 및 전자 관련 기능직**	**Electric and Electronic Related Trade Occupations**
761	전기·전자기기 설치 및 수리원	Electric and Electronic Machine Fitters and Repairers
7611	사무용 전자기기 설치 및 수리원	Office Equipment Fitters and Repairers
76110	사무용 전자기기 설치 및 수리원	Office Equipment Fitters and Repairers
7612	가전제품 설치 및 수리원	Electrical and Electronic Home Appliance Fitters and Repairers
76120	가전제품 설치 및 수리원	Electrical and Electronic Home Appliance Fitters and Repairers
7619	기타 전기·전자기기 설치 및 수리원	Other Electrical and Electronic Equipment Fitters and Repairers
76191	감시카메라 설치 및 수리원	Closed-Circuit Television Fitters and Repairers
76192	현금인출기 설치 및 수리원	Automated Teller Machine Fitters and Repairers
76193	포스시스템 설치 및 수리원	POS System Fitters and Repairers
76194	영상·전자음향기기 설치 및 수리원	Electrical and Electronics Equipment and Audio-visual Equipment Fitters and Repairers

코드	직업명	Occupation
76195	의료기기 설치 및 수리원	Medical Equipment Fitters and Repairers
76196	시계 및 카메라 수리원	Watch and Camera Makers and Repairers
76197	광학기구 수리원	Optical Instrument Repairers
76199	그 외 전기·전자기기 설치 및 수리원	Electrical and Electronic Equipment Fitters and Mechanics n.e.c.
762	전기공	Electricians
7621	산업 전기공	Industrial Electricians
76211	항공기 전기 설치원	Aircraft Electrical Fitters
76212	선박 전기 설치원	Ship Electrical Fitters
76213	철도차량 전기 설치원	Railroad Trains Electrical Fitters
76214	플랜트 전기 설치원	Plant Electrical Fitters
76219	그 외 산업 전기 설치원	Industrial Electric Fitters n.e.c.
7622	내선 전기공	Wiremen
76221	건물 내 전기 설치 및 정비원	Service Electricians
76222	비상 발전기 설치 및 정비원	Emergency Power Generator Fitters and Mechanics
76223	조명 기구 설치 및 수리원	Light Fixture Fitters and Mechanics
76224	전기제어장치 설치 및 정비원	Electrical Control Unit Fitters and Mechanics
76225	전기기기 설치 및 정비원	Electrical Equipment Fitters and Mechanics
76229	그 외 내선 설치 및 정비원	Wiremen n.e.c.
7623	외선 전기공	Linemen
76231	송배전설비 전기원	Overhead Electrical Power Cable Workers
76232	지중 전력설비 전기원	Underground Electric Power Cable Workers
76233	전기케이블 접속원	Line Fitters
76234	철도 고가 전선 가설원	Railroad Switching Fitters
76239	그 외 외선 전기원	Linemen n.e.c.
77	**정보 통신 및 방송장비 관련 기능직**	**Information and Communications Technology Related Occupations**
771	정보 통신기기 설치 및 수리원	Information and Communications Technology Equipment Fitters and Repairers

7711	컴퓨터 설치 및 수리원	Computer Fitters and Repairers
77110	컴퓨터 설치 및 수리원	Computer Fitters and Repairers
7712	이동전화기 수리원	Cellular Phone Repairers
77120	이동전화기 수리원	Cellular Phone Repairers
7719	기타 정보 통신기기 설치 및 수리원	Other Information and Communications Technology Equipment Fitters and Repairers
77190	그 외 정보 통신기기 설치 및 수리원	Information and Communications Technology Equipment Fitters and Repairers n.e.c.
772	방송·통신장비 관련 설치 및 수리원	Broadcasting and Telecommunications Equipment Related Fitters and Repairers
7721	방송 관련 장비 설치 및 수리원	Broadcasting and Related Gear Fitters and Repairers
77211	방송장비 설치 및 수리원	Broadcasting Gear Fitters and Repairers
77212	위성방송 안테나 설치 및 수리원	Satellite Dish Fitters and Repairers
7722	통신 관련 장비 설치 및 수리원	Telecommunication and Related Equipment Fitters and Repairers
77221	통신장비 설치 및 수리원	Telecommunication Equipment Fitters and Repairers
77222	기지국 설치 및 수리원	Base Station Fitters and Repairers
7723	통신·방송·인터넷케이블 설치 및 수리원	Telecommunications, Broadcasting and Internet Network Cable Fitters and Repairers
77231	통신케이블 설치 및 수리원	Telecommunications Network Cable Fitters and Repairers
77232	방송케이블 설치 및 수리원	Broadcasting Network Cable Fitters and Repairers
77233	인터넷케이블 설치 및 수리원	Internet Network Cable Fitters and Repairers
78	**건설 및 채굴 관련 기능직**	**Construction and Mining Related Trade Occupations**

781	건설구조 관련 기능 종사자	Construction Structure Related Technical Workers
7811	강구조물 가공원 및 건립원	Steel Structure Process Workers and Builders
78111	강구조물 가공원	Steel Structural Process Workers
78112	강구조물 건립원	Steel Structure Builders
7812	경량 철골공	Light Weight Steel Frame Related Workers
78120	경량 철골공	Light Weight Steel Frame Related Workers
782	건설 관련 기능 종사자	Construction Related Technical Workers
7821	철근공	Concrete Reinforcing Iron Workers
78210	철근공	Concrete Reinforcing Iron Workers
7822	콘크리트공	Concrete Placers and Assemblers
78221	인조석 설치원	Terrazzo Workers
78222	콘크리트패널 조립원	Concrete Panel Assemblers
78223	콘크리트 타설원	Concrete Placers
7823	건축 석공	Construction Stonemasons
78230	건축 석공	Construction Stonemasons
7824	건축 목공	Construction Carpenters
	전통 건물 건축원	Traditional Building Builders
78241		
	외상 녹공	Exterior Carpenters
78242		
78243	형틀 목공	Frame Mold Carpenters
	내장 목공	Interior Carpenters
78244		
7825	조적공 및 석재 부설원	Bricklayers and Stonelayers
78251	조적공	Bricklayers
78252	보도블록 설치원	Pavers
78253	석재 부설원	Stonelayers
78259	그 외 조적공 및 석재 부설원	Bricklayers and Stonelayers n.e.c.
7829	기타 건설 관련 기능 종사원	Other Construction Related Technical Workers
78291	비계공	Scaffolders
78292	건물 칸막이 설치원	Partition Installers
78293	건물 해체원	Building Demolition Workers

78299	그 외 건설 관련 기능 종사원	Construction Related Technical Workers n.e.c.
783	건축 마감 관련 기능 종사자	Construction Finishing Related Technical Workers
7831	미장공	Plasters
78310	미장공	Plasters
7832	방수공	Waterproofers
78320	방수공	Waterproofers
7833	단열공	Insulation Workers
78330	단열공	Insulation Workers
7834	바닥재 시공원	Floor Installers
78341	마루 설치원	Floor Layers
78342	타일 부착원	Tile Setters
78343	대리석 부착원	Marble Setters
78349	그 외 바닥재 시공원	Floor Layers n.e.c.
7835	도배공 및 유리 부착원	Paperhangers and Glaziers
78351	도배공	Paperhangers
78352	유리 부착원	Glaziers
7836	건축 도장공	Construction Painters
78361	건물 도장공	Building Painters
78369	그 외 건축 도장공	Construction Painters n.e.c.
7837	새시 조립 및 설치원	Window Chassis Assemblers and Installers
78370	새시 조립 및 설치원	Window Chassis Assemblers and Installers
7839	기타 건축 마감 관련 기능 종사원	Other Construction Finishing Related Technical Workers
78391	건물 수리원	Building Repairers
78399	그 외 건축 마감 관련 기능 종사원	Construction Finishing Related Technical Workers n.e.c.
784	채굴 및 토목 관련 기능 종사자	Mining and Civil Engineering Related Technical Workers
7841	광원·채석원 및 석재 절단원	Miners, Quarrymen and Stone Cutters
78411	광원	Miners
78412	채석원	Quarrymen
78413	석재 절단원	Stone Splitters

7842	철로 설치 및 보수원	Railroad Track Fitters and Repairers
78421	철로 설치원	Railroad Track Fitters
78422	철로 보수원	Railroad Track Repairers
7849	기타 채굴 및 토목 관련 종사원	Other Mining and Public Works Related Workers
78491	점화·발파 및 화약 관리원	Igniting, Blasting and Gunpower Inspectors
78492	잠수 기능원	Underwater Workers
78493	삭구원 및 케이블 접속원	Riggers and Cable Fitters
78494	천일염 생산 종사원	Bay Salt Production Workers
78499	그 외 채굴 및 토목 관련 종사원	Mining and Civil Engineering Related Workers n.e.c.
79	**기타 기능 관련직**	**Other Technical Occupations**
791	공예 및 귀금속 세공원	Craftsmen and Metalsmiths
7911	공예원	Craftsmen
79111	도자기 공예원	Pottery and Porcelain Handcraft Workers
79112	목 공예원	Wooden Articles Handicraft Workers
79113	석 공예원	Stone Articles Handicraft Workers
79114	종이 공예원	Paper and Paperboard Articles Handicraft Workers
79119	그 외 공예원	Handcraft Workers n.e.c.
7912	귀금속 및 보석 세공원	Metalsmiths and Jewelers
79121	귀금속 세공원	Metalsmiths
79122	보석 세공원	Jewelers
79129	그 외 귀금속 및 보석 세공원	Jewelers and Precious Metal Workers n.e.c.
792	배관공	Plumbers
7921	건설 배관공	Construction Plumbers
79211	상·하수 배관공	Water and Sewage Plumbers
79212	가스 배관공	Gas Plumbers
7922	공업 배관공	Industrial Plumbers
79221	플랜트 배관공	Plant Plumbers
79222	선박 배관공	Ship Plumbers
79223	항공기 배관공	Aircraft Plumbers
7929	기타 배관공	Other Plumbers
79290	그 외 배관공	Plumbers n.e.c.

799	기타 기능 관련 종사자	Other Technical Workers
7991	배관 세정원 및 방역원	Plumbing Pipe Cleaners and Quarantine Workers
79911	배관 세정원	Plumbing Pipe Cleaners
79912	건물 외벽 세정원	Building Exterior Cleaners
79913	방역원	Quarantine Workers
79919	그 외 배관 세정원 및 방역원	Plumbing Pipe Cleaners and Quarantine Workers n.e.c.
7999	기타 기능 관련 종사원	Other Technical Workers
79991	인쇄 관련 기능 종사원	Printing Related Technical Workers
79992	유리 관련 기능 종사원	Glass Related Technical Workers
79999	그 외 기능 관련 종사원	Technical Occupations Related Workers n.e.c.

8 장치 · 기계 조작 및 조립 종사자 (Equipment, Machine Operating and Assembling Workers)

81	**식품가공 관련 기계 조작직**	**Food Processing Related Machine Operating Occupations**
811	식품가공 관련 기계 조작원	Food Processing Related Machine Operators
8111	제분 및 도정 관련 기계 조작원	Miller and Rice Pounder Related Machine Operators
81111	곡물 및 사료 제분기 조작원	Grain and Fodder Miller Operators
81112	조미료 제분기 조작원	Spice Miller Machine Operators
81113	도정기 조작원	Rice Pounder Operators
81119	그 외 제분 및 도정 관련 기계 조작원	Miller and Pounder Related Machine Operators n.e.c.
8112	곡물가공 제품 기계 조작원	Cereal Product Processing Machine Operators
81121	빵 · 과자 및 떡 제조 기계 조작원	Bread, Cookies and Rice Cake Machine Operators
81122	두부 및 유사 제품 기계 조작원	Bean Curd and Similar Foods Processor Operators

81123	국수 및 면류 제품 기계 조작원	Noodle Products Machine Operators
81124	사탕·껌 및 초콜릿 제품 기계 조작원	Sugar Candy, Chewing Gum and Chocolate Processor Operators
81129	그 외 곡물가공 제품 기계 조작원	Cereal Products Processing Machine Operators n.e.c.
8113	육류·어패류 및 낙농품 가공 기계 조작원	Meat, Fish and Dairy Products Processor Operators
81131	육류가공 기계 조작원	Meat Processors Operators
81132	어패류가공 기계 조작원	Fish and Shellfish Processor Operators
81133	낙농품가공 기계 조작원	Dairy Products Processor Operators
8114	과실 및 채소 가공 관련 기계 조작원	Fruit and Vegetable Related Machine Operators
81140	과실 및 채소 가공 관련 기계 조작원	Fruit and Vegetable Related Processor Operators
812	음료 제조 관련 기계 조작원	Beverage Product Related Machine Operators
8120	음료 제조 관련 기계 조작원	Beverage Product Related Machine Operators
81201	알코올성 음료 제조기 조작원	Alcoholic Beverage Processor Operators
81202	비알코올성 음료 제조기 조작원	Non-alcoholic Beverage Processor Operators
81209	그 외 음료 제조 관련 기계 조작원	Beverage Product Related Machine Operators n.e.c.
819	기타 식품가공 관련 기계 조작원	Other Food Processing Related Machine Operators
8190	기타 식품가공 관련 기계 조작원	Other Food Processing Related Machine Operators
81901	유지 제조기 조작원	Oil and Fat Products Machine Operators
81902	조미 식품 생산기 조작원	Seasoning Products Machine Operators
81903	설탕 제조 관련 기계 조작원	Sugar Production Related Machine Operators

81904	커피 및 차류 제조기 조작원	Tea and Coffee Products Machine Operators
81905	담배 제조 관련 기계 조작원	Tobacco Production Related Machine Operators
81906	건강식품 가공기 조작원	Health Supplement Foods Machine Operators
81909	그 외 식품가공 관련 기계 조작원	Food Processing Related Machine Operators n.e.c.
82	**섬유 및 신발 관련 기계 조작직**	**Textile and Shoe Related Machine Operating Occupations**
821	섬유 제조 및 가공기계 조작원	Textile Production and Processing Machine Operators
8211	섬유 제조 기계 조작원	Textile Processing Machine Operators
82110	섬유 제조 기계 조작원	Textile Fibre Drawing Frame Machine Operators
8212	표백 및 염색 관련 기계 조작원	Textile Bleaching and Dyeing Related Machine Operators
82121	표백기 조작원	Textile Bleaching Machine Operators
82122	염색 조색 및 배합기 조작원	Dyeing and Color-mixing Related Workers
82123	날염기 조작원	Textile Print Machine Operators
82124	염색기 조작원	Fabric Dyeing Machine Operators
82129	그 외 표백 및 염색 관련 기계 조작원	Textile Bleaching and Dyeing Related Operators n.e.c.
822	직물·신발 관련 기계 조작원 및 조립원	Textile and Shoe Related Machine Operators and Assemblers
8221	직조기 및 편직기 조작원	Knitting and Weaving Machine Operators
82211	제직기 조작원	Weaving Machine Operators
82212	편직기 조작원	Knitting Machine Operators
82219	그 외 직조기 및 편직기 조작원	Knitting and Weaving Related Machine Operators n.e.c.
8222	신발 제조기 조작원 및 조립원	Shoemaking Machine Operators and Assemblers
82220	신발 제조기 조작원 및 조립원	Shoemaking Machine Operators and Assemblers

8229	기타 직물·신발 관련 기계 조작원 및 조립원	Other Textile and Shoe Related Machine Operators and Assemblers
82291	가죽 및 모피 가공원	Leather and Pelt Processors
82292	자동 재단기 조작원	Automatic Fabric Cutting Machine Operators
82293	자동 재봉설비 조작원	Automatic Sewing Machine Operators
82299	그 외 직물·신발 관련 기계 조작원 및 조립원	Textile and Shoe Related Machine Operators and Assemblers n.e.c.
823	세탁 관련 기계 조작원	Laundry Related Machine Operators
8230	세탁 관련 기계 조작원	Laundry Related Machine Operators
82301	드라이클리닝기 조작원	Dry Cleaning Machine Operators
82309	그 외 세탁 관련 기계 조작원	Laundry Related Machine Operators n.e.c.
83	**화학 관련 기계 조작직**	**Chemical Related Machine Operating Occupations**
831	석유 및 화학물 가공 장치 조작원	Petroleum and Chemical Material Processing Machine Operators
8311	석유 및 천연가스 제조 관련 제어 장치 조작원	Petroleum and Natural Gas Production Related Control Equipment Operators
83111	원유 처리 장치 조작원	Crude Oil Treating Equipment Operators
83112	석유 및 천연가스 정제 장치 조작원	Petroleum and Natural Gas Refining Equipment Operators
83113	폐유 및 재생유 처리 장치 조작원	Used and Recycled Oil Processing Machine Operators
83119	그 외 석유 및 천연가스 제조 관련 제어 장치 조작원	Petroleum and Natural Gas Production Related Control Equipment Operators n.e.c.
8312	화학물 가공 장치 조작원	Chemical Material Processing Machine Operators
83121	화학물 분쇄기·마쇄기 및 혼합기 조작원	Chemical Material Grinding and Mixing Machine Operators
83122	화학물 가열 처리 장치 조작원	Chemical Material Heat Treating Machine Operators
83123	화학물 여과기 및 분리기 조작원	Chemical Material Filtering and Separating Machine Operators

83124	화학물 증류기 및 반응기 조작원	Chemical Material Distiller and Reactor Operators
83129	그 외 화학물 가공 장치 조작원	Chemical Material Processing Machine Operators n.e.c.
8319	기타 석유 및 화학물 가공 장치 조작원	Other Petroleum and Chemical Material Processing Machine Operators
83190	그 외 석유 및 화학물 가공 장치 조작원	Petroleum and Chemical Material Processing Machine Operators n.e.c.
832	화학·고무 및 플라스틱 제품 생산기 조작원	Chemical, Rubber and Plastic Production Machine Operators
8321	화학제품 생산기 조작원	Chemical Products Production Machine Operators
83211	약제품 생산기 조작원	Pharmaceutical Products Production Machine Operators
83212	화장품 생산기 조작원	Cosmetics Production Machine Operators
83213	세제 생산기 조작원	Detergents Production Machine Operators
83214	비료 생산기 조작원	Fertilizer Production Machine Operators
83215	필름 생산기 조작원	Film Production Machine Operators
83216	가스 생산기 조작원	Gas Production Machine Operators
83219	그 외 화학제품 생산기 조작원	Chemical Products Production Machine Operators n.e.c.
8322	타이어 및 고무제품 생산기 조작원	Tire and Rubber Products Production Machine Operators
83221	타이어 생산기 조작원	Tire Production Machine Operators
83222	고무제품 생산기 조작원	Rubber Products Production Machine Operators
83229	그 외 타이어 및 고무제품 생산기 조작원	Tire and Rubber Products Production Machine Operators n.e.c.
8323	플라스틱제품 생산기 조작원	Plastic Products Production Machine Operators
83231	플라스틱 사출기 조작원	Plastic Catapulting Machine Operators
83232	플라스틱 압출기 조작원	Plastic Extruding Machine Operators

코드	직업명	Occupation
83239	그 외 플라스틱제품 생산기 조작원	Plastic Products Production Machine Operators n.e.c.
8324	고무 및 플라스틱제품 조립원	Rubber and Plastic Products Assemblers
83241	고무제품 조립원	Rubber Products Assemblers
83242	플라스틱제품 조립원	Plastic Products Assemblers
84	**금속 및 비금속 관련 기계 조작직**	**Metal and Nonmetal Related Machine Operating Occupations**
841	주조 및 금속가공 관련 기계 조작원	Metal Casting and Metal Processing Related Operators
8411	주조기 조작원	Metal Casting Machine Operators
84110	주조기 조작원	Metal Casting Machine Operators
8412	단조기 조작원	Forging Machine Operators
84120	단조기 조작원	Forging Machine Operators
8413	용접기 조작원	Welding Machine Operators
	용접기 조작원	Welding Machine Operators
84130		
8414	금속가공 관련 제어 장치 조작원	Metal Processing Related Control Equipment Operators
84141	광석 및 금속용광로 조작원	Ore and Metal Furnace Operators
84142	금속용해로 및 금속가열로 조작원	Metal Melting and Metal Reheating Furnace Operators
84149	그 외 금속가공 관련 제어 장치 조작원	Metal Processing Related Control Equipment Operators n.e.c.
8415	금속가공 기계 조작원	Metal Processing Machine Operators
84151	압연기 조작원	Rolling Mill Operators
84152	인발기 조작원	Drawing Machine Operators
84153	연선기 조작원	Wire Rope Machine Operators
84154	압출기 조작원	Extruding Machine Operators
84155	금속 열처리로 조작원	Metal Heat Treatment Furnace Operators
84159	그 외 금속가공 기계 조작원	Metal Processing Machine Operators n.e.c.
8416	제관기 조작원	Pipe Machine Operators
84160	제관기 조작원	Pipe Machine Operators
8417	판금기 조작원	Sheet Metal Machine Operators
84170	판금기 조작원	Sheet Metal Machine Operators

842	도장 및 도금기 조작원	Painting and Coating Machine Operators
8421	도장기 조작원	Painting Machine Operators
84211	차량 도장기 조작원	Motor Vehicle Painting Machine Operators
84212	가구 도장기 조작원	Furniture Painting Machine Operators
84213	금속제품 도장기 조작원	Metal Product Painting Machine Operators
84219	그 외 도장기 조작원	Painting Machine Operators n.e.c.
8422	도금 및 금속 분무기 조작원	Metal Plating and Spray Operators
84221	금속 세척기 조작원	Metal Cleaning Machine Operators
84222	전기 도금기 조작원	Electric Plating Machine Operators
84223	용융 도금기 조작원	Metal Dipping Machine Operators
84224	금속 분무기 조작원	Metal Spraying Machine Operators
84225	금속코팅 · 광택 및 래미네이팅기 조작원	Metal Coating, Glossing and Laminating Machine Operators
84229	그 외 도금 및 금속 분무기 조작원	Plating and Metal Spraying Machine Operators n.e.c.
843	비금속제품 생산기 조작원	Non-metal Products Production Machine Operators
8431	유리 제조 및 가공기 조작원	Glass Fabricating and Processing Machine Operators
84311	유리 제조 및 제품 가공기 조작원	Glass and Glass Products Fabricating and Processing Machine Operators
84312	렌즈 및 프리즘 가공기 조작원	Lens and Prism Processing Machine Operators
84319	그 외 유리 제조 및 가공기 조작원	Glass and Glass Products Machine Operators n.e.c.
8432	점토제품 생산기 조작원	Clay Products Production Machine Operators
84321	도자기제품 생산기 조작원	Pottery and Porcelain Products Production Machine Operators
84322	벽돌 및 타일 생산기 조작원	Brick and Tile Production Machine Operators
84329	그 외 점토제품 생산기 조작원	Clay Products Production Machine Operators n.e.c.

8433	시멘트 및 광물제품 제조기 조작원	Cement and Mineral Products Production Machine Operators
84331	시멘트 및 석회 제조 관련 조작원	Cement and Lime Production Related Machine Operators
84332	콘크리트제품 제조 관련 조작원	Concrete Products Production Related Machine Operators
84339	그 외 시멘트 및 광물제품 제조기 조작원	Cement and Mineral Products Production Machine Operators n.e.c.
8434	광석 및 석제품 가공기 조작원	Mineral Ore and Stone Products Processing Machine Operators
84341	광석 및 석재 가공장치 조작원	Mineral Ore and Stone Processing Machine Operators
84342	석제품 가공기 조작원	Stone Products Processing Machine Operators
8439	기타 비금속제품 관련 생산기 조작원	Other Nonmetal Products Related Production Machine Operators
84391	유약 생산기 조작원	Glaze Production Machine Operators
84392	광택제 생산기 조작원	Brightener Production Machine Operators
84399	그 외 비금속제품 관련 생산기 조작원	Nonmetal Products Related Production Machine Operators n.e.c.
85	**기계 제조 및 관련 기계 조작직**	**Machine Production and Related Machine Operating Occupation**
851	금속 공작 기계 조작원	Metal Work Machinery Operators
8510	금속 공작 기계 조작원	Metal Work Machinery Operators
85101	선반기 조작원	Lathe Machine Operators
85102	밀링기 조작원	Milling Machine Operators
85103	드릴링기 및 보링기 조작원	Drilling and Boring Machine Operators
85104	연삭기 및 연마기 조작원	Grinding Machine Operators
85105	프레스기 및 절단기 조작원	Press and Cutting Machine Operators
85106	금속절곡기 조작원	Metal Bending Machine Operators
85107	머시닝센터 조작원	Machining Center Operators
85109	그 외 금속 공작 기계 조작원	Metal Work Machinery Operators n.e.c.

코드	직업명	Occupation
852	냉난방 관련 설비 조작원	Cooling and Heating Related Equipment Operators
8520	냉난방 관련 설비 조작원	Cooling and Heating Related Equipment Operators
85201	냉난방기 관련 설비 조작원	Cooler and Heater Related Machine Operators
85202	냉동 및 냉장기 설비 조작원	Freezer and Refrigerator Machine Operators
85203	공조기설비 조작원	Air Conditioning Equipment Operators
853	자동 조립라인 및 산업용로봇 조작원	Automated Assembly Line Operators and Industrial Robot Operators
8530	자동 조립라인 및 산업용로봇 조작원	Automated Assembly Line Operators and Industrial Robot Operators
85301	자동 조립라인 조작원	Automated Assembly Line Operators
85302	산업용로봇 조작원	Industrial Robot Operators
854	운송차량 및 기계 관련 조립원	Transportation Vehicle and Machine Related Assemblers
8541	자동차 조립원	Automobile Assemblers
85410	자동차 조립원	Automobile Assemblers
8542	자동차 부품 조립원	Automobile Parts Assemblers
85421	자동차 엔진 조립원	Automobile Engine Assemblers
85422	자동차 차체 부품 조립원	Automobile Body Parts Assemblers
85429	그 외 자동차 부품 조립원	Automobile Parts Assemblers n.e.c.
8543	운송장비 조립원	Transportation Equipment Assemblers
85431	철도차량 조립원	Locomotive Assemblers
85432	선박 조립원	Ship Assemblers
85433	항공기 조립원	Aircraft Assemblers
85439	그 외 운송장비 조립원	Transportation Equipment Assemblers n.e.c.
8544	일반기계 조립원	General Machinery Assemblers
85441	공업기계 조립원	Industry Machinery Assemblers
85442	농업기계 조립원	Agricultural Machinery Assemblers
85443	건설기계 조립원	Construction Machinery Assemblers
85444	공작기계 조립원	Machining Tools Assemblers
85445	공구 조립원	Tool Assemblers
85449	그 외 일반기계 조립원	General Machinery Assemblers n.e.c.
855	금속기계 부품 조립원	Metal Machinery Parts Assemblers
8550	금속기계 부품 조립원	Metal Machinery Parts Assemblers

85500	금속기계 부품 조립원	Metal Machinery Parts Assemblers
86	**전기 및 전자 관련 기계 조작직**	**Electrical and Electronic Related Machine Operating Occupations**
861	발전 및 배전장치 조작원	Power Generation and Distribution Equipment Operators
8610	발전 및 배전장치 조작원	Power Generation and Distribution Equipment Operators
86101	화력발전장치 운전원	Thermal Power Plant Operators
86102	수력발전장치 운전원	Hydro-Electric Power Plant Operators
86103	원자력발전장치 운전원	Nuclear Power Plant Operators
86104	발전터빈 조작원	Power Generation Turbine Operators
86105	배전반 조작원	Electricity Distribution Board Operators
86109	그 외 발전 및 배전장치 조작원	Power Generation and Distribution Equipment Operators n.e.c.
862	전기 및 전자설비 조작원	Electrical and Electronic Equipment Operators
8620	전기 및 전자설비 조작원	Electrical and Electronic Equipment Operators
86201	건물 전기 및 전자설비 조작원	Building Electrical and Electronic Equipment Operators
86202	공장 전기 및 전자설비 조작원	Factory Electrical and Electronic Equipment Operators
86209	그 외 전기 및 전자설비 조작원	Electrical and Electronic Equipment Operators n.e.c.
863	전기·전자 부품 및 제품 제조 장치 조작원	Electrical, Electronic Parts and Products Production Equipment Operators
8631	전기 부품 및 제품 제조 기계 조작원	Electrical Parts and Products Production Equipment Operators
86311	전기 부품 제조 기계 조작원	Electrical Parts Production Equipment Operators
86312	전기제품 제조 기계 조작원	Electrical Products Production Equipment Operators
8632	전자 부품 및 제품 제조 기계 조작원	Electronic Parts and Products Production Equipment Operators

코드	직업명	Occupation
86321	전자 부품 제조 기계 조작원	Electronic Parts Production Equipment Operators
86322	전자제품 제조 기계 조작원	Electronic Products Production Machine Operators
864	전기·전자 부품 및 제품 조립원	Electrical, Electronic Parts and Products Assemblers
8640	전기·전자 부품 및 제품 조립원	Electrical, Electronic Parts and Products Assemblers
86401	전기장비 조립원	Electrical Equipment Assemblers
86402	영상 및 음향장비 조립원	Audio-Visual Equipment Assemblers
86403	전자 및 정밀 기구 조립원	Electronic Precision Instrument Assemblers
86404	가정용 전기 및 전자제품 조립원	Household Electrical, Electronic Equipment Assemblers
86409	그 외 전기·전자 부품 및 제품 조립원	Electrical, Electronic Parts and Products Assembler n.e.c.
87	**운전 및 운송 관련직**	**Driving and Transport Related Occupations**
871	철도 및 전동차 기관사	Locomotive and Electric Train Drivers
8710	철도 및 전동차 기관사	Locomotive and Electric Train Drivers
87101	고속철 기관사	High-speed Train Drivers
87102	철도 기관사	Railroad Train Drivers
87103	전동차 기관사	Electric Train Drivers
87109	그 외 철도 및 전동차 기관사	Locomotive and Electric Train Drivers n.e.c.
872	철도운송 관련 종사자	Freight Train Related Workers
8720	철도운송 관련 종사원	Freight Train Related Workers
87200	철도운송 관련 종사원	Freight Train Related Workers
873	자동차 운전원	Automobile Drivers
8731	택시 운전원	Taxi Drivers
87310	택시 운전원	Taxi Drivers
8732	버스 운전원	Bus Drivers
87321	시내버스 운전원	City Bus Drivers
87322	시외 및 고속 버스 운전원	Intercity and Express Bus Drivers
87323	관광버스 운전원	Tourist Bus Drivers
87329	그 외 버스 운전원	Bus Drivers n.e.c.

8733	화물차 및 특수차 운전원	Truck and Special Motor Vehicle Drivers
87331	경·소형 화물차 운전원	Small Truck Drivers
87332	중형 화물차 운전원	Medium Truck Drivers
87333	대형 화물차 운전원	Heavy Truck Drivers
87339	그 외 화물차 및 특수차 운전원	Truck and Special Motor Vehicle Drivers n.e.c.
8739	기타 자동차 운전원	Other Automobile Drivers
87391	승용차 및 승합차 운전원	Sedan and Van Drivers
87392	렌터카 운전원	Rental Car Drivers
87393	대리 운전원	Designated Driving Service Workers
87394	대리 주차원	Designated Parking Service Workers
87399	그 외 자동차 운전원	Automobile Drivers n.e.c.
874	물품 이동 장비 조작원	Freight-handling Equipment Operators
8740	물품 이동 장비 조작원	Freight-handling Equipment Operators
87401	크레인 운전원	Crane Operators
87402	리프트 조작원	Lift Operators
87403	호이스트 운전원	Hoist Operators
87404	지게차 운전원	Forklift Operators
87409	그 외 물품 이동 장비 조작원	Freight-handling Equipment Operators n.e.c.
875	건설 및 채굴기계 운전원	Construction and Mining Machines Operators
8750	건설 및 채굴기계 운전원	Construction and Mining Machines Operators
87501	굴착기·착암기 및 채광기 조작원	Excavating, Rock-drilling and Mining Machine Operators
87502	시추장비 조작원	Drilling and Boring Equipment Operators
87503	도로정지기 운전원	Motor Grader Drivers
87504	항타기 운전원	Pile Driver Operators
87505	도로포장기 및 롤러 운전원	Road Paving and Roller Drivers
87506	굴삭기 및 불도저 운전원	Excavating Machine and Bulldozer Operators
87507	콘크리트 믹서 트럭 운전원	Concrete Mixer Drivers
87508	덤프트럭 운전원	Dumper Truck Drivers

87509	그 외 건설 및 채굴기계 운전원	Construction and Mining Machines Operators n.e.c.
876	선박 승무원 및 관련 종사자	Ship Workers and Related Workers
8760	선박 승무원 및 관련 종사원	Ship Workers and Related Workers
87601	선박부원	Ship Deck and Ship Engine Department Workers
87602	등대원	Lighthouse Keepers
87609	그 외 선박 관련 승무원	Ship Related Workers n.e.c.
88	**상하수도 및 재활용 처리 관련 기계 조작직**	**Water Treatment and Recycling Related Operating Occupation**
881	상하수도 처리 장치 조작원	Water Treatment Plant Operators
8810	상하수도 처리 장치 조작원	Water Treatment Plant Operators
88101	펌프 장치 조작원	Water Pumping Station Operators
88102	정수 처리 장치 조작원	Water Purification Plant Operators
88103	하수 처리 장치 조작원	Sewage Plant Operators
88109	그 외 상하수도 처리 장치 조작원	Water Treatment Related Operators n.e.c.
882	재활용 처리 및 소각로 조작원	Recycling Machine and Incinerator Operators
8820	재활용 처리 및 소각로 조작원	Recycling Machine and Incinerator Operators
	재활용 처리 기계 조작원	Recycling Machine Operators
88201		
	소각로 조작원	Incinerator Operators
88202		
	그 외 재활용 처리 및	Recycling Machine and Incinerator
88209	소각로 조작원	Operator n.e.c.
89	**목재·인쇄 및 기타 기계 조작직**	**Wood, Printing and Other Machine Operating Occupations**
891	목재 및 종이 관련 기계 조작원	Wood and Paper Related Machine Operators
8911	목재가공 관련 기계 조작원	Wood Processing Related Machine Operators
89111	제재기 조작원	Sawmill Operators
89112	목재처리기 조작원	Wood Treating Machine Operators

89113	합판생산기 조작원	Plywood Processing Machine Operators
89119	그 외 목재가공 관련 기계 조작원	Wood Processing Related Machine Operators n.e.c.
8912	가구 조립원	Furniture Assemblers
89120	가구 조립원	Furniture Assemblers
8913	펄프 및 종이 제조 장치 조작원	Pulp and Paper Machine Operators
89131	펄프 제조 장치 조작원	Pulp Machine Operators
89132	종이 제조 장치 조작원	Paper Machine Operators
8914	종이제품 생산기 조작원	Paper Products Machine Operators
89141	종이상자 및 봉투 제조기 조작원	Box and Envelope Making Machine Operators
89142	판지 라이닝기 조작원	Cardboard Lining Machine Operators
89143	인화지 제조기 조작원	Photographic Printing Paper Machine Operators
89144	위생용 종이제품 제조기 조작원	Sanitary Paper Products Machine Operators
89149	그 외 종이제품 생산기 조작원	Paper Products Machine Operators n.e.c.
8919	기타 목재 및 종이 관련 기계 조작원	Other Wood and Paper Related Machine Operators
89190	그 외 목재 및 종이 관련 기계 조작원	Wood and Paper Related Machine Operators n.e.c.
892	인쇄 및 사진 현상 관련 기계 조작원	Printing and Photo Development Related Machine Operators
8921	인쇄기 조작원	Printing Machine Operators
89211	인쇄 필름 출력원	Film Output Handlers
89212	인쇄판 출력원	Printing Output Handlers
89213	오프셋인쇄기 조작원	Offset Printing Press Operators
89214	윤전인쇄기 조작원	Rotary Printing Press Operators
89215	경인쇄기 조작원	Light Printing Press Operators
89216	디지털인쇄기 조작원	Digital Press Operators
89217	그라비어인쇄기 조작원	Gravure Printing Press Operators
89218	제책 및 재단용 기계 조작원	Bookbinding Machine Operators
89219	그 외 인쇄기 조작원	Printing Related Machine Operators n.e.c.
8922	사진 인화 및 현상기 조작원	Photoprint and Development Machine Operators

89221	사진 인화 및 현상기 조작원	Photoprint and Development Machine Operators
89229	그 외 사진 인화 및 현상기 조작원	Photo Processing Machine Operators n.e.c.
899	기타 기계 조작원	Other Machine Operators
8990	기타 기계 조작원	Other Machine Operators
89901	주입·포장 및 봉함기 조작원	Container Filling, Packing and Sealing Machine Operators
89902	상표 부착기 조작원	Brand Marking Equipment Operators
89903	케이블 및 배관 부설기 조작원	Cable and Pipe Laying Equipment Operators
89904	공기압축기 조작원	Air Compressor Operators
89909	그 외 기계 조작원	Machine Operators n.e.c.

9 단순노무 종사자 (Elementary Workers)

91	**건설 및 광업 관련 단순 노무직**	**Construction and Mining Related Elementary Occupations**
910	건설 및 광업 단순 종사자	Construction and Mining Laborers
9100	건설 및 광업 단순 종사원	Construction and Mining Laborers
91001	건설 단순 종사원	Construction Laborers
91002	광업 단순 종사원	Mining Laborers
92	**운송 관련 단순 노무직**	**Transport Related Elementary Occupations**
921	하역 및 적재 단순 종사자	Loading and Lifting Elementary Workers
9210	하역 및 적재 단순 종사원	Loading and Lifting Elementary Workers
92101	하역 및 적재 관련 단순 종사원	Freight Loading and Lifting Laborers
92102	이삿짐 운반원	Moving Service Laborers
92109	그 외 하역 및 적재 단순 종사원	Loading and Lifting Elementary Workers n.e.c.
922	배달원	Deliverers
9221	우편집배원	Postmen
92210	우편집배원	Postmen
9222	택배원	Door to Door Deliverers
92221	택배원	Door to Door Deliverers

92229	그 외 택배원	Door to Door Deliverers n.e.c.
9223	음식 배달원	Food Deliverers
92230	음식 배달원	Food Deliverers
9229	기타 배달원	Other Deliverers
92291	음료 배달원	Beverage Deliverers
92292	신문 배달원	Newspaper Deliverers
92299	그 외 배달원	Deliverers n.e.c.
93	**제조 관련 단순 노무직**	**Production Related Elementary Occupations**
930	제조 관련 단순 종사자	Production Related Elementary Workers
9300	제조 관련 단순 종사원	Production Related Elementary Workers
93001	수동 포장원	Packing Laborers
93002	수동 상표 부착원	Labeling Laborers
93003	제품 단순 선별원	Product Screening Laborers
93009	그 외 제조 관련 단순 종사원	Production Related Elementary Workers n.e.c.
94	**청소 및 경비 관련 단순 노무직**	**Cleaning and Guard Related Elementary Occupations**
941	청소원 및 환경미화원	Cleaners and Sanitation Workers
9411	청소원	Cleaners
94111	건물 청소원	Building Cleaners
94112	운송장비 청소원	Transport Vehicle Cleaners
94119	그 외 청소원	Cleaners n.e.c.
9412	환경미화원 및 재활용품 수거원	Street Sweepers and Recyclables Collectors
94121	쓰레기 수거원	Garbage Collectors
94122	거리 미화원	Street Sweepers
94123	재활용품 수거원	Recyclables Collectors
94129	그 외 환경미화원 및 재활용품 수거원	Street Sweepers and Recyclables Collectors n.e.c.
942	건물 관리원 및 검표원	Building Concierges and Ticket Examiners
9421	건물 관리원	Building Concierges
94211	아파트 경비원	Apartment Concierges and Guards
94212	건물 경비원	Building Concierges and Guards

94219	그 외 건물 관리원	Building Concierges n.e.c.
9422	검표원	Ticket Examiners
94220	검표원	Ticket Examiners
95	**가사·음식 및 판매 관련 단순 노무직**	**Household Helpers, Cooking Attendants and Sales Related Elementary Workers**
951	가사 및 육아 도우미	Domestic Chores and Infant Rearing Helpers
9511	가사 도우미	Domestic Chores Helpers
95110	가사 도우미	Domestic Chores Helpers
9512	육아 도우미	Infant Rearing Helpers
95120	육아 도우미	Infant Rearing Helpers
952	음식 관련 단순 종사자	Food Preparation Related Elementary Workers
9521	패스트푸드 준비원	Fast-food Restaurant Workers
95210	패스트푸드 준비원	Fast-food Restaurant Workers
9522	주방 보조원	Kitchen Helpers
95220	주방 보조원	Kitchen Helpers
953	판매 관련 단순 종사자	Sales Related Elementary Workers
9531	주유원	Gas Station Attendants
95310	주유원	Gas Station Attendants
9539	기타 판매 관련 단순 종사원	Other Sales Related Elementary Workers
95391	매장 정리원	Store Attendants
95392	전단지 배포원 및 벽보원	Wall Poster and Print-out Distributors
95399	그 외 판매 관련 단순 종사원	Sales Related Elementary Workers n.e.c.
99	**농림·어업 및 기타 서비스 단순 노무직**	**Agriculture, Forestry, Fishery and Other Service Elementary Occupations**
991	농림·어업 관련 단순 종사자	Agriculture, Forestry and Fishery Related Elementary Workers
9910	농림·어업 관련 단순 종사원	Agriculture, Forestry and Fishery Laborers
99101	농업 단순 종사원	Agriculture Laborers
99102	임업 단순 종사원	Forestry Laborers

코드	직업명	Occupation
99103	어업 단순 종사원	Fishery Laborers
99104	산불 감시원	Forest Fire Watchmen
992	계기 · 자판기 및 주차 관리 종사자	Gauge Reading, Money Collecting and Parking Control Related Workers
9921	계기 검침원 및 가스 점검원	Gauge Readers and Gas Inspectors
99211	계기 검침원	Gauge Readers
99212	가스 점검원	Gas Inspectors
9922	자동판매기 관리원	Vending Machine Operators
99220	자동판매기 관리원	Vending Machine Operators
9923	주차 관리원 및 안내원	Parking Service Workers
99231	주차 관리원	Parking Service Workers
99232	주차 안내원	Parking Attendants
999	기타 서비스 관련 단순 종사자	Other Service Related Elementary Workers
9991	구두 미화원	Shoe Cleaners
99910	구두 미화원	Shoe Cleaners
9992	세탁원 및 다림질원	Laundry and Ironing Workers
99920	세탁원 및 다림질원	Laundry and Ironing Workers
9999	기타 서비스 관련 단순 종사원	Other Service Related Elementary Workers
99991	환경 감시원	Environmental Pollution Watchmen
99992	대여 제품 방문 점검원	Door-to-door Rental Equipment Examiners
99999	그 외 서비스 관련 단순 종사원	Service Related Elementary Workers n.e.c.

A 군인
(Armed Forces)

코드	직업명	Occupation
A0	**군인**	**Armed Forces**
A01	장교	Officers
A011	영관급 이상 장교	Field Grade Officer or higher ranks
A0110	영관급 이상 장교	Field Grade Officer or higher ranks
A012	위관급 장교	Company Grade Officers
A0120	위관급 장교	Company Grade Officers
A02	**부사관**	**Commissioned Officers**
A020	부사관	Commissioned Officers

A0200	부사관	Commissioned Officers
A09	**기타 군인**	**Armed Forces, other ranks**
A090	기타 군인	Armed Forces, other ranks
A0900	기타 군인	Armed Forces, other ranks

[부록 2] 군대윤리 요약

➡ 군대윤리(국방부)

국방부는 2004년 1월 직업군인들의 올바른 가치관 확립과 건전한 직업윤리 정립을 위한 '군대윤리' 책자를 발간했다. 이 책자는 현재 군 간부 양성과 보수교육과정, 야전 생활화교육 교재로 사용되고 있다.

제1장 내일을 여는 문

1. 변화는 생존이다

현재 지구상에는 수백만 종(種)이 넘는 다양한 생물이 생존하고 있지만, 그 숫자는 지금까지 지구상에 나타났던 모든 생물의 1% 정도에 불과하다. 나머지 99%는 이미 이 세상에 없는 것이다.

이 1%의 생존과 99%의 멸종을 결정한 열쇠는 다름 아닌 '변화'다. 환경에 적응하기 위해 부단히 자기 변화를 시도한 소수의 생물 종(種)만이

'생존'했고, 변화하지 않은 생물들에게는 '멸종'이라는 운명이 도래했다.

인간이 만든 모든 조직, 심지어 국가도 이와 같은 생명체의 생존 원리에서 크게 벗어나지 못한다. 오히려 더 잦은 변화를 해야만 살아 남는다. 인간의 생활환경은 자연환경보다 더욱 빠르고 급격히 변화하기 때문이다. 다만 인간조직의 변화는 대개 목표의식이 뚜렷하고 바람직한 방향으로의 변화를 의도하기 때문에 '개혁'(改革)이라는 용어로 표현되는 경우가 많을 뿐이다.

모든 조직은 러닝머신 위에서 뛰고 있는 사람에 비유할 수 있다. 러닝머신이 계속적으로 움직이고 있는데 우리가 달리는 것을 멈춘다면, 그 자리에 서 있는 것이 아니고 곧 바로 러닝머신 바깥으로 밀려나게 된다. 러닝머신은 바로 조직이 처한 환경에 비유될 수 있다. 러닝머신 바깥으로 밀려나는 것은 환경으로부터 도태되는 것을 의미하며 일종의 퇴보(退步)다. 최소한의 현상유지를 위해서라도 계속 뛰어야 하는 것이다.

2. 우리군의 어제와 오늘

우리 군의 지난 50여 년도 끊임없는 변화와 개혁의 과정이었다고 볼 수 있다. 이것은 일찍이 역사학자 토인비가 '인류의 문명은 도전에 대한 응전의 역사'라고 말한 것과 같은 것이다. 이 응전의 역사를 통해 우리 군은 국가안보의 초석(礎石)이 됐고, 현재 세계 10대 무역대국이라는 국가위상에 걸맞은 정예강군으로 성장할 수 있었다.

정예 강군으로 성장한 우리 군은 이제 세계 평화유지 활동에 참여함으로써 조국의 이름을 선양하는 단계에까지 이르렀다. 1991년 걸프전 당시 의료지원단이 다국적군의 일원으로 참전한 이래, 93년 아프리카의 소말리아 · 앙골라에 공병부대를 파견하고, 서부사하라에는 의료 지원단을 보냈다. 97년 인도 · 파키스탄 분쟁지역에 장교단을 파견했고, 99년에는 동티모르에 상록수부대를 파견했다.

최근에는 아프가니스탄에 의료지원단을 파견했으며, 이라크에는 전후 복구 지원을 위한 서희부대와 의료지원을 위한 제마부대를 파병했으며, 추가파병을 통해 이라크 재건에 일익을 담당하려고 한다.

그러나 우리 군은 지난 50여년 동안 이루어 낸 눈부신 성과에도 불구하고 과거 유산에 만족하고 안주할 수만은 없다. 과거와는 다른 종류의 새로운 도전에 직면해 있기 때문이다. 특히 군의 기간이며 군의 발전에 대해 무한 책임을 지고 있는 우리 직업군인들은 오늘날 우리 군이 일련의 도전에 직면해 있다는 위기의식과 그 도전들을 창조적으로 극복하겠다는 응전자세를 가져야만 한다.

위기는 늘 기회를 동반하는 것처럼 우리 군이 당면한 도전들은 또 다른 발전과 도약을 위한 발판이 된다. 그것을 도약의 발판으로 삼느냐 아니면 그 도전에 정복당하느냐 하는 것은 전적으로 우리의 태도와 자세에 달려 있다고 할 수 있다.

국방개혁은 새로운 도전에 대한 응전이다

국방개혁은 우리 군이 직면한 새로운 도전들에 대한 응전으로서 이 시대 우리 군에게 주어진 과제다.

국방개혁은 국방 전반에 걸친 혁신을 통해 현재 정부에서 추진하는 개혁프로그램에 동참하고 군 발전을 견인하기 위한 것으로 크게 세 가지 추진 중점을 갖고 있다.

첫째는 '정신개혁'이다. 정신개혁은 직업군인의 가치관 정립, 간부의 건전한 생활 기풍 확립, 병영생활 저변의 관행적 폐습 근절 등을 통해 '건전하고 당당한 군대문화를 창출'하기 위한 것이다.

둘째는 '국방제도 개선'이다. 이것은 인사제도 개선, 교육제도 개선,

사기 및 복지 증진, 병무 및 예비군 관리 개선, 군수·조달 업무 개선, 전력 증강 업무 개선, 군 사법제도 개선 등 국방 전반에 걸친 각종 제도의 비효율성 및 불합리성을 개선해 군의 단결력을 강화시켜 강한 군대를 만들기 위한 것이다.

셋째는 '군 전력 구조 정비'다. 군 전력구조 정비는 상부조직 정비, 전력 및 부대구조 정비, 미래전에 적합한 전력구조 발전 등을 통해 정보·기술 집약형의 핵심전력을 발전시켜 나가기 위한 것이다.

우리는 국방개혁을 통해 작지만 효율적이고 강한 군대, 투명하고 깨끗한 조직문화, 투철한 사명감과 윤리의식·도덕적 수준을 갖춘 직업군인들, 국민들로부터 지극한 사랑을 받는 세계 최고의 군대를 만들어야 한다.

그러나 국방개혁을 성공시키기 위해서는 개혁의 추진 주체인 우리 간부들이 개혁에 대한 공감대를 형성한 가운데, 나부터 작은 것부터 적극적이고 능동적으로 개혁해 나가는 것이 중요하다.

자신이 복무하고 있는 바로 그 자리에서 개혁요소들을 찾아내고, 국방개혁의 근본목표와 취지에 부합하도록 그것들을 바꾸고 개선해 나가려는 자세가 필요한 것이다. 간부들이 복무하는 보직들은 중요하고 덜 중요한 차이가 없기 때문이다. "내가 핵심적인 보직에 가면 개혁해 보겠다"는 생각은 "절대로 개혁에 동참하지 않겠다"는 것과 다를 바 없다. 과거 여러 차례의 국방개혁이 나름대로의 성과에도 불구하고 중단되거나 변질되곤 했던 원인이 여기에 있다. 또한 우리는 정신개혁이 국방개혁의 핵심적인 요소임을 깊이 인식해야 한다.

3. 정신개혁

농부가 가을에 어떤 결실을 거두기를 원한다면 봄에 씨앗을 뿌리고 그것을 정성껏 가꿔야 한다. 그러나 씨앗을 뿌리기 전에 그가 가장 먼저 해야 할 일이 있다. 그것은 씨앗을 뿌릴 토양을 갈아엎고 씨앗이 잘 자랄 수 있도록 거름을 주는 일이다. 이러한 노력을 게을리한 농부는 결코 훌륭한 산물을 거둘 수 없다. 농부가 밭을 가는 수고를 마다하지 않는 까닭은 그러한 수고가 자신이 원하는 결실을 가져다 줄 것을 믿기 때문이다.

정신개혁은 실로 국방개혁의 토양과 같다. 정신개혁은 국방개혁의 3대 중점 중 하나이면서 동시에 모든 개혁의 선행요건이다. 따라서 국방개혁이라는 씨앗을 뿌려 '자주적 선진국방 구현'이라는 결실을 거두고자 한다면 우리는 농부가 씨앗을 뿌리기 전에 밭을 갈고 거름을 주듯이, 먼저 정신개혁에 관심을 기울여야 할 것이다.

부정적이고 소극적인 정신을 가진 사람은 어떠한 새로운 시도도 시작하려고 하지 않는다. 오히려 새로운 시도를 하는 사람들을 비웃고, 지레 실패할 것을 예견한다. 그러한 정신은 실패에 대한 과도한 두려움이나, 현재에 안주하려는 안이한 태도에서 기인한다. 이런 사람들은 개혁이라는 것이 한때의 바람이요, 조금만 지나면 다시 원위치될 것으로 기대하기 때문에 개혁의 방해자가 되고 만다. 심지어 은근히 개혁의 실패를 바라거나 그 스스로 그것을 방해하기조차 한다.

또한 오염되고 왜곡된 정신을 가진 사람은 개혁을 오염시키고 왜곡시키는 경향이 있다. 이런 사람들은 개혁의 근본 취지와 목표는 상관없이 개인의 이익이나 출세를 위한 수단으로 개혁을 이용하기도 한다.

적극적이고 진취적인 사람들은 물론 개혁을 위한 적합한 태도를 가졌다고 볼 수 있다. 그러나 이런 사람들도 올바른 가치관과 건강한 윤리의식이 없다면 개혁을 잘못된 방향으로 몰고 갈 수 있다. 올바른 가치관과 윤리의식이 결여된 이들은 적극적인 개혁 추진을 통해 외형적 성공은 달성할 수 있으나 그 성공이 오히려 많은 사람들의 지탄의 대상이 되는 경우가 있을 수 있다. 심지어 그것은 개악이 되고 오히려 변화를 시도하지 않았을 경우보다 상황을 악화시킬 수 있다.

따라서 개혁의 성공을 위해서는 먼저 개혁의 추진 주체들이 그것에 적합한 정신자세와 가치관, 윤리의식을 갖춰야 한다. 우리가 정신개혁을 국방개혁의 토양이며, 첫 번째 문이고, 핵심이라고 말하는 까닭이 여기에 있다.

특히 국방개혁에 있어 개혁의 추진 주체는 우리 간부들이기 때문에 간부들이 올바른 정신자세와 가치관 · 윤리의식을 갖춰야만 한다. 이것이 정신개혁이며 국방개혁의 성패가 여기에 달려 있다고 해도 과언이 아니다.

직업군인에게 있어 가장 중요한 가치관은 '국가관(國家觀)' '직업관(職業觀)' '사생관(死生觀)'을 들 수 있으며 이것을 직업군인의 3대 가치관이라고 말할 수 있을 것이다.

국가는 군대의 존재이유이면서 목적과도 같은 것이다. 군의 간부가 국가에 대한 올바른 판단과 보는 방법을 갖지 못한다면 이미 군인으로서의 존재가치를 상실하는 것이다. 또한 간부는 군인의 직업을 스스로 선택한 것이고, 자신이 선택한 직업에 대해 어떠한 평가를 내리며 어떤 의의를 부여하는가는 매우 중요한 문제가 아닐 수 없다. 그리고 군인은 그 임무 수행에 있어 생명을 담보로 한다는 특성이 있다. 삶과 죽음에 대한 평가와 죽음을 무릅쓰고 임무를 완수한다는 직업상의 특성에 대한 확고한 판단 기준이 요구된다.

따라서 직업군인의 가치관을 정립하고 윤리의식을 함양한다는 것은 실로 '국가관' '직업관' '사생관'을 직업군인의 정체성에 부합하도록 설정하고 그것을 행동으로 옮기는 실천력을 구비하는 것이다.

이 세 가지 가치관이 직업군인의 정체성과 동떨어진 것이 되거나, 설사 합당한 가치관을 갖고 있다고 할지라도 그것을 행동으로 옮기려는 의지와 동기가 없다면 진정한 간부라고 할 수 없기 때문이다.

제2장 진충보국의 국가관

1. 국가를 어떻게 볼 것인가

오늘날 국가 없는 개인의 삶을 생각하기는 매우 어렵다. 국가는 인간생활 대부분과 연결돼 있다. 대부분의 사람은 국가가 설정한 범위 내에서 자신들의 삶을 영위하고 있는 것이다. 그럼에도 불구하고 현대사회에 있어 국가를 바라보는 시각은 매우 다양하다. 이러한 다양성은 현대사회가 가치의 다원성을 인정하는 다원주의 사회이기 때문에 자연스러운 현상으로 치부해 버릴 수도 있다.

그러나 다양한 국가관이 혼재하는 현상은 한편으로 우리가 국가관의 혼란을 겪을 가능성이 더욱 커졌다는 것과 올바른 국가관을 정립하는 것이 더욱 긴요한 문제가 됐다는 것을 의미한다. 국가안보의 최일선에 있는 우리 직업군인들에게 있어 그것은 특히 중요하다.

국가는 인간의 사회적 본성의 결과물이다. 그는 개체로서 안고 있는 생존의 취약성을 공동생활을 통해 해결해 왔다. 실로 한 인간의 삶은 개별적 인간의 생존으로서는 의미를 갖지 못하며, 다른 사람들과의 관계적 삶을 통해서만 비로소 그 존재가치가 성립한다. 인간은 단순한 생존의 문제를 넘어서 더욱 질 높은 생존을 갈망하는 존재이기 때문이다. 즉 먹고 입고 자는 동물적 생존을 넘어서 안전과 존경, 자아실현과 같은 사회적 욕구들이 충족되는 생존을 갈망하는 것이다. 이러한 갈망은 행복추구의 본능이라고 부를 수 있는 것이다. 인간의 질 높은 생존에 대한 갈망, 즉 행복추구 본능은 더욱더 공동생활의 중요성을 부각시켰다.

그리고 인류가 역사적 경험 속에서 질 높은 생존을 위해 내린 현재적 결론이 바로 국가다. 그것 없이는 인간의 행복추구 자체가 불가능하다. 직업군인이 목숨을 바치면서까지 국가를 수호하려고 하는 것의 정당성은 그러한 행위를 통해 인간의 행복이 보장된다는 데서 확보된다.

■ 직업군인의 국가관

또한 우리는 국가가 인류의 가장 최근의 발명품이라는 사실에 주목해야 한다. 인류가 사냥꾼으로서의 삶을 마감하고 국민의 이름으로 살기 시작한 기간은 대략 1만년 정도다. 그러나 우리가 알고 있고 군이 주요한 수호의 대상으로 삼고 있는 현대의 주권국가가 탄생한 것은 400년도 되지 않았다.

물론 현대 사회에 이르러 국가주권의 절대성과 국가이익의 배타적인 추구에 대해 많은 의문이 제기되고 있는 것은 사실이다. 특히 환경문제나 전세계 차원의 부의 불균형 문제처럼 한 국가의 주권적 행위에 의해 해결할 수 없는 문제들이 인류의 생존에 중요한 문제로 대두되면서 더욱 그러한 경향이 증대되고 있다. 현대에 이르러 초국가적 단체나 비정부단체들이 많이 등장하고 있는 것은 이러한 경향 때문이다.

그러나 우리가 주목해야 할 것은 초국가적 단체들이나 비정부기구들은 국가가 다루지 못하는 사각지대의 문제를 해결할 수 있는 보충성을 갖고 있기는 하지만 아직 국가 자체를 대체할 수 있는 단계에 이르지 못했다는 것이다. 어쩌면 인류가 국가를 발명하는 데 19만여 년이 걸렸고, 주권국가를 발명하는 데는 9700여 년이 걸린 것처럼, 우리가 국가를 대체할 만한 발명품을 보려면 수천 년을 넘게 기다려야 할지 모른다.

국가는 군이 존재하는 전제조건이면서 동시에 군 임무수행의 최종 목표가 된다.

예를 들어 '의사'라는 직업은 국가를 전제하지 않고도 그 의미를 찾을 수 있다. 사람이 있는 곳에 질병이 있고, 질병이 있는 곳에 그것을 치료할 사람이 필요하기 때문이다. 그러나 직업군인은 국가에 의해서만 그 존재의의가 생긴다. 또한 직업군인의 임무 수행의 목표는 국가 그 자체다. 다른 어떤 것도 국가를 보위하는 군의 목표를 대체할 수 없다.

또한 직업군인은 국가로부터 보호받는 것보다 오히려 그것을 보호하고 지켜야 하는 존재다. 군은 실체로서의 국민들을 보호할 뿐만 아니라 국가를 존재하게 하는 요소 중의 하나인 주권을 지킴으로써 국가 자체를 보호한다.

직업군인들은 "나는 왜 지구상 수많은 나라 중 하필 이 나라에 태어났는가"라는 의문을 갖기보다 대한민국이라는 배에 몸을 싣고 있는 나의 현실을 직시하는 것이 더 현명하다. 그리고 나의 생각과 행동은 그 배를 '노예선(奴隸船)'이나 '유람선(遊覽船)'으로 만들 수도 있으며, '공동운명선(共同運命船)'으로 만들 수도 있다는 것을 깨달아야 한다.

2. 대한민국이라는 이름의 배

그것은 유람선도 아니고 더군다나 노예선은 아니다. 그 배는 '공동운명선'이라고 하는 것이다. 국민들이 국가의 운명이 곧 자신의 운명이요, 그렇기 때문에 국가의 안위와 번영 발전을 위해 헌신한다는 생각과 태도를 가진 나라가 바로 공동운명선이다. 그 배는 아무리 큰 빙산에 부딪쳐도, 아무리 흉포한 해적선을 만나도 결코 침몰하거나 정복당하지 않는다. 그 배는 결국 그들이 원하는 멋진 미래의 항구에 어김없이 도착하게 될 것이다.

직업군인으로서 이 배의 존망을 책임지고 있는 직업군인들은 이 배의 역사와 선원들, 그리고 현재상태에 대한 올바른 인식을 가져야 한다. 그 올바른 인식을 바탕으로 내가 이 배를 위해 무엇을 어떻게 할 것인가를 결정할 수 있기 때문이다. 이것은 우리의 민족사, 민족성과 민족의 역량, 그리고 현재의 대한민국에 대한 올바른 시각을 갖는 것이 중요하다는 의미다.

3. 국가를 위한 가치덕목

애국애족(愛國愛族) · 충성 · 봉사는 국가 공복으로서의 직업군인들이 늘 가슴에 새기고 행동으로 실천해야 하는 핵심덕목이다.

'애국애족'이라는 단어는 그 속에 인간의 가장 심오한 감정이라고 할 수 있는 '조국에 대한 사랑'과 '민족에 대한 사랑'이라는 두 가지 감정을 포함하고 있다. 조국을 사랑한다는 것은 조국의 운명에 대한 깊은 애정을 의미한다. 민족애는 조국애와 같은 감정이지만 그 대상이 자기 민족에 대한 사랑이라는 것이 다르다. 그러므로 단일민족 국가에 있어서는 조국애와 민족애가 같은 의미가 되지만, 다민족 국가에서는 조국애와 민족애가 서로 충돌할 수도 있고, 그로 인해 많은 문제를 야기하기도 하는 것이다.

우리 직업군인의 애국애족은 조국을 찬양하고 아끼며 그를 쳐다보고 기뻐하며 감격하는 것만을 의미하지 않는다. 그것을 침략자들로부터 지키고 조국 대한민국의 영예와 존엄을 위해 싸우며, 크고 강하고 부유하게 발전시켜 나가기 위해 자신의 모든 것을 바치는 것을 동시에 의미한다. 직업군인은 조국의 오늘을 지키고 내일을 개척하는 이러한 헌신을 통해 조국을 사랑하고 조국에 복무하는 것이다.

'충성'이라는 한자를 분석해 보면 '충(忠)'은 '가운데의 마음'으로서 신뢰와 믿음을 뜻하며 인간의 근본된 마음의 바탕을 말한다. 그리고 '성(誠)'은 '말을 이룬다'는 것으로 진실을 뜻하며, 만물이 조화를 이루는 근본이라고 할 수 있다. 따라서 충성이란 거짓 없는 참마음에서 우러나오는 정성스러운 태도와 자세인 것이다.

우리 직업군인에게 있어 올바른 충성이란 국가에 대한 충성, 상관 및 부하에 대한 충성, 그리고 자기 자신과 직업에 대한 충성이 서로 상충하지 않는 충성을 행하는 것이다. 이것은 직업군인이 매우 높은 도덕성과 윤리의식을 갖춰야 한다는 것을 의미한다. 왜냐하면 일신의 안위와 영달을 위해 행하는 잘못된 충성이나 불성실한 복무태도 등은 올바른 충성의 길이 아니기 때문이다.

봉사는 '남의 뜻을 받들어 섬긴다' 혹은 '국가나 사회 또는 남을 위해 헌신적으로 일한다'는 의미를 갖고 있다.

군대는 최고의 봉사집단이며 직업군인이야말로 가장 명예로운 봉사자다. 자신의 생명을 던져 국가와 민족의 안전을 지키고 그 번영된 미래를 위해 헌신하는 길보다 더 큰 봉사가 있겠는가. 작게는 나보다 먼저 부하 및 동료를 위해 헌신하고 더 나아가서는 부대의 전투력 향상과 국가의 번영 발전을 위해 생명까지 바칠 각오로 헌신하는 것이 직업군인으로서 마땅히 행해야 할 봉사가 될 것이다.

제3장 멸공봉사의 직업관

1. 무엇을 하며 살 것인가

과거의 단순한 직업 구조와 달리 현대 사회에서 직업의 종류는 2~3만여 개에 달하게 되었고, 사회의 변화에 따라 부단히 새로운 직업이 생겨나는가 하면 잘나가던 직업이 없어지기도 한다. 한국 출신으로 미국 노동부 여성국장을 지낸 바 있는 전신애씨는 "2002년에 5세인 어린이가 어른이 됐을 때는 전체 직업의 90%가 지금은 존재하지 않는 전혀 새로운 직업이 될 가능성이 높다"고까지 말한 바 있다.

우리는 나라와 겨레를 위해 스스로 선택한 군인의 길이 천직이라는 소명의식을 바탕으로 도덕적 품성을 갖추어 청렴(淸廉)한 생활태도를 유지하고 부여된 책임(責任)을 창의(創意)적으로 완수하는 자세를 견지한다.

■ 무엇을 하며 살 것인가

이처럼 사람들은 온갖 직업에 종사하고 있는데, 주목할 사실은 동일한 직업에 종사하는 사람들도 각기 다른 목적을 추구하고 있다는 점이다.

우리는 직업을 단순한 삶의 수단이 아니라 인생을 윤택하게 하는 과정으로 승화시켜야 할 필요가 있다. 그때라야 자기의 일을 통해 '사회에 봉사한다'는 지속적인 만족감을 찾고 삶의 질을 높이며 풍성하게 만들 수 있기 때문이다. 그리고 그렇게 하기 위해서는 성실과 책임, 성원 상호의 이해와 협력을 지향하는 올바른 직업관을 가져야 하는 것이다. 결국 바람직한 직업관은 임무에 대한 자부심과 보람을 갖는 사명 또는 소명의식에서 출발한다.

2. 내가 선택한 직업군인

하나의 직업으로서 군대에 복무하는 사람이 직업군인이다. 이러한 의미의 직업군인(職業軍人 · career soldier)은 근대 국민국가 시대, 특히 18세기 이후에 나타났다고 보는 것이 정설이다.

직업군인도 하나의 직업인이지만 다른 직업인과 비교할 때 기본적으로 추구하는 가치 및 임무의 특수성과 목숨까지도 담보로 임무를 완수해야 한다는 강력한 책임성의 측면에서 커다란 차이를 보인다.

우선 우리 군은 본연의 임무인 국가안보 및 국민의 생명과 재산을 보호하기 위한 합법적인 폭력관리 집단의 특징을 지닌다. 역사는 군이 이러한 본연의 임무수행에 소홀할 때 자국민은 물론 세계 시민에도 커다란 불행을 안겨줄 수 있음을 수없이 보여주었다. 호전성과 세계정복 야욕으로 제2차 세계대전을 일으킨 과거 독일이나 일본의 제국주의 · 군국주의를 생각해 보면 이는 더욱 자명해진다.

둘째, 임무 수행과정에서 군인은 개인의 가장 소중한 가치인 목숨까지 버려가며 책임을 완수해야 한다는 특수성이 있다. 즉 군 본연의 임무 수행과정에서는 무엇과도 바꿀 수 없는 절체절명(絶體絶命)의 순간이 존재하는데 이러한 순간에 자신의 가장 소중한 목숨까지도 기꺼이 희생해야 한다는 측면에서 여느 직업과는 명확히 구별되는 특징을 갖는 것이다.

셋째, 군은 명령의 절대성이 요구되는 조직으로서 엄격한 규율성과 강력한 위계질서가 지배하는 특징을 가진다. 군이 그 기능을 정상적으로 수행하기 위해서 하급제대는 상급제대의 명령을 절대적으로 수행해야 한다. 그러므로 아무리 민주주의가 발달한 나라일지라도 군대만은 엄격한 상명하복의 위계조직으로 구성되며, 목숨을 바쳐서라도 명령에 복종할 것을 요구하는 것이다.

넷째, 군은 다른 직업집단이 대신하기 어려운 강한 전문기술성을 보유하고 있는 집단이다. 민간인 기술자와 군 간부를 구분하는 군 고유의 독특한 전문기술은 무력관리라는 말로 적절히 요약할 수 있다. 즉 군 간부에게 고유한 기술이란 무력의 행사가 주업무인 인간집단을 지휘하고 관리하며 통제하는 것이다. 오늘날 군사적 기능이 고도의 전문지식과 기술을 요하는 것이라는 데는 이의(異義)가 없다. 상당한 훈련과 경험이 없이는 아무리 천부적인 재능과 리더십을 부여받은 사람이라 하더라도 군사적인 기능을 효과적으로 수행할 수 없는 것이다.

현대는 거대한 직업군대가 평시에도 전쟁에 대비하기 위해 존재하는 시대다. 그러나 현대의 직업군대는 과거 왕조시대 생계의 한 방편으로 구성된 상비용병과는 근본적으로 다르다. 끊임없이 정보를 수집해 전쟁을 계획하고 고도의 무기를 다룰 수 있도록 교육과 훈련을 해야 하며 부단히 새로운 전장환경에 적합한 작전개념을 발전시키는 전문가가 돼야 하기 때문이다. 뿐만 아니라 격전시에는 막중한 책임감과 희생을 감내하는 헌신적 도덕성이 필요한 것이다. 따라서 현대의 군인은 소명의식에 충만한 전문직업인이 돼야 하는 것이다.

3. 부대를 위한 가치덕목

'책임(責任)' '창의(創意)' '청렴(淸廉)'은 직업군인이 복무 중에 늘 가슴에 새기고 몸소 실천해야 하는 핵심적 가치덕목이다.

직무에 대한 책임의 중요성에 있어 군인의 책임보다 더 중요한 것은 많지 않을 것이다. 전시에 있어서 군인의 책무는 전쟁의 승패와 국가의 안위에 직접적인 영향을 미치기 때문이다.

책임 완수라는 말 외에 우리는 또 "일이 잘못될 경우 누가 책임질 건가" "사고가 난 이상 누군가 책임질 사람이 필요하다" 등의 말도 자주 듣는다. 다시 말해 책임에는 두 측면이 있는데, 하나는 '부여된 임무를 성실히 최선을 다해 완수한다'는 적극적인 측면이고 다른 하나는 '일이 잘못됐을 경우 그에 따르는 모든 불이익을 감수하겠다'는 소극적인 측면인 것이다.

바나드(C I Barnard)는 책임의식의 덕목을 구비하는 첫째 요건으로 강한 도덕성 함양을 꼽는다. 책임이란 "반대의 행동을 하고 싶은 강한 충동이 있을지라도 개인의 행동을 규제하는 내면의 도덕성이 행동으로 나타나게 하는 각자의 자질"이라고 생각했기 때문이다.

청렴이란 성품이 고결해 공·사가 분명하며 욕심이 없음을 뜻하고, 검소는 사치·낭비·향락을 자제하는 꾸밈없는 결백함을 말한다. 이와 같이 청렴과 검소는 비록 그 뜻은 다르나 현실적 행동으로 실현되는 과정에 있어서는 동시적이고 동의적인 관계를 갖는다.

세상의 모든 조직이 다 부패하더라도 군대조직만은 그리고 군인만은 부패해서는 안 된다는 믿음을 가져야 한다. "사회도 썩었는데 군대인들이라고 그럴 수 있느냐" "사회에 비하면 군의 비리는 아무 것도 아니다"

라고 생각해서는 안 된다는 것이다.

군인이 물욕(物慾)에 눈뜨기 시작하면 이미 위국헌신의 본분에서는 멀어질 수밖에 없기 때문이다. 또한 모름지기 적은 군대로 많은 군대를 이길 수는 있어도 부패한 군대로 건전한 군대를 이길 수 없다는 것은 병가의 상식이요, 전진(戰陣)의 철칙이기 때문이다.

지금 우리는 농업사회, 산업사회를 넘어 정보화사회로의 이전을 경험하고 있다. 기존의 노동 · 자본 집약적인 경제 · 사회 구조는 이제 정보 · 지식에 그 자리를 내주고 있다. 사고양식에서는 ' Wait and See ', 즉 일단은 기다려 보겠다는 냉소적 태도에서 적극적 참여가 요구되는 쪽으로 역사의 시계추가 옮겨가고 있다.

이는 단순히 명령과 그에 따르는 무조건적 복종에 근거한 업무처리 시대에서 각자가 고도의 전문성과 창의를 갖고 실패를 두려워하지 않는 도전정신으로 꾸준한 자기 계발과 자발적인 동기부여를 하는 시대로의 전환을 의미하는 것이다.

이러한 흐름은 사회 전반적인 변화와 더불어 군내에도 커다란 변화를 강요하고 있다. 기존의 병력중심 전력에서 화력과 정보 · 전문성 중심의 전력으로 편제됨에 따라 군에도 더욱더 고도의 창의와 전문성이 요구되고 있는 것이다.

우리는 항상 무엇이든 배울 것을 찾아야 한다. "전투복을 입고 완전군장을 하고도 손에 총과 더불어 책을 빼놓지 않는 것이 간부"라는 분위기가 돼야 하는 것이다. 그리고 배우고 익힌 전문성을 바탕으로 부대발전과 전투 승리의 인자(因子)를 창조하는 창의성을 발휘해야 하는 것이다.

제4장 직업군인의 사생관

우리는 선열의 호국정신을 계승, 조국을 위해 일신의 안위와 생명까지도 기꺼이 희생(犧牲)할 수 있는 진정한 용기(勇氣)와 군인으로서의 명예(名譽)로운 삶을 소중하게 생각하는 자세를 견지한다.

1. 어떤 삶을 살 것인가

인생관(view of life)에 대해 철학대사전에서는 '인생에 대한 전체적 · 통일적 · 직관적인 사고방법'이라고 정의하고 있다. 또 국어대사전에서는 '인생의 목적 · 의의 · 가치 및 그가 갖는 의미를 이해 · 해석 · 평가하는 전체적인 사고방법'이라고 풀이하고 있다. 결국 인생관이란 '인간 자신이 의식적이든 무의식적이든 지니는 삶에 대한 중요한 관점'이라고 할 수 있는 것이다.

동양의 인생관은 상대적으로 '죽음'에 비중을 두어 그 사람이 어떻게 죽었느냐, 얼마만큼 떳떳하고 의롭게 죽었느냐를 중시했다. 이를 단적으로 나타내는 것이 '호랑이는 죽어서 가죽을 남기고 사람은 죽어서 이름 석 자를 남긴다'는 격언이다. 죽음에 대한 이러한 중시는 불교의 윤회사상(輪回思想), 즉 수레바퀴가 돌고 돌아 끝이 없는 것과 같이 중생의 영혼도 육신과 함께 멸하지 않고 무시무종(無始無終)으로 돈다는 사상에서 영향을 받은 것으로 보고 있다.

한국 사람들은 또 어떠한가. 한국 사람처럼 죽는다는 말을 잘 쓰는 사람들도 없다고 한다. 좋을 때는 좋아 죽겠고 기쁠 때는 기뻐 죽겠다고 한다. 감정 표현만이 아니다. 생명이 없는 물체인 시계도 죽고 맛도 죽었다고 한다. 심지어 문명의 첨단인 컴퓨터에 대해서도 그것이 다운(down)되었을 때 컴퓨터가 죽었다고 하는 우리의 모습을 가리켜 '전천후의 죽겠다 문화'라고 규정하는 이도 있다.

인간이 어떻게 사고하며 생활하고 있는가 하는 '값진 삶의 과정'과 육신의 삶 이후까지를 생각하는 '가치있는 죽음'은 그 우열을 따질 수 없을 뿐더러 서로 별개의 것도 아니다. 매사에 긍정적 · 적극적 · 능동적으로 인생의 가치를 추구하며 살아갈 때 가치있는 죽음까지도 어렵지 않게 선택할 수 있을 것이다. 따라서 우리는 올바른 인생관의 의미를 '가치있는 삶을 전제로 한 죽음에 대한 확고한 태도'에서 찾는 것이 옳을 것이다.

2. 어둠을 밝히는 등불이 되어

사람이 죽는 것은 자연의 섭리다. 그러나 군인은 일반 사람들과는 달리 질병에 쓰러지는 것이 아니라 그 사명을 완수하기 위해 죽음을 무릅써야 하는 것이니 언제나 죽음과 더불어 살고 있는 셈이다. 그래서 다소 극단적이기는 하지만 민간인의 삶과 군인의 삶의 특성을 대별하면 "어떻게 사느냐"와 "어떻게 죽느냐"로 양분할 수 있다고 하는 것이다. 확고한 사생관이 군인생활의 기본철학이 된다고 하는 이유도 여기에 있다.

"전쟁에 나가 죽기를 각오하면 능히 살 것이요, 구차히 살려는 자는 도리어 죽을 것이다"(필생즉사 필사즉생〈必生則死 必死則生〉, Death or Victory) 함은 예로부터 내려오는 병가의 격언이지만 동서고금의 역사에서 영웅들이 승리할 수 있었던 것은 모두가 죽기를 각오하고 싸운 결과였음을 우리는 알고 있다.

뿐만 아니라 일반 병사들을 지휘해야 하는 지휘관(지휘자)으로서의 직업군인에게 있어 사생관은 무엇보다 선결적으로 갖추어야 하는 필요 조건이다.

전장에서 부하들이 지휘관의 많은 면 중에서 가장 인상 깊게 받아들이는 것은 죽음을 두려워하지 않는 의연한 자세라고 한다. 부하는 지휘관의 태도에 따라 움직인다. 그가 용맹스러우면 부하들도 용맹스러워지며 그가 비굴한 행동을 취하면 부하들도 비굴해진다.

숭고한 사생관은 일시적인 충동에서 비롯되거나 생각 없이 당하는 죽음이 아니라 평소 자기 사명에 대한 깊은 성찰에서 우러나와 유사시 의지적으로 택하는 그러한 죽음으로 이르게 한다.

3. 개인의 가치덕목

생과 사가 교차하는 극한상황 속에서 자신의 생명을 초개같이 내던질 수 있는 사생관의 확립은 자신의 희생(犧牲)을 바탕으로 더욱 크고 숭고한 가치가 보존된다는 믿음, 명예(名譽)로운 죽음은 육신의 죽음을 뛰어넘어 영원히 사는 삶이 된다는 확신, 그리고 이를 바탕으로 죽음마저 기꺼이 택하는 용기(勇氣)가 갖춰질 때 비로소 가능해진다.

원래 서양에서는 '성스럽게 만들다' '신성하게 하다'는 말이 희생을 의미했으며 동양에서의 희생은 복(福)을 빌고 재앙을 없애기 위해 천신(天神)에게 소나 돼지 등 동물을 산 채로 바치는 유습(遺習)을 가리켰다. 동서양을 막론하고 희생이란 절대적 존재에 대해 고귀한 생명 그 자체를 제물로 바침으로써 신의 존재를 확인하고 희생자 또한 신에게 귀의하는 것을 뜻했던 것이다.

직업군인의 희생은 또 다른 의미에서의 절대적 존재인 조국의 안전과 그 속의 국민들의 생명을 수호하기 위해 가장 귀한 생명을 포함한 모든 것을 아낌없이 바친다는 의미다. 이러한 희생정신은 타를 위한 완전한 헌신이며 자기 것의 포기이고 아낌없이 주는 정신인 것이다.

“마차를 끄는 병사나 북을 치는 병사로부터 최고지휘관에 이르기까지 용기는 군인의 가장 고귀한 덕이며 병기에 날카로움과 빛을 주는 진정한 강철이다.” 용기의 중요성에 대해 클라우제비츠는 이렇게 갈파했다. 용기는 군인정신의 정화로서 시련과 난관에 부닥쳤을 때 이를 극복할 수 있는 원동력이며 생명의 위협과 공포 속에서도 과감한 결단을 내려 맡은 바 임무를 완수하고 책임을 다하게 하는 것이다.

죽음을 초월할 수 있는 군인의 용기는 가장 숭고한 용기다. 이러한 진정한 용기는 군인의 본질 자체이기도 하다. 다시 말해 용기가 있으니까 군인인 것이요, 이 같은 용기가 없이는 군인일 수가 없는 것이다. 전투의 승리는 죽음을 두려워하지 않는 진정한 용기로서만 가능하다. 그렇기 때문에 조국을 수호하는 것도 우리 개개인의 진정한 용기에 의해서만 가능한 것이다.

전투를 수행하는 군인에게는 육체적 용기가 더 중요하다고 생각하는 사람도 있겠지만 도덕적 용기가 결여된 육체적 용기란 운전대 없는 자동차나 조종간 없는 비행기와 같아 자칫 그릇된 방향으로 나아가게 할 수 있다. 따라서 도덕적 용기가 더욱 중시돼야 하는 것이다.

즉 용기 중에서도 도덕적 용기야말로 최고의 미덕인 셈이다. 일찍이 도덕적 용기를 갖고 육체적 위험을 피하려고 한 사람은 없었다.

명예란 외형적으로는 한 인간이 수행한 일의 업적이나 그가 점(占)하고 있는 지위에 대해 사회로부터 주어지는 존경도라고 할 수 있으며 내면적으로는 자신이 수행한 일의 성과에 대해 스스로 만족하고 보람을 느끼는 심리적 태도라고 할 수 있다. 군인정신 요소 중 하나인 이러한 명예심은 전투에서 반드시 승리하겠다는 강한 의지를 갖게 해주는 것은 물론 패배하고 비굴하게 살아 남기보다 차라리 용감하게 싸우다 죽겠다는 각오를 갖게 함으로써 불리한 상황 하에서도 적극적으로 전투에 임할 수 있는 힘을 부여한다.

군인의 명예와 관련해 한 가지 더 지적해 두고 싶은 것은 종종 명예를 오인해 발생하는 이른바 출세주의라는 병폐에 대한 것이다.

이 출세주의는 명예를 외적인 것으로만 파악할 때 종종 결합하여 군대윤리를 타락시키는 주범이 되곤 한다. 즉 명예를 '다른 사람이 나를 어떻게 볼 것인가' 하는 것으로만 인식해 외적 척도인 계급과 직위의 상승에만 힘쓸 때 그러한 목표에 도달하기 위한 수단으로 비도덕적 무리수를 두게 되는데, 이러한 무리수가 따르는 것은 바로 내적 명예를 몰각한 소치인 것이다.

꿈의 실현에 있어서 정의롭지 못한 행동, 비윤리적인 요소들이 끼어들게 되면 꿈의 실현이라는 목표는 그 내부로부터 병을 잉태한다. 출세병(病), 성공병(病), 충성병(病) 등이 바로 그것들이다.

우리 군인들도 무력을 관리하는 막중한 지위를 맡겨 준 국민들의 기대에 어긋나지 않도록 '국가를 위한 일이라면 자신의 명예를 죽음으로라도 지켜내겠다'는 결연한 의지를 하시(何時)도 잊어서는 안 된다.

제5장 새로운 희망을 꿈꾸며

요란하고 거창한 구호로서의 개혁은 이제 그만둘 때가 됐다. 지금은 조용하지만 실질적인 개선을 이끌어낼 수 있는 개혁에 집중해야 한다. 그리고 이것을 가능케 하는 키(key)가 바로 가치관이라는 소프트웨어의 개혁에 있다는 발상의 대전환이 필요한 것이다.

개혁은 체질을 전환하는 것과 같아 효과가 서서히 나타나는 것이지만, 그것은 르윈(Lewin)의 지적처럼 '동결–해빙–재동결'을 순환하는 과정에서 크고 작은 성과를 중첩하면서 목표를 달성해 나가는 것이다. 따라서 개인이나 집단에게 작은 성과를 체험하게 하지 않으면 지치게 되고 결국 개혁에 대한 의욕과 희망을 잃게 할 우려가 있는 것이다. 이를 방지하기 위해서는 구성원들에게 손에 잡히는 현실적인 목표를 주고 이를 달성케 함으로써 성취감을 맛보게 해야 한다. 개혁은 마치 빅뱅(big bang)과 같은 대폭발로 이루어지는 것이 아니라 작은 폭발(mini bang)을 연속시켜 가며 점차 완성해 가는 장기간의 정교한 작업인 것이다.

개혁이 필요함을 인지하고 아무리 개혁의 성공조건을 알고 있다 하더라도 그것은 실천이 뒷받침될 때라야 비로소 유용하다.

결심만 할 뿐 실천이 뒤따르지 않으면 아무것도 바뀌지 않기 때문이다. 실패하는 사람의 95%는 진짜 실패한 게 아니라 도중에 포기했기 때문에 실패한 것이라는 통계수치도 보고된 바 있다. 항상 생각만 앞설 뿐 실천하지 못하고 나중에 성공한 사람들을 보고서야 "그때 나도 했더라면 성공했을 텐데" 하고 후회만 한다는 것이다. 성공은 그것을 잡으려고 움직이는 사람들에게만 돌아간다는 평범한 진리를 잊지 말아야 할 것이다.

참고문헌

- 고범서, 『가치관 연구』, 도서출판 나남, 1992.
- 홍종률, 『사회윤리』, 형설.
- 김기홍외 2명, 『한국인의 직업윤리에 관한 연구』, 한국직업능력개발원, 1999, 기본연구서.
- D. 던커레이, 『직업과 사회』, 백영균역, 교학사, 1963.
- 『한국 철학 사상 연구』, 한국 정신문화연구원, 1982.
- 『직업과 윤리』, 한국 정신문화연구원, 1985.
- 김경동, 『현대의 사회학』, 박영사, 1980.
- 『현대사회와 직업윤리』,한국국민윤리학회편, 형성, 2001.
- 심의보, 『직업윤리』, 백신출판사, 1997
- 박장호외 1명, 『윤리학사전』, 백의, 1996.
- 배영기, 『현대 산업사회 직업윤리에 관한 연구』, 직업교육연구, 1990.
- 안관수, 『막스베버의 관점에서 본 노자와 새로운 사회적인 힘』, 독일 도르트대학 박사학위 논문. 1994.
- 이관춘, 『직업은 직업이고 윤리는 윤리인가』, 학지사, 2000.
- 김준기, 『글로벌시대의 직업윤리』, 원광대학교, 2001.
- 유영만, 『정보화와 성인학습의 생활화』, 한국성인교육학회, 1999, 가을 학술개회집
- 구본형, 『익숙한 것과의 결별』, 서울: 생각의 나무, 1998.
- 『인적자원관리용어사전』, 지은실, 2005, 한국학술정보.
- 『제7차 한국표준직업분류 개정(KSCO-6)』 보도자료, 통계청, '17.7.3
- 『군대윤리』, 국방부, 1994,
- 『군대윤리』, 국방부, 2004,

○ 『장교의 도』, 육군본부, 1997.12,

○ 김종문.최병순, 『직업군인제 확립과 국방예산』, 진영사, 1995

○ 백종천외, 『변하는 세계 달라지는 국방』, 진영사, 1995.

○ 『기본정훈교육 08년 11주차 제3과』, 국방부정신전력기획관실, 08.3.6

○ 이민수, 『현대적 군대로서의 바람직한 군 전문직업주의의 확립 방향』(나라를 위한 연구과제), 육사 총동창회, 2003.

○ 헌팅턴, 『The Soldier and States』.

○ 조영갑, 『한국민군관계론』, 서울 한원, 1994.

○ 강창구 · 송태균역, 『군인과 국가』, 병학사, 1980.

○ 독고순외 2명, 『직업군인 윤리연구』(연구 보고서, 인02-1861), 한국국방연구원, 2002.

○ Benedict, R. (1934). 『Anthropology and the Abnormal』, Journal of General Psychology 10.

○ Bowie, N. & Duska, R. 『Business Ethics. New Jersey』: Prentice Hall. 1990

○ E. Ginzberg, S. W. Ginzberg, S. Axelrad and J. L. Herma 『Occupational Choice』, 1951. New York, Columbia University Press, 1951 (cited in Super, 1981).

○ Michael O. Wheeler, " 『Loyalty, Honor, and the Modern Military』.

about the Authors

남 기 봉

육군사관학교 졸업
경남대 행정대학원 북한학 석사
육군 보병 대령 예편
현 연성대학교 군사학과 학과장

신 상 우

육군3사관관학교 졸업
경희대학교 대학원 경영학과 석사
현 연성대학교 군사학과 초빙교수

천 종 웅

육군사관학교 졸업
고려대학교 대학원 경영학과 석사
육군사관학교 경제경영학교 교수
현 연성대학교 군사학과 겸임교수